Carl Gustav Jung

哲 人 咖 啡 厅

荣格性格哲学

（瑞士）荣格 著　李德荣　编译

九州出版社
JIUZHOUPRESS
全国百佳图书出版单位

图书在版编目（CIP）数据

荣格性格哲学 /（瑞士）荣格著；李德荣编译. —北京：九州出版社，2003.8（2024.04重印）
（哲人咖啡厅；4）
ISBN 978-7-80114-951-0

Ⅰ. 荣… Ⅱ. ①荣… ②李… Ⅲ. 荣格，C.G.（1875 ~ 1961）—性格—理论研究 Ⅳ. B848.6

中国版本图书馆CIP数据核字(2003)第072821号

荣格性格哲学

作　　者	（瑞士）荣格 著　李德荣 编译
责任编辑	王文湛
出版发行	九州出版社
地　　址	北京市西城区阜外大街甲 35 号 (100037)
发行电话	(010)68992190/3/5/6
网　　址	www.jiuzhoupress.com
印　　刷	北京旺都印务有限公司
开　　本	880 毫米 ×1230 毫米　32 开
印　　张	13.75
字　　数	250 千字
版　　次	2003 年 8 月第 1 版
印　　次	2024 年 4 月第 8 次印刷
书　　号	ISBN 978-7-80114-951-0
定　　价	32.00 元

在人的整个一生中，他所应该做的，只是在这种固有人格基础上，去最大限度地发展它的多样性、连贯性和和谐性，小心谨慎着不让它破裂为彼此分散、各行其事的相互冲突的系统。

——荣格

出版前言

荣格（1875~1961），瑞士著名哲学家，分析心理学的创始人，他独树一帜的心理学理论及类型理论赢得了当时乃至今天世人的普遍认同和赞誉，从而成为了与弗洛伊德比肩而立的世界级心理学大师。他的分析心理学极大地拓展了心理学研究的领域，用他的分析心理学中的集体 无意识理论可以解释其他心理学流派所无法解释的现象，如宗教问题、神话、象征、超感官知觉等。他把众多的人类活动都包含在这一理论之中，在历史、文学、人类学、宗教以及临床心理学领域产生了深刻和无比深远的影响。

荣格的性格哲学即心理类型理论也得到了广泛的验证和认可，由此发展而来的性格类型问卷，至今仍在教育、管理、组织行为学等领域发挥着作用，深化了人们对性格差异的研究和了解。他于 1913 年第一次提出内向和外向两种性格（心理）类型指出，人们并非是纯内向或纯外向的，每个人本性中都兼有两个方面，当一种占优势时（即处于意识中），另一种则处于劣势（即处于无意识中）；他还提出心理的四种功能，并将其分别与两种基本类型组合，构成了八种性格类别，对人的个性做了一系列科学的解释。

荣格毕生致力于分析心理及性格学的研究，其博大精深的思想赢得无数人的崇拜，中国的读者对他并不陌生。

本书对荣格的哲学理论，做了较全面的评述和介绍，并着重解说了各种性格（心理）类型及其形成的过程和完善措施；力求使读者在面对自己面对人生时，从荣格的性格哲学中获得一个经典而科学的理性观照。

九州出版社

二〇〇三年七月

目录

一、自我的探索

在一个把实利看得高于精神的社会中，个人性格的形成和完善必然受制于个人对物质利益的追求。种种物质需要虽然也可以视为精神需要的体现，但正如任何片面的追求都必然把人扭曲一样，对“物质”的贪得无厌的追求，往往成为对精神追求的最大限制，因而总是蕴涵着把人降低到动物水平或机器水平的危险。另一方面，只要对拼命追求物质利益的“强迫冲动”作深层心理分析，隐藏在这种冲动下面的“权力意志”、“死亡恐惧”等等便往往暴露无遗——而随着个人的成长，最需要由更高的精神追求来予以平衡和消除的，恰恰是这些未能被人意识到，并因而极大妨碍了个性完善的“心理障碍”。

个性化作为个人生命发展的“自然需要”，并不能从社会对个人的要求中获得保证，相反，“个性化在一定程度上几乎总是与集体标准相冲突，因为个性化即意味着从一般性中分离和分化出来，建立起自己的特殊性——不是一种‘后来获得’的特殊性，而是一种业已根深蒂固地存在于心理构造中的特殊性。”这种特殊性只有在“上帝”或“自然”那里去获得承认，却很难从社会集体标准中获得应有的尊重。

那么，通往“上帝”或“自然”的那条路究竟在哪里呢？

或者说人的个性的形成和完善怎样才能获得“上帝”或“自然”的尊重和承认呢？这就需要我们深入地探索自我，从而在灵魂的深处、在“自己”和“自我”之间搭起一座沟通的桥梁。

1. 心灵结构

我们头脑中的意识并不是我们舰队惟一的舰长，甚至也不是我们思想的舰长。不管是个人还是集体，也不管是好是坏，我们的思想、情感和行为方式都要受到那些我们往往没有意识到的力量的影响。

心灵的每一次外在显现都同时混合着多种影响。首先是清醒的自我（the conscious ego）的影响；其次是个人以及个人所从属的群体身上那些很少被意识到的情结的影响；再次是来自未被意识到的集体心理的那些无论以什么方式结合在一起的原型动力机制的影响。

（1）意识的基础：无意识

在西方，20 世纪被某些学者称为精神分析的世纪。这一说法虽然有以偏概全之嫌，但精神分析学在 20 世纪文化领域中的显要地位却是不可否认的。精神分析的一个重要发现，是在“理性”的专制之下发现了被压抑受排斥的无意识。这一发现为 20 世纪许多重大问题（包括后来的语言及话语问题）的研究揭开了序幕。

无意识这一概念，其最初的思想萌芽可以往前一直追溯到柏拉图。柏拉图关于“迷狂”的著名说法，被认为是西方无意识思想之起源。其实这一“起源”似可追溯到某些更为古老的神话。尽管在弗洛伊德之前，莱布尼茨、歌德、叔本华、卡勒斯、哈特曼等人都对无意识的发现做出过突出的贡献，但真正在近代科学（医学、心理学）基础上为无意识概念奠定牢固基础的，却不能不说是弗洛伊德。

弗洛伊德在临床医疗实践中注意到，许多具有强迫症状的神经症患者常常不能自制地采取一定的行动，对于为什么这样做他们又说不出原因。大量的研究之后，弗洛伊德断定：在人类自觉意识之外，还存在着一种人们没意识到的内驱力，这个内驱力时刻存在于人的精神世界里，支配着人们的行为——这便是无意识。在经过更多的研究之后，他进而得出结论说：精神活动本身都是无意识的；那些有意识的过程只不过是整个精神生活的片断和局部。用通俗的话讲，整个精神生活就像是一座海岛，意识只是露出在水面上的一小部分，无意识则是隐藏在水下，成为意识基础并决定其方向的绝大部分。

那么，无意识是怎样形成的呢？

按照弗洛伊德最初的理解，无意识主要来自个人早期生活特别是幼年生活中那些受压抑被遗忘的心理内容。他的这一想法得到了医疗实践的证实：当他以诱导的方式让病人说出那些被压抑和遗忘了的经验时，病人的症状立刻大见减轻甚至完全好转。弗洛伊德因此认为：无意识是受压抑被遗忘的心理内容的集合场所，它们是文化和道德意识中不能见容的部分，并且在极大程度上打上了“性欲”的烙印。

荣格不同意弗洛伊德以“性欲”来解释无意识的基本性质。他认为性的需要并不是人类生活惟一的基本需要，相反，人的“精神需要”有时反倒比“饮食男女”更基本更重要。精神需要中最重要的是对于神话、宗教和艺术的需要，这些需要不仅涉及人生意义这一终极问题，而且非常现实地涉及人们以什么方式共同生活的问题——例如只是出于物质需要和性的相互利用而聚集在一起，还是在宗教和神话的庇护下共谋发展并避开可能面临的毁灭和灾难。

从这一基本思路出发，荣格赋予无意识以极其深广的内容和意义。这首先表现在从理论预设上假定无意识具有非个人和超个人的特性。

在荣格看来，个人意识即使再加上个人无意识，其范围也是十分狭窄有限的；或多或少属于表层的无意识无疑具有个人特性，但这些特性绝不足以说明无意识（即人性的基础）的极其广袤的内容和它的全部特征。撇开对文化的考察不论，即使在医疗实践中，病人身上相当一部分无意识心理内容，也不可能仅仅从病人的个人经历和后天经验中获得完整的解释。

在荣格的心理学中，人格作为一个整体被称为“精神”(psyche)，这个拉丁词的本义是“精神”（spirit）或“灵魂”(soul)。在荣格看来，这个“精神”便是人的灵魂。

荣格认为，精神包括一个人所有的思想、感情和行为，无论它是意识的，还是无意识的。精神的作用就像一个指南针，它调节、控制着个体，使之适应社会环境和自然环境。荣格说："心理学不是生物学，不是生理学，也不是任何别的科学，而恰恰是这种关于精神的知识。"精神，是任何人生命存在的土壤。

在他看来，每个人的人格从一出生便是一个整体，它不是各部分的集合，更不是各部分的简单累加。人格具有原始统一性，人生来就具有完整的精神，所以人不必致力于构建完整的人格。荣格说："在人的整个一生中，他所应该做的，只是在这种固有人格基础上，去最大限度地发展它的多样性、连贯性和和谐性，小心谨慎着不让它破裂为彼此分散的、各行其是的和相互冲突的系统。"

虽然每个人都具有完整的精神，但并非所有人都能保持住这份完整。一旦人格分裂，人的精神的完整性就会破裂，一些精神碎片会导致人格扭曲，造成某些精神疾病。荣格认为，作为一名精神分析家，他的工作就是要帮助病人找回分散的完整人格，并使之强化，以抵御未来可能出现的分裂。所以，荣格精神分析的终极目标是精神的综合。

在分析人的完整精神时，荣格将之分为由浅及深的三个层次：意识、个人无意识和集体无意识。

（2）个人无意识

从荣格的理论出发，意识是人精神世界中惟一能够被个体直接感知的部分，早在个体生命出生以前它便已孕育在胚胎之中。通过观察荣格发现，幼儿在辨别和确认父母、玩具以及周围其他事物时往往会自觉运用某种意识，而这种对意识的自觉运用又与其思维、情感、感觉和直觉等四种心理功能的应用紧密相关。进一步的研究使他发现，儿童并不是平均地使用这四种功能，通常他会较多地运用一种功能而较少地利用其他功能。而这一被优先使用的功能，就会形成一个孩子区别于其他孩子的基本性格特征。

除了四种心理功能外，荣格认为还有两种性格特征决定着自觉意识的方向。这两种性格特征就是内向和外向。在他看来，内向性格使意识定向于内部主观世界，外向性格使意识定向于外部客观世界。正是意识的四种心理功能和两种性格特征决定着人具有不同的心理类型。

随着个体的成长，人的意识逐渐变得富于个性，不同于他人，这时便开始了人的个性化（individuation）过程。个性化过程对于一个人的心理的成长相当重要，经由这个过程，个人逐渐变成一个心理上独立的、不可分的统一体。个体个性化的目的在于尽可能充分地认识自己或达到一种自我意识，我们可以将之视为意识的扩展。

个性化与意识在人格的发展过程中是同步进行的。意识的开始便意味着个性化的开端；只有意识向前发展了，个性化才能得以深入。一个始终认不清自己、读不懂周围世界的人是不可能成为一个充分个性化的人的。而在意识的个性化过程中，一个新的成分被发现了，荣格将之称为“自我”(ego)。

在荣格看来，自我是意识的门卫，它由能够自觉到的知觉、记忆、思维和情感等组成。如果某种观念、情感、记忆或知觉不被自我所承认，就永远进入不了意识。

自我具有高度的选择性，荣格将之比作过滤器。他认为，正是通过这个器皿，许许多多的心理材料被滤掉了，只有很少的一部分被保存下来，进而，达到充分自觉的心理水平。这很好理解，正如生活中的我们每天都有数不清的体验，而其中绝大多数并没有引起我们特别的注意，这是因为自我早在它们到达意识之前就将之淘汰了。这一点非常重要，否则，“我们会被无数希望挤入到意识中来的心理内容压倒和吞没”。通过对心理材料的选择和淘汰，自我保证了人格的同一性和持续性。事实上，也正是由于自我的存在，我们才感觉到今天的自己同昨天的自己是同一个人，而不是两个人。

那么，是什么原因决定着自我的选择性呢？这同自我与人的个性化和不同的心理类型紧密联系有关。一个情感型的人，他会允许较多的情绪体验进入意识；而对于一个思维型的人来说，当然思想比情感更易进入他的意识了。同时，进入意识的量又与个性化关系密切：一个高度个性化的人，将允许较多的东西成为意识。此外，强烈的体验会战胜微弱的体验，轻而易举地攻入自我的大门。

可是，那些没有被自我认可的体验又怎样了呢？被“过滤器”滤掉的材料难道就此销声匿迹了吗？

事实上，任何曾经被体验过的东西都不可能消失得无影无踪，那些在当时没能引起自我认可的体验也并没有消失。那么，它们躲到哪去了呢？荣格认为，这些“曾经的体验”统统被储存进了意识的底层——个人无意识之中了。

在荣格的理论中，个人无意识邻近自我，它就像一个巨大的贮藏室，里面容纳着所有那些与意识功能和自觉的个性化不协调、不一致的心理活动和心理内容。也许，它们曾一度成为意识中的体验，但由于种种原因，它们却被压抑和忽视了。例如，一些个人不愿提及的痛苦经历，自己极力摆脱的一些难题等等。这些被压抑和被忽视的体验，与那些微弱得不足以达到意识之中的体验一起，成为个人无意识的主要内容。

个人无意识的内容很容易被意识所接受，它与自我之间时时在进行双向交流（two-way traffic）。生活中，我们都有很多朋友和熟人，他们的名字并不随时停留在我们的意识中，只有在需要时我们才会记起。当这些名字不在意识中的时候，它们到哪儿去了呢？就在个人无意识之中。平时，个人无意识就像一个精心制作的仓库，凡是没引起意识关注的材料都贮存在这里；一旦需要，它们便自觉呈现，浮升到意识层次，被自我感知。这便是为什么我们平时看到或听到的一些当时并不感兴趣的事情，多年以后可能会从个人无意识中被呼唤出来而变得至关重要，而许多我们在白天不曾留意的事情，也可能以某种象征的形式复现于梦中的原因。

这样，荣格便进一步发展了弗洛伊德的抑制假说，提出了自己心理学的一个重要理论前提——个人无意识具有的两组内容。荣格认为，个人无意识一方面是那些在某段时间里曾被意识到，后来却被抑制的内容；另一方面是那些在原则上可以被知觉，却因为缺乏意识理解而没被知觉的内容。第一组非常类似于意识内容，而第二组内容却显得陌生和不可形容。

其实，早在1917年时，荣格就试图在个人记忆和无意识的深层显现之间作出区分。直到1919年，他才在《信奉精灵》一书中对个人无意识进行了首次描述："个人无意识……包括所有那些在个体生活中被遗忘的精神内容，它们的痕迹仍然保存在无意识中，尽管它们的全部记忆都已丧失。此外，无意识还包括了几乎没有能达到意识的一切阈下印象或知觉。对于这些，我们必须加上那些仍然无力和模糊不清，以至不能穿过阈限的无意识观念结合体。最后，个人无意识包含了所有那些跟意识态度不相容的精神内容。这包含整整一组的内容……"

通过对个人无意识的研究，荣格发现了它的一个重要特点，即个体一组一组的心理内容可以聚集在一起，形成一簇簇心理丛，荣格将之称为"情结"。

（3）情　结

荣格最早提到情结的存在是在使用词语的联想测验进行研究时。后来在论及个体无意识时，他说："个人无意识的内容，主要是由具有情绪色彩的情结构成，它们构成了心理生活的个体的、私人的方面。"

作为一种具有相对自主性的知、情、意的无意识簇群，情结决定着我们人格的许多方面。今天，当我们说某人具有某种情结的时候，往往指他执着于某种东西或某件事而不能自拔；或者说，他有一种"瘾"。例如自卑情结、恋物情结、"俄狄浦斯"情结等等。一般说来，强有力的情结很容易被人注意到，而当事人往往对此一无所知。正是荣格，将"情结"一词引入我们的日常生活中。

在荣格观察到的情结中，有许多是他的病人所具有的。他发现许多情结深深地植根于病人的神经症状之中，"不是人支配着情结，而是情结支配着人"。基于此，荣格认为，分析治疗的目的之一就是分解、消融这些情结，把人从笼罩他的情结的暴虐下解救出来。

然而情结的作用并非总是消极的。当情结根植于神经症状中时，它无疑是人的调节机制中的障碍；但当情结作为人的心理能量和动力起点时，它可以引导人去有意识地面对内心隐蔽的立场。这时它便成了灵感和创造力的源泉，引导人在事业上有所成就。荣格认为，有所作为的艺术家往往注定要牺牲普通人的生活乐趣和幸福，他们从属于“创作的残酷激情”的情结。人们对于完美的追求便应归于一种强有力的情结，而微弱的情结则限制了一个人才华的发展。荣格由此得出一个结论：情结比任何其他东西更多地反映了“精神生活的焦点”。

荣格曾对情结作过这样的描述：“情结显然反映出一种广义的自卑，但我必须马上对上述断言加以修饰，即有的情结并不一定表明自卑。它只表示存在着某种不协调的、未被同化的和对抗性的东西，也许它是一种障碍，但也是一种作出更大努力的诱因，因而也许是一种获得新成就的诱因。从这个意义上讲，情结是精神生活的焦点。我们不希望甩掉它们。的确，我们不应失去它们，否则，精神生活必将产生致命的停滞。”由此可见，无意识情结虽然代表着某种消极的东西，却也有着富有生机的一面；虽然它可能造成精神生活的障碍，但它同时也是个潜在的通向胜利的领域。

无意识的情结会把一些观察和情感吸引到自己的周围，无论人们是否意识到这一点，它始终存在。它们可能属于个人无意识，也可能属于集体无意识。还有一些情结，可能人人都具有，但它们却不是个体的，而是集体的，例如“救星情结”。荣格说：“整个人类都有这种对救星的期待……在意大利与德国，我们看到的是作为大众心理的救星情结。实际上，救星情结是集体无意识的一种原型意象，在我们这充满灾难、迷惘的时代，它自然又被激活起来……”

（4）集体无意识

作为弗洛伊德的学生，荣格最初认为情结起源于个体童年时的生活经验，但后来他转变了观点，认为情结起源于人性中某种比童年经验更为深邃的东西。他说："这种个人无意识依赖于更深的一层，它并非来源于个体经验，也不是从后天获得的，而是先天就存在的。它应定名为集体无意识。选择'集体'一词，是因为这部分无意识不是个别的，而是普遍的。它与个体心理相反，具备了所有地方和所有个人都有的、大体相似的内容和行为方式的。换句话说，由于它在所有人身上都是相同的，因此它组成了一种超个体的共同的心理基础，并且普遍地存在于我们每个人的身上。"

随着研究的深入，荣格愈来愈相信承认无意识是精神的基础决不是可耻之事，而是某种崇高的、超越了个体的、可以自主调解精神事件的东西。

通过对宗教和神话心理学的研究，荣格注意到，世界上不同文化、不同地域的原始部落中有着某些相似的原始意象，这些意象有些甚至还会出现在精神病患者和儿童身上。例如常常出现在宗教、艺术和梦中的花朵、十字车轮等意象。荣格还发现，在彼此分隔、没有任何交往的不同民族和文化背景下，人类的精神传说在结构上都是相似的，如力大无比的勇士，带来灾难的女人，指点迷津的智者，富于自我牺牲并担负了拯救使命的英雄等等。通过对这些具有世界性象征的研究，荣格不再满足于将无意识动机局限于婴儿、性欲或单纯的个人内驱力；同样，他也不同意将无意识动机归因于愿望或愿望的满足。他认为，在人类共同的神话传说和原始意象下面，存在着使之生长的共同心理土壤。“正如神经症患者的梦揭示了他们的个人经验一样，人类这种‘集体的梦’、反复出现的原始意象，也揭示了人类远古生活的共同经验。”

在荣格的著作中，有一个病例被他反复提及：一天，医院里一位患有妄想狂型的精神分裂症患者把荣格带到窗前，指着太阳告诉他，如果他半闭着眼睛看太阳，就会看到太阳的生殖器；如果他晃动脑袋，就会看到太阳的生殖器也在晃动。他最后说，这便是风的起因。

许多年后，荣格偶尔读到阿尔布雷特·迪特瑞奇（Albrecht Dieterich）的一本书，上面记载了一段与其病人的幻象极为相似的表象：“同样是这个所谓软管，统帅着风。因此，你会看到，太阳的轮廓下垂挂着一个软管的东西……”

我们前面说的那位病人是个文化水平不高的职员，而当他为荣格讲述自己的幻象时，迪特瑞奇的书并没有出版。因此可以断定，荣格的病人不可能读过那本书；同时还可以肯定，荣格本人也没有影响病人的思想，因为在此之前，荣格丝毫没有意识到这种幻象。由此，荣格得出结论：在人的精神世界里存在着一个神话创作层面，它不仅为精神病人和正常人所共有，也为不同文化和不同时代的人们所共有。荣格把精神的这一层面称为集体无意识。

在《集体无意识的概念》一文中，荣格用来说明集体无意识的例子，恰恰是弗洛伊德用来说明个人无意识的著名例子——列奥纳多·达·芬奇和他那幅著名的圣安妮、圣母玛丽亚和幼年基督的画。弗洛伊德认为：达·芬奇的这幅画与他有两个母亲这一童年经历有着内在的联系：圣安妮……本应被塑造得比圣母玛丽亚更成熟、更严肃一些，但她却被塑造成一个容貌不减当年的年轻女人。事实上，列奥纳多给了孩子两个母亲，一个向他伸出双臂，另一个处在背景的位置……这一独特性使评论这幅画的人们感到惊讶，例如穆瑟就认为这是由于列奥纳多硬不起心肠来画皱纹满面的老年人……但我们能否满足于这样的解释呢？……列奥纳多的童年显然酷似画中的情景。他有两个母亲：第一个是他亲生的母亲卡特琳娜，在他三到五岁的时候，她被迫离开了他；然后是他年轻而慈爱的继母即他父亲的妻子唐娜·阿尔贝拉……

荣格不同意弗洛伊德对这幅名画的解释。他认为这幅画所表现的神话母题远不是绝无仅有的，与明显的个人心理交织在一起的，还有一个非个人和超个人的神话母题：在其他领域中，这个母题是我们非常熟悉的，这就是“双重母亲”的母题，它是神话和比较宗教领域中以各种变体出现的一个原型，因而构成了无数“集体表现”的基础。我们还可以提出“双重血统”的母题为例。所谓双重血统是指同时从人的和神的父母处获得的血统，就像赫拉克勒斯那样因受天后赫拉的抚养而获得了神性……（此外，）埃及法老的本质也是人神合一的。在埃及神庙的出生室里的墙上就描绘着法老的第二次神圣的孕育和诞生……这一观念隐伏在所有的再生神话中，基督教也同样包括在内。基督自己就有过“两次诞生”：约旦河中的洗礼赋予他以新的生命，使他从水与精神之中再生了……多亏了这一两次诞生的母题，今天的孩子们才有了一个“教父”和“教母”作保护人……两次诞生的母题与两位母亲的幻想无处不在的联系应和了人类中一种普遍存在的需要……如果列奥纳多·达·芬奇的确是在圣安妮和圣母玛丽亚的形象中描绘他的两个母亲——对此我表示怀疑——那么他也只是表现了他以前和他以后无数人都相信的某种东西。

那么，什么是集体无意识呢？对此，荣格没有提出明确的定义，这一术语散见于他众多的著作之中。荣格在 1917 年首次描述这个古老的、普遍的，同时又无所不在的深层精神时说：“集体无意识，作为人类经验的贮存所，同时又是这一经验的先天条件，乃是万古世象的一个意象。”所以，集体无意识首先应是一个客观事实，而且是一个使精神事件充满了永恒活力的事实。它是意识的终极体现，是人类心灵中仍旧活跃着的祖先的经验。

一直到 20 世纪初，在描述集体无意识时，荣格始终强调它是建立在集体观念的基础上，并以“生命驱力”为前提。后来，他又强调集体无意识是由“本能及其相关物、原型的总和”组成。到了 1928 年，荣格将集体无意识描述为包含“在每一个体大脑结构中更新的人类进化的整个精神遗产”。从大脑的一致性中，荣格推演出新的集体无意识假说，即人的集体无意识“包含了从祖先遗传下来的生命和行为的全部模式”。这样，作为遗传原型观念的潜在物，原始意象和本能应是以原型的形式预先形成在大脑之中的。

原型、本能、原始意象三个概念，是荣格从不同角度对集体无意识的界定，它们共同揭示了集体无意识作为人类心灵规律存在的必然性。总结荣格的观点，我们可以看到，荣格界定的集体无意识实际上是指有史以来沉淀于人类心灵底层的、普遍共同的人类本能和经验遗存。这种遗存既包括了生物学意义上的遗传，也包括了文化历史上的文明的沉积。它们以原型的构成存在着，表现为原始意象。作为人类的心理中具有倾向性、制约性的心灵规律，它们对人类的行为、理解和创造产生着重大影响。

荣格提出集体无意识最大的贡献在于，他打破了 19 世纪 60 年代以来，心理学家始终坚持的后天环境影响着意识形成的环境决定论。他提出了以进化和遗传为基底的新的心理学结构蓝图，这实际上是对法国人类学家列维—布留尔（Levy-Brunl，1857~1939）的“集体表象”理论的进一步发展。荣格对集体无意识的发现，可以说是心理学史上的一座里程碑。

（5）原型与原始意象

在荣格看来，原型与“本能”一样，是集体无意识的基本结构。没有原型的集体无意识是不可想象的；如果说集体无意识的发现应验了中国古代“人同此心、心同此理”的说法，那么这种抽象空洞的道德说教与荣格对原型的全方位缜密论说却不可同日而语。

原型是集体无意识最重要的构成内容（此外则是本能）。如果不能对原型作出正确的说明，则集体无意识的假设将流于空论和玄想。既然个人无意识的构成可以经由情结这一概念而获得人们的理解，那么，集体无意识的构成也一定能够经由原型这一概念获得应有的说明。

荣格说：“个人无意识的内容主要由带感情色彩的情结所组成，它们构成了心理生活中个人和私人的一面。而集体无意识的内容则是所说的原型。”“我们在无意识中发现了那些不是个人后天获得而是经由遗传具有的性质……发现了一些先天固有的直觉形式，也即知觉与领悟的原型。它们是一切心理过程的必不可少的先天要素。正如一个人的本能迫使他进入一种特定的存在模式一样，原型也迫使知觉与领悟进入某些特定的人类范型。和本能一样，原型构成了集体无意识。”

在荣格看来，原型是一切心理反应的普遍形式。这些反应形式既然普遍地见之于神话、宗教、艺术、哲学、科学乃至人类一切文化领域，也就当然能够从不同的学科领域去分别予以阐述。

从心理学的角度，荣格认为原型是心理结构的普遍模式：原型是领悟（apprehension）的典型模式。每当我们面对普遍一致和反复发生的领悟模式，我们就是在与原型打交道——

而不管是否能够从中认识到神话的特征。作为一位资深的心理学家，荣格以大量经验材料对人们知觉、领悟和理解的普遍模式（原型）作了详尽的揭示和论证。任何不带科学偏见的人都会承认，这些通过观察获得的经验材料，以及从这些经验材料中合乎逻辑地得出的结论，是站得住脚的。

当然，在具体论述中，荣格的某些说法也并不是没有引起非议的余地。例如对原型与原始意象的关系，荣格的说法就显得有些含混，而这在那些主张科学概念应严格予以界定的人眼中，则差不多是一个不可饶恕的错误。荣格确实经常把原型这一概念与原始意象相等同。例如他在解释原始意象时曾说:“原始意象，有时也称之为原型……它对于所有民族、所有时代都是共同的。”又如他说:“为了解释我们知觉的这种一致性和规律性，我们必须求助于这样一个概念，这个概念与决定着我们领悟模式的要素相关联，我把它称为原型或原始意象。”

在我们看来，原始意象与原型，其涵义虽然比较含混和接近，荣格也经常交替使用它们，但在一些场合，两者在荣格那里还是得到了区分。大体说来，原始意象与原型的区别，有些相当于康德的“构架”与“范畴”的关系。原始意象介于原型与表象等感性材料之间，起一种凝聚和构型的作用；而原型则是一种与生俱来的心理形式。原型是“体”，原始意象是“用”，二者的关系大致相当于实体与功能的关系。但作为“实体”，原型却是“可思而不可见”的；作为“功能”，原始意象的作用也只是从“由它产生出来的种种意象”

推知的。两者都不能直接诉诸我们的感官，而只能凭借我们的观察和我们有过的经验，作为对我们有用的合理假设而存在。

关于原型的起源，荣格认为，原型作为心理反应、心理结构的基本模式，一方面固然“有可能”是人类远古社会生活的遗迹，是重复了千百万次的心理体验的凝缩和结晶；另一方面也完全“有可能”是生物本能的分化，是生命的内在性质和固有法则的演变，它的起源可以一直追溯到生命的起源。荣格说：“从科学的、因果的角度，原始意象可以被设想为一种记忆蕴藏，一种印痕或记忆痕迹，它来源于同一种经验的无数过程的凝缩。在这方面，它是某些不断发生的心理体验的积淀（precipitate），并因而是它们的典型的基本形式。”但另一方面，荣格又明确表示这些“设想”由于不能令人满意而促使我们不得不从另一方面去“设想”。

荣格说：如果我们把无意识原型理解为由外部经验所造成，那么，像日出日落、季节变换这样一些外部自然现象，为什么不以其直接呈现于感官知觉的样子出现，而要以神话幻想的方式出现呢？他认为这一事实（指自然现象以神话幻想的方式出现）本身即证明了人类心理具有某种不受外界影响的自主性或康德意义上的“先天综合能力”。

荣格认为：心理的这种“自主性”或先天综合能力，从发生学的角度考察，“不可能仅仅是周围环境的产物，因为它从哪儿去获得这样一种能力，以致能够在感官知觉之外找到一个立足点？它又怎么可能在单纯地对感觉证据的确证之外，有更多的和不同的演出呢？由于这些缘故……自然的和因果的‘记忆痕迹’的理论不再能令人满意。我们被迫假定，大脑的一定结构、它的奇特的性质，并不能仅仅归因于周围环境的影响，而是同样也应该归因于生物体的奇特的和自发的性质，归因于生命本身固有的法则。因此，有机体的一定构造也就一方面是外部条件的产物，另一方面也是由生物体的内在性质决定的。”

从哲学的角度，荣格把原型理解为“纯粹形式”。这种纯粹形式既类似于柏拉图的理念，又类似于康德的范畴。

荣格认为：那些反复出现的原始意象，实际上是原型的“自画像”。这些“自画像”具有象征和“摹本”的性质。象征和“摹本”虽然可以有种种变化，它们所象征和“摹写”的原型却是不变的。原型永远是看不见、摸不着的；“它在富有创造性的人身上显得富有生气，它在艺术家的幻觉中，在思想家的灵感中，在神秘主义者的内心体验中昭示自己。这种超个人的无意识……恰像一种到处蔓延、无所不在、无所不知的精神。它把人看做他过去始终所是的样子，而并不把他看做他此时此刻所是的样子。”

的确，如果停留在简单的类比上，我们不妨说，集体无意识就是柏拉图的“灵魂”，而原型也就是“理念”。

但仔细考察起来，问题却并不这么简单。荣格固然承认，“原型这个词就是柏拉图哲学中的理念”，但他却赋予了它新的解释，使它不再是某种独立自在的客体，而变得具有了亚里士多德“形式”的涵义。荣格说：“原型不是由内容而仅仅是由形式决定的……原型本身是空洞的、纯形式的，只不过是一种先天的能力，一种被认为是先验地表达的可能性。”对集体无意识的解释也是这样，当荣格把伟大的艺术作品说成是集体无意识的象征时，集体无意识仿佛是某种超验的、形而上的“物自体”，但荣格马上又把它解释成仅仅是一种“潜能”。荣格说：“集体无意识不能被认为是一种‘物自体’，它仅仅是一种潜能，这种潜能以特殊形式的记忆表象，或者以大脑的解剖学上的遗传结构，从原始时代一直传递给我们。”正如我们看到的那样，荣格一直反对对原型作“天赋观念”的理解，而主张它只是产生观念（和幻想）的“天赋可能性”。他反复强调：“绝不能设想有所谓‘天赋观念’这类东西。这一点是毫无疑问的。然而却有观念的天赋可能性，即一些产生幻想的先决条件。它们有些类似康德所说的范畴。尽管这些天赋条件本身并不产生任何内容，它们却给那业已获得的内容以确定的形式。”

荣格反对仅仅从认识能力和逻辑思维的角度去理解原型，把原型理解为认识的先决条件。他批评近代哲学仅仅从认识论出发，把原型还原为很少几个受逻辑限制的知性范畴，主张恢复原型在古代哲学和中世纪哲学中的形而上的价值和意义。“在柏拉图哲学中，原型作为形而上的理念，作为样板和范型，被赋予了很高的形而上价值……中世纪哲学从圣·奥古斯丁（从他那儿我借用了原型的观念）的时代一直到马勒伯朗士和培根，在这方面一直立足于柏拉图哲学的基础。”尔后，“从笛卡尔和马勒伯朗士以来，‘理念’或原型的形而上价值逐渐败坏了。它变成了‘思想’，变成了认识的内在条件……最后，康德把原型还原（简化）为有限的几个知性范畴。”在这种倾向下，原型的感性内涵遂被阉割，它变形为仅仅与知性发生关联的僵尸，从而丧失了精神活生生的“肉体”。

这样我们便看到：尽管荣格也从哲学史的角度对原型这一概念作了大量比较，并一再声明原型既不同于柏拉图的理念也不同于康德的范畴，但综观荣格关于原型的说法即不难看出，原型的丰富内涵只有在跳出理性哲学的狭小框架之后，才有可能获得完整而丰满的解释。如果说在现代生活中，哲学已因为理性的切割而逐渐变得支离破碎，那么，为了使精神重新获得其原始的完整性和统一性，荣格便不得不在神学和神话学的意义上寻求对原型涵义作进一步的补充和解释。

正是在这样的背景上，“原始意象”（primordial images）的说法才进入到荣格对原型的解释中。如前所说，集体无意识是通过原始意象，作为反复出现的原始意象赖以产生的心理背景和心理土壤而推导出来的。因此，与原型一样，原始意象对集体无意识的假设至关重要。如果说原型更多的是用来作哲学和神学讨论的术语，那么，原始意象则主要用来作美学和神话学讨论的术语。

原始意象的说法，在极大程度上否认了神话和艺术是对外部世界的反映的说法。荣格证明说，在罗得西亚旧石器时代的岩石画中，有一种抽象的图像——圆圈中一个双十字。“这种图像实际在每一种文化中都曾经出现过。今天我们不仅在基督教的教堂内，而且在西藏的寺院里也能够找到它。这就是所谓的太阳轮。而既然它产生于车轮还不曾发明出来的年代，也就不可能起源于任何来自外部世界的经验，而毋宁是某种内在体验的象征。”在荣格看来，这一象征是典型的“曼荼罗式样”，因而作为古老的宗教象征和艺术象征，典型地反映出人心中固有的宗教冲动和神话倾向。

同时，原始意象又以其与神话和宗教的关联，最好地使原型这一概念得以跳出理性哲学的狭小境界而获得无比鲜活的生命。荣格说：“原始意象……是同一类型的无数经验的心理残迹”；“每一个原始意象中都有着人类精神和人类命运的一块碎片，都有着在我们祖先的历史中重复了无数次的欢乐和悲哀的残余，并且总的说来始终遵循同样的路线。它就像心理中的一道深深开凿过的河床，生命之流在这条河床中突然奔涌成一条大江，而不是像从前那样在宽阔清浅的溪流中向前漫淌。”

这一譬喻的说法，揭示了原型和原始意象古老的、充满感性色彩的性质。原型并不是干瘪的思想框架和逻辑框架。相反，它是一切“欢乐和悲哀”、希望与憧憬、想象和情感的原始根柢。这一原始根柢已经持续存在了若干万年并无疑将继续存在下去。与之相比，现代生活中种种过眼烟云的东西，只不过是从这一古老根柢上开出的朝生暮死的花朵。朝生暮死的花朵固然美丽，但人类出于更深的精神需要，却不能不执着于那些更为持久、更为永恒的价值。这也正是荣格何以总是要用神话和宗教象征来填补理性哲学和现代科学的空虚，并借以获得对人类精神的完整理解的缘故。

（6）男人的女性特质

荣格认为，在每个男人的心灵深处，都有一种女性的特质，他称之为“阿尼玛”。在《自我的探索》一书中，他这样描述这种女性特质：“在男人心灵中，女性特质是所有女性心理性向的化身，诸如暧昧的情感和情绪、预言性的征兆、对非理性的接纳、容忍私人的爱意、对自然的感情，还有他与潜意识的关系。”

在爱斯基摩和其他北极圈部落的先知（僧人）中，可以发现女性特质如何在男人心灵中被认作内在人物的最好例子。这些先知有些甚至穿着女人的衣服，或在他们的衣服上画乳房，以表示他们内在的女性层面——这层面可以令他们与“灵界”（即我们所谓的潜意识）接触。

一般而言，男人女性特质的性格是被他母亲所塑造出来的。如果他感到他母亲对他有种消极的影响，他的女性特质通常会以暴躁、意志消沉、犹疑不定、忧心忡忡和易怒的形式表达出来（不过，如果他能克服他自己的消极袭击，它们可以增强他的男子气概）。在这种男人的女性特质中，那消极的“母亲灵魂”会不停地重复这个主题：“我一无是处，什么事都没有半点意义。虽然别人看法不一样，但至于我……我没什么好快乐的。”这些“女性的情绪”引起单调沉闷、害怕生病、阳痿或发生意外，整个生活呈现一片忧郁和压迫感。这种悒郁的情绪甚至能诱惑人自寻短见，在这种个案中，女性特质变成一个死魔。

法国称这个女性特质意象为“女性命运”，希腊“海上女妖”（意大利海岸附近的三女神之一，以美妙歌声蛊惑过路的航海者，并使他们灭亡），或德国的莱茵河女妖（出现于莱茵河右岸岩石上，以其美色或歌声诱惑水手们，致其船只触礁），也是女性特质危险层面的人格化，这形式象征有害的幻象。以下的西伯利亚故事显示这种有害女性特质的行为。

有一天，一个寂寞的猎人看见一个美丽的妇人从森林另一面的河中浮出来。她向他挥手，而且歌唱：

> 噢，来呀！在寂静黄昏中的孤独猎人。
> 来，来呀！我想念你，我想念你！
> 我现在想拥抱你，拥抱你！
> 来，来呀！我的家就在附近，我的家就在附近。
> 来，来，孤独的猎人，你现在处身于寂静的黄昏中。

他脱掉衣服游过去，但突然间，她变成一只猫头鹰飞走，向他嘲讽地大笑。当他想游回去找衣服穿时，却在冰冷的河中淹死。

在这故事中，女性特质象征爱情、幸福、母爱的温馨（她的家）等不实际的梦——一个诱惑男人脱离现实的梦。那猎人淹死了，因为他追求不能实现的狂想。

此外，男人人格中消极的女性特质所表达的，都是些坏心肠、有毒、柔弱的意见，令他们贬低每件事的价值。

这种意见往往扭曲真理，令真理打折扣，而且有破坏性。世界上有许多关于“恶毒心肠的少女”的故事或传说。她是个美丽的生物，身上藏有武器或秘密毒药，当她和情郎第一晚相好时，就把他杀死。在这种伪装中，女性特质就像某个不可思议的自然层面一样冷酷而鲁莽。

另一方面，如果男人对他母亲的经验是积极的，这同时可以独特而不同的方式影响他的女性特质，结果不是变得无丈夫气概，就是成为女人掠夺品，因此不能应付艰苦的人生。这种女性特质能令男人变得多愁善感，也许会变得像老处女一样难以取悦，或像童话故事中的公主一样敏感，可以在三十张床垫下感到一颗豌豆的存在。在一些神话中，消极的女性特质有更微妙的表示，形式大致是公主要求来向她求婚的人回答一连串谜语，或找东西，如果他们猜不出谜底，或找不出那些东西来，就一定会死——而她往往是赢家。在这种情形下，女性特质令男人涉及一种危险的智力游戏中，我们可以在那些神经病患者的冒充有知识的对话——阻止人直接和生活及实际的决定接触——中，注意到女性特质的诡计。他对生活过于深思熟虑，以致无法保存它，而且失去所有自然而外向的感情。

女性特质经常显示的形式是性爱的幻想。男人也许经由看电影或脱衣舞表演，以及对着春宫图片作白日梦，以安抚他们的幻想。这是女性特质粗糙的原始的一面，只有当人没有充分地培养他感情的关系——当他对生活的感情态度仍旧是幼稚时——它才获得有强制性。

所有这些女性特质的一面，有我们曾在影子中观察过的同样性向：即是，它们能被主观客观化，而在男人看来，它们变成某些独特女人的性格。由于女性特质的出现，导致男人在初次看到一个女人时就突然爱上她，而且立刻知道这就是“她”。在这种情形下，那男人好像感到自己无时无刻不认识这个女人，他如此无望地爱恋她，以致令旁观者觉得他像完全疯了。拥有“像神话般”的个性的女人特别吸引这灵魂的主观客观化，因为男人可以把任何事归因于一个如此魅惑迷人的生灵，因而可以围绕她编织幻想。

但我们对女性特质的消极面已说得够充分了，其实它有许多重要的积极面。举例来说，女性特质对男人有能力找到合适的结婚对象这个事实负责。另一个作用至少有相等的重要性：不论男人的脑袋什么时候无法辨识隐藏在潜意识后的事实，女性特质都会帮他发掘出来。女性特质在把人的思考和内在价值调和一事上，担任极重要的角色，因而能帮你打通进入堂奥之路径。这就像一部内在“收音机”，逐渐转到特定的波段，而排除不相干的波段，只准许“伟大的人”的声音出现。在设立这种内在“收音机”接收时，女性特质对内在世界和“自己”扮演指导和调停的角色。

一个四十五岁的精神治疗医师的梦，也许有助于弄清楚女性特质如何能成为一个内在的指导者。当他晚上就寝作此梦前，他个人认为缺少礼拜堂的支持，他就无法忍受孤独的生活。他发现自己嫉妒那些得到组织保护的人。以下是他的梦：

我在一座满是人的旧礼拜堂的走廊上，我坐在走廊的后面，这里似乎是特别座位，我母亲和太太也跟我在一起。身为一个牧师，我要举行弥撒，我手里有本大的弥撒书，而非祷告书或诗歌集。我不熟这本书，所以找不到正确的经文，我很紧张，因为我快要开始了。令我更烦恼的是，我母亲和太太都在那看着我呢……

文学作品有许多例子表示女性特质是内在世界的指导和调停者：如荣格的“她”，或歌德浮士德的“永恒的女性”。在中世纪的神秘经文中，“女性”的意念以如下说明解释她自己的本性：

我是园中的花、谷中的百合；我是公平的爱、恐惧、知识，和神圣希望的母亲……我是天然力的调停者，使一种和别种相一致；我使那些热的成为冷的，冷的成为热的；干的变成湿，湿的变成干；硬的我弄成软的……我是牧师的戒律，先知的语言，聪明人的顾问。我操生死大权，谁也无法从我手中逃脱。

在西方可以玛丽亚作代表；而在中国，女神“观音”堪可与她相比，还有一个更通俗的“女性意象”，就是“嫦娥”，她将诗歌和音乐的天赋予她所喜爱的人。

只有痛下决心，决定以慎重的态度处理幻想和感情的问题，才不致阻滞内在个性化的过程，因为惟有这样，男人才会发现这意象作为内在实体的意义——“内在的女人”传递给“自己”的重要讯息。

(7)女人的男性特质

与男人的女性特质相对应，在女人的心灵深处，也潜伏着一种男性的特质，荣格称之为“阿尼姆斯”。他说：在女人中潜意识的男性具体化——男性特质——表示善与恶两方面，就像男人的女性特质一样。不过男性特质很少以性爱幻想或情绪的形式出现，反而大多以隐藏而“神圣的”确信形式出现。当这种确信以雄壮、强烈、男性化的声音说教时，或以兽性的情感强迫别人时，潜藏在女人的男子气概很容易就被认知。不过，即使在一个外表上十分柔弱的女性内，男性特质也可以成为同等棘手而无情的力量。有人也许突然知道自己面对的是女人的顽固、冷酷和完全无法接近的个性。

男性特质最喜欢在这种女人的思想上无穷地反复这个主题：“在世上，我只希望得到爱——但他并不爱我”，或“在这种情况下有两个可能——但两个都是一样糟”（男性特质绝不相信期望）。我们很少能反驳男性特质的意见，因为它往往是正确无误的，不过它似乎很少适合个体的情况。它易于成为一个看似合理但又离谱或无关的意见。

就好像男人女性特质的性格是被他母亲塑造一样，男性特质基本上是受到女性父亲的影响。父亲赋予他女儿的男性特质带有无可争论的“实际”确信的特殊色彩，这些确信决不包括女人自己的个人实体。

这就是男性特质有时像女性特质一样是死亡的化身的原因。举例来说，在一个吉卜赛人的童话中，有个寂寞的女人收容了一个英俊的陌生男人，而不顾自己作了个警告她他是死亡之王的梦。他和她相处一段时间后，她强迫他告诉她他确实的身份。起先他拒绝，并告诉她如果他说出来，她就会死，不过，她坚持要知道，于是他突然透露他是死亡的本身，那女人立刻被吓死了。

从神话的观点来看，那英俊的陌生人大概是个异教徒的“父亲意象”或“神意象”，他在此以死亡之王出现。但从心理学观点来看，他代表男性特质的特殊形式，诱惑女人脱离所有人际关系，尤其脱离所有和真正男人的亲近。他使得那一团充满欲望和事情“该怎样办”的判断的似梦思想具体化，再使女人脱离实际生活。

消极的男性特质不仅以死亡化身出现，在童话中，他扮演强盗和凶手的角色。蓝胡子（法国故事中的主人翁，据说曾杀死六个妻子）就是个最好的例子，他偷偷地在密室内把他所有的妻子杀死。在这个形式中，男性特质把所有一切入侵女人的潜意识、冷酷、有害的思想具体化，尤其是当她无法明了感情责任的时候。然后她才开始考虑到家庭的财产这类事情——一种计量的思考网，充满恶意和阴谋，令她进入一种甚至希望别人死亡的境况，“当我们其中一个死了，我会搬到里维耶拉（著名的避寒游憩胜地）。”一个女人看到风光明媚的地中海海岸后对丈夫说——照理来说，她这个念头并没有什么实际的伤害。

如果养成这种秘密而有破坏性的态度，妻子会迫使丈夫、妈妈会迫使孩子生病、发生意外甚至死亡。不然她或许会阻止孩子结婚——这种深藏不露的邪恶形式很少出现在母亲意识心灵的表面。（有个天真的老太太有一次对我们说，而且拿了张她儿子的照片给我们看，他二十七岁时就被淹死了。“我宁愿他被淹死，总比送给别的女人好。”）

所有奇异而被动，以及麻痹的感情，或深深的不安全感，都几乎会导致一种无效的意义，有时也许是潜意识男性特质的意见的结果。在女人的无底深渊里，男性特质低语道：“你没有希望了。努力有什么用？怎么做也达不到目的的。生活决不会转好的。”

不幸地，每当这些潜意识的具体化支配我们的思想时，这就好像我们自己拥有这种思想和感情，自我与它们认同，而且无法脱身而出，了解它们到底是什么东西。人确定是被潜意识的意象所“支配”。在这种支配消失后，人才带着恐惧的心情了解到他所说和所作的事与他原来的思想和感情背道而驰。

像女性特质一样，男性特质并不仅有诸如残忍、鲁莽、无聊的谈话、静默、顽固和邪恶观等消极的性质。它也有积极和有价值面，也可以透过它那有创造力的积极性，建设一道通达“自己”的桥。以下是个四十五岁妇人所作的梦，有助于我们了解这点：

有两个戴了面罩的人爬上露台，然后走到屋子里。他们身穿有头罩的黑外套，看来想折磨我和我妹妹。她藏在床底下，但他们用扫帚拉她出来，加以折磨，不久轮到我了。这两个人中的领袖把我推向墙，在我面前施了一些魔术手法。此时，他的助手在墙上素描，当我看到时，我说（以表示友好）：“噢！画得真好！”突然间，折磨我的人有个艺术家高傲的头，他骄傲地说：“当然。”说完就开始擦眼镜。

做梦者很熟知这两个意象的虐待性变态症的层面，因为实际上，每当她想到自己爱的人有危险——甚至死亡——时，就因焦虑而痛苦不堪。但其实，那梦中的男性特质意象有两层暗示，那两个强盗是代表一种有双重效果的心理因素，可能与这些折磨的思想不同。做梦者的妹妹——想躲避那两个人——被抓住折磨。事实上，这妹妹在很年轻时就去世，她天生有艺术气质，但没能发挥她的天才。接着该梦显示那两个戴上面罩的强盗是伪装的艺术家，如果那做梦者辨识他们的才能（是她自己的），他们会放弃他们邪恶的意图。

到底那个梦较深的意义是什么？在那涌上心头的忧虑的背后，确实是个致命的危险，但同时对该做梦者是种有创造力的可能性。她像自己的妹妹一样，有些画家的天分。不过她怀疑画画对她是不是一种有意义的活动。现在她的梦以最热切的方法告诉她，她必须保存这天分，如果她服从，有害而苦痛的男性特质会蜕变成一种有创造力和有意义的活动。

在许多神话和童话中，都述及一个王子被魔法变成野兽或怪物，后来被一个女孩的爱情救回——一种象征男性特质成为意识态度的过程。通常女英雄不被容许问及有关她神秘而未知的爱人或丈夫的问题，或是她只有在黑暗的地方和他会面，也许她没有看他一眼。这意味着，凭借着盲目信任和爱他，她一定可以救回她的情郎。但这永远不会成功。她老是毁约，因而要历尽千辛万苦，以及长时间的找寻，才再找回她的爱人。

女人要解决男性特质的问题，必须历经很长的时间和痛苦。但如果她知道她的男性特质是谁，而且它对她有什么作用，以及她在面对这些事实而不容许自己被支配时，她的男性特质可以变成一个无价的内在朋友。它赋予她男子气概的特质，包括进取心、勇气、客观性和超凡的智慧。

男性特质就像女性特质一样展示四个发展阶段。他起先只不过以肉体力量的具体化出现——举例来说：运动比赛或“健美先生”。在接着的阶段中，他拥有进取心和计划行动的能力。在第三个阶段中，男性特质变成“字”，通常以教授或牧师的姿态出现。在最后一个阶段中，男性特质具有化身的意义。在这个无上的境界中，他变成（像女性特质一样）宗教经验的调停者，借此，生命得到新的意义。他赋予女人精神稳定、无形的内在支持，以补偿她外在的软柔。在他最发达的形式中，男性特质有时以她年纪的精神发展和女人的心灵联结，因而甚至令她比男人更能接纳创新的观念。所以较早期的女人被许多国家利用为占卦者或预言者。她们的积极男性特质的创作性勇敢，有时产生刺激男人争取进取心的思考和观念。

女人心灵的“内在男人”所引起的夫妻问题，和男人心灵的“内在女人”一样，事实上，令事情复杂的是：男性特质（或女性特质）欲支配自己的伴侣，会自动地激怒对方，令他（或她）也想支配对方。女性特质和男性特质总是产生不一致、暴躁的情绪化的气氛。

正如我们前文中所述，男性特质的积极面可以具体化进取的精神、勇气、信心，而在最高的形式中，达到精神的妙境。透过它，女人可以经验她文化和个人客观处境的优先过程，而且可以替自己找到一个方法，以强化生命的精神态度。这当然预先假定她的男性特质停止代表在批评之上的意见，那女人必须找到勇气和内在的度量，以探究她个人确信的奉献。惟有这样，她才能考虑到潜意识的暗示，尤其当它们反对她男性特质的意见时，也惟有这样“自己”的表示才降临她身上，她才能有意识地了解它们的意义。

2. 人及其象征

从对象化与自我实现的角度看，象征是人的精神的对应物。通过黑格尔意义上的对象化（或外化）把自己的生命和灵性转渡给对象，对象便成了人的象征。任何对象，当其作为象征的时候，都是人的精神的外化和显现。在这一意义上，“太阳、月亮和星辰都向人呼喊：认识你自己。”（费尔巴哈）

然而象征却并不仅只是人的认识对象。象征的主要意义在于：通过激发生命唤起想象，它能创造出更为新颖更具韵味更富吸引力的境界，并因此把人带入意义更加充实、内容更加丰富的存在。任何新象征的出现都类似于一次新的“启示”，它在一刹那间照亮了人的全部生活，并在某种意义上决定了人的未来命运。

在荣格看来，象征具有超越功能和整合作用，它能使彼此对立、相互冲突的心理内容处于有机统一的状态。它既能解除因内心分裂造成的焦虑，又能使人摆脱懒散松弛的状态。它使人得以超越平庸肤浅的生活，能够帮助人组织和调动起潜在的、受压抑的心理能量，并给这些能量指引新的方向。正像荣格晚年指出的那样，“人与象征共存，尽管人没有意识到，但象征的意义却使人生机盎然。”象征不仅是人自我认识的路标，而且是人自我实现的向导。新的象征仿佛具有使人获得新生的作用。人的一生，就是不断寻找和制造象征的过程；人类的历史，就是不断用新象征取代旧象征的历史。

上面所说的这些话不可避免地显得有些笼统和抽象。那么，关于象征，我们究竟可望从什么样的角度去理解和把握呢？

（1）永恒的象征

今天，我们在残存于古代人的象征意象和神话中，意味深长地再发现人类的古史。一如考古学家深入地挖掘过去的，我们知道珍藏的并非历史年代的事件，而是要找出石像、图案、庙宇和能说明古代信仰的语言。其他象征由语言学者和宗教历史学家向我们透露，他们能把这些信仰翻译成可理解的现代概念。这些概念由人文考古学家依次使其苏醒。他们能显示，在仍旧存在——几世纪以来的改变——的小部落社会的祭仪或神话中，发现同样的象征模式。

所有这种研究，已大大改正那些主张这类象征属于古代人类，或现代的“落后”部落，因此与现代复杂生活无关的现代人的偏颇态度。在伦敦或纽约，我们可能因为新石器时代的人的诸多祭仪不过是古代的迷信而将之忘掉。如果任何人说他看见幻象或听到上天的声音，他不会被当作圣人或先知，只会说他神经有问题。我们阅读古希腊的神话或美国印第安人的民间故事，但我们看不出在它们和我们对“英雄”或今天的戏剧性事件的态度之间有什么关联。

不过那关联依旧存在着，它们显示的象征与人类息息相关。

荣格博士的分析心理学派对了解和再评价这种永恒的心理学有重大贡献。它有助于推倒原始人（象征似乎是他们日常生活的自然部分）和现代人（他们觉得象征没意义和不相干）之间的区别。

在荣格看来，人类的精神有自己的历史，心灵保留许多从其发展的先前阶段中留下来的痕迹。此外，潜意识的内容对心灵有种形成的影响。我们也许有意地忽视它们。但我们却无意地与它们应酬，而且对象征的形式——包括梦——起反应。

个体也许觉得他的许多梦是天生的，而且是无系统的。但过了一段长时间后，分析者会观察到一串梦的意象，而且注意到它们有个有意义的模式，根据这点了解，他的病人也许终于获得一种生活的新态度。某些个这种梦的象征源自荣格博士所谓的“集体潜意识”——即是那保留和传达人类普遍心理上继承的心灵部分。这些象征对现代人来说，实在太过古老和陌生，以致他不能直接了解或同化。

分析者对这方面有帮助。病人必须尽可能超越那些变得陈旧和不适当的象征的拖累，或者分析者很可能帮助他发现古旧象征的持久价值，即是以新方式寻求再生。

在分析者能有效地和病人探究象征的意义前，他必须对象征的起源和意义有广泛的认识。因为古代的神话和出现在现代病人梦中的故事之间的类推，不是太过琐屑，就是太过难测。它们之所以存在，乃由于现代人的潜意识心灵，保留着制造象征的能力——一度在信仰和原始祭仪中发现表现法，而这种能力在心灵上扮演重要的角色。在许多方面，我们晓得我们依赖这种靠象征传达的信息，而且我们的态度和行为都深受它们的影响。

举例来说，在战时有人对荷马、莎士比亚或托尔斯泰的作品兴趣加深，我们抱着新的了解阅读那些给予战争持久（或原型的）意义的段落。它们从我们身上唤起一种反应，比那些从不晓得战争强烈感情经验的人更深刻。特洛伊平原之战完全与亚詹角或贝鲁杜之战不同，不过伟大的作家可以超越时空，表达宇宙共通的主题。我们之所以起共鸣，因为这些主题基本上是象征性的。

有个例子是每个在基督教会长大的人都熟悉的。每逢圣诞节，我们可能会对那半神小孩神话式的诞生表露我们内在的情感，即使我们也许不相信处女生子的说法，或对宗教信仰没任何意义，也会有上述的内在情感。不知不觉地，我们掉进再生的象征意义里。这是古老冬至的节日，令北半球渐渐消失的冬景得到更新的希望。因为所有我们的诡辩，都在这象征的节日中找到满意解释，一如我们和自己的小孩在复活节中共享复活蛋的仪式。

但我们了解我们自己做什么，或看出耶稣诞生、死亡和复活，与复活节的民俗象征意义的关系吗？通常我们甚至对这些事情不加以明智的考虑。

不过它们还是相互补足。耶稣在受难节（复活节前的星期五）牺牲似乎属于同样再生象征的模式，我们在诸如奥斯维斯（古代埃及主神之一）、奥贝斯（阿波罗之子，喜弹琴，琴音美，兽类木石均随之，为音乐之鼻祖）等这类救世主祭仪中发现这种模式。它们也是神授或半神授地诞生，生气勃勃，被杀，然后重生。事实上，它们属于循环宗教，因为这类宗教的“神王”的诞生和死亡是永恒重复的神话。

但从祭仪的观点来看，耶稣在复活节复活，并不算是循环宗教的象征，因为耶稣升天，坐在天父的右手边：他的重生从头到尾只出现一次。

就是这种基督教复活的概念的定论（基督教最后审判的观念有同样“接近的”主题），分别了基督教和其他“神王”的神话。它发生一次，而祭仪只不过是作为纪念而已。但这定论的意义大概是为什么早期的基督教——仍旧受到基督教以前传统影响——认为基督教需要些较旧的复杂祭仪的元素加以补充的原因。所以蛋和复活节兔子是复活节的象征。

我们用了两个颇为不同的例子，说明现代人继续对深奥心灵影响的反应，不亚于迷信和没受过教育的人对民间故事影响的反应。但有关这点，还有进一步说明的必要。我们愈仔细探究象征史以及象征在许多不同文化生活中扮演的角色，就愈了解这些象征同时具有振奋精神的意义。

有些象征与童年期和青春期的过渡期有关，有些和成熟期和其他老年期的经验有关——当人接近无可避免的死亡时。荣格博士曾描述过一个八岁女孩的梦，她的梦含有与老年期有关的象征意义。此外，她的梦所呈现的开始进入了生活面，也属于开始进入死亡的同样原型模式。因此这些象征观念的进展有可能发生在现代人潜意识精神中，就像在古代社会的祭仪中发生的一样。

（2）成年礼的原型

在心理学的意义中，自我本身从幼儿期早期被双亲意象所唤起的原型中分开。荣格博士暗示每个人本来对“自己”就有种完整、有力和完美意义的感情。从“自己”中——心灵的整体——当个体成长时，个性化的自我意识会浮现出来。

为了保持心灵健康的状况，自我必须继续不断地恢复重建对“自己”的关系。

我们的研究显示出，心灵区别的第一个步骤是英雄神话。我们曾暗示过这似乎要经过四重周期，自我借着这些周期，从完整的原始状况之中，获得相关的自主权。除非个体已建立某种程度的自主权，否则无法与他成年的环境有关系。但英雄神话并不保证这解放会发生，它只表示这如可能发生，因而自我可以完成意识。这里还留着以有意义的方式维持和发展意识，因此，个体可以过有益的生活，而且可以在社会中完成自我分别的必然意义的问题。

古代历史和现今未开化社会的祭仪，曾提供我们有关创始神话和祭仪的大量材料，由此可看出，年轻男女被迫和父母分开，强使他们成为部落或党派的成员。但在儿童世界造成这种分裂中，原始的父母原型会被损害，这损害必须借着同化团体生活的治疗过程而得到改善（团体和个体的同一化，通常以图腾动物作为象征）。因此，团体实现损害的原型要求，而且成为一种代理父母，年轻人只有对重新浮现的新生活作第一次象征性的牺牲。

正如荣格博士所说，在这“激烈的祭仪中，看来好像牺牲给一种抑制年轻人的力量似的”。我们可以看出原始原型力量是永远不能被克服的。我们在“双胞胎”的神话中，看到他们的过分自大如何去表现“自我和自己”的分离，最后被他们自己的恐惧纠正，强迫他们回到一种“自我和自己”和谐的关系。

在部落社会中，创始祭仪大多有效地解决这个问题。祭仪带领初学者回到原始“母子”同一化或“自我和自己”同一化的最深入阶段中，因此强迫他去经验象征式的死亡。换言之，他的同一化暂时在集体潜意识中支解或解除。从这状态中，他不久被新生祭仪拯救。这是自我与较大团体初次真正团结的行动，表示出来的是图腾、党派或部落，或三者合一。

无论祭仪是在部落团体或极复杂的社会中被发现，它一定坚持这种死亡和再生的祭仪，这提供给初学者一个“仪式的通路”，从人生的某一种阶段到另一个阶段——不论是从儿童期早期的或者从青春期早期到后期，以及到成熟期。

当然，创始的事件并不局限于年轻人的心理。每个贯彻个体生命的新发展阶段，都是伴随着要求“自己”和要求自我之间的反复原始冲突。其实，这冲突大多在成熟期到中年期（约三十五岁到四十岁）这段过渡期间表现得最为强烈。而在中年期到老年期这过渡期间，则会再产生肯定自我和整个心灵之间区别的要求，英雄接到他最后的召唤，以行动防卫“自我意识”，以反抗接近死亡的分裂生活。

在这些危险的时期中，创始原型强烈地提供一个有意义的过渡期，这期的青春期强烈的宗教祭仪更有精神上的价值，而且满足精神的要求。创始原型模式在这宗教意义上——自上古时代就知道这就是“神秘的东西”——被纠缠在所有教会的祭仪组织里，在诞生、结婚或死亡之中，需要一种特别的崇拜态度。

我们研究英雄神话，和研究创始一样，必须在现代人，尤其是那些从事分析的人的主观经验内找寻例子。如果在某个找擅长心灵失调的医生看病的病患的潜意识里出现，也不足为奇。

在年轻人中找到的最普遍主题大概是痛苦的经验，或力量的考验，这说不定与我们提到的显示英雄神话的现代梦境同一，诸如那甘受气候和殴打折磨的水手，或在没有雨帽的情况下徒步在印度旅行的那个人可作代表。

英雄神话和原始祭仪有个明显的分别。典型的英雄人物耗尽心力，以完成他们野心的目标。简言之，他们变得成功，即使事后因他们的“过分骄傲”而被处罚或被杀。和这对比，为了创始的初学者被要求放弃有意的野心和所有欲念，以屈服于痛苦的经验，必须在没有成功的希望下自愿经验这个考验。其实，他们须准备去死，虽然他的痛苦经验的表征也许温和或苦恼，目的永远一样：即创造象征的死亡情绪，从中也许可能产生象征的再生情绪。

一个二十五岁的年轻人梦到正在爬上山顶，那里有个祭坛，他看见祭坛旁边有个石棺，上面竖着一个他的雕像，然后有个蒙面的牧师走过来，他拿着根手杖，杖上的阳光环发出炽热的光（稍后再讨论这个梦，那年轻人说，爬山令他想起他在分析中达到自制的努力）。令他惊讶的是，他发现自己已死掉，因此他没有成就感，只感到损害和恐惧。但当沐浴在阳光环温暖的光线时，一阵力量和返老还童的感觉袭上他心头。

这个梦简明地表示我们必须在创始和英雄神话间做一个区别。爬山的行动似乎暗示力量的考验：这是在青春期发展的英雄阶段中完成自我意识的意志。很明显，那病人认为他接近治疗就像接近其他成年时期的考验一样——他已以我们社会内年轻人特有的竞争态度去接近。但祭坛的景象修正这错误的假设，表示他的职责是去屈服于一个比他本人更有力量的人。他必须了解他自己已死亡，并且埋葬在一个象征的形象（石棺）中，这令人想起原型的母亲是所有生命的原始容器。惟有这种屈服的行动，才能经验再生。一次有鼓舞性的祭仪使他再度恢复生命。

到此，我们也许会再与英雄周期混淆——“双胞胎”周期，“太阳之子”。但在这个个案中，我们没有看出那初学者会做得过火而失败，他反而要借着去经验划分他从年轻到成熟过程的死与再生的祭仪，来学习谦逊。

根据他年纪的顺序而言，应该早已完成这转变，但有个遏止发展的延长期会制止他。这延迟令他陷入神经衰弱症中，所以要接受治疗，而那个梦提供同样明智的忠告，这是任何部落的优良巫医所能给予的——他应该放弃登山，以证明他的能力，并屈服于有意义的创始改变祭仪，这改变能令他适应成年人的新道德责任。

屈服的主题是促进成功创始祭仪的主要态度，这可以清楚地在女孩或女人的个案中看出来。她们最初通过的祭仪强调她们要被动和默从，这在月经周期的生理限制中尤为明显。从女人的观点来说，月经周期也许实际是创始的主要部分，因为它有力量唤醒服从生命创造力的最深刻意义，所以她自愿热心于女性的机能，正如一个男人热心于在社交生活中被指派的角色。

另一方面来说，女人和男人一样，也有为了体验新生而导致最后牺牲的最初能力考验，这牺牲能令女人从个人关系缠结中解放自己，而且在她自己的权力中，使她适合作较有意识的个体角色。反言之，男人的牺牲是服从他神圣的独立：他与女人的关系变得较有意识。

于此我们谈到创始的层面，这层面告诉男人和女人如何纠正某种“男女”的原始对应。那么男人的知识（理性）会遇到女人的关系（性爱），而且他们以神圣婚姻的象征式祭仪作结合的代表，其实这祭仪一直是创始的中心——因为其原始性是在古代神秘的宗教中。但现代人很难抓住这问题的中心，因此它在他们的生活中产生危机，以令他们了解这问题的重要性。

有几个病人曾谈到，在梦中，他们的牺牲意念与神圣婚姻意念并在一起。其中有个年轻人也产生同样的意念，他在谈恋爱，但不愿意结婚，因为害怕婚姻会变成一所监狱，被一个强而有力的母亲意象管理。他母亲对他童年生活有很大的影响，而他的未来岳母对他有同样的威胁。所以，难道他未来妻子不会以这两个母亲曾支配她们儿女的同样方式支配他吗？

在他的梦中，他在祭仪的舞蹈中，和一个男人及两个女人跳舞，其中一个是他未婚妻。其他两个是一个老人和他的妻子，他们深深打动那做梦者，因为尽管他们互相封闭，但似乎能容忍对方相左的意见，而且没强要对方接受。这两个意象因此向这个年轻人显示：已婚的情况并没有对夫妇的个体特性的发展强加不合情理的束缚。如果这能令他达成这条件，他会接受婚姻。

在祭仪式的舞蹈中，每个男人面对自己的女舞伴，这四个人都在方形舞池的角落，而他们跳的舞似乎是剑舞。每个人手持短剑，跳出一种复杂的舞姿，他们一连串的手脚舞动动作，暗示交替的侵犯刺激，和向对方屈服。在结束跳舞前，这四个舞者都用短剑插入自己的胸膛而死去，只有做梦者拒绝作最后的自杀，且在几个人陆续倒下去后一直站着，他对于自己怯于和别人一样牺牲而羞愧万分。

这个梦令病人打算改变他生活的态度。他一向以自我为中心，寻找个人独立的幻觉安全，但内心却被在婴儿期屈服他母亲所引起的恐惧所支配着。他需要向成年期挑战，以了解除非他牺牲他幼稚的心境，否则会被孤立和感到耻辱。该梦和他后来洞察梦的意义，驱散了他的疑团。他经验过象征的祭仪，借此，年轻人放弃他的自主权，而且以一种相关的——不只是英雄的——形式接纳他参与的生命。

因此他结婚，并且发现自己适切地履行夫妇间的关系。在不再损害他自己的权益之下，婚姻确实更美满。

且莫说神经上恐惧看不见的母亲或父亲也许隐藏在婚姻的面纱后，即使正常的年轻人也很有理由忧虑结婚的祭仪。本来在女人的创始祭仪中，男人一定会感到自己决不是获胜的英雄。难怪我们在部落社会发现诸如诱拐或强暴新娘的对抗祭仪。这些祭仪能令男人在非常时期中依恋英雄角色的残余，以致他必须顺服新娘，并且承担婚姻的责任。

但婚姻的主题是这类普遍性的意象，因此它同时具有较深刻的意义。这是男人自己心灵中女性要素可接受，甚至是必要的象征式发现。因而在适当的刺激反应中，任何年龄的男人都会遇到这个原型。

不过，并非所有女人对婚姻的境况都放心的起反应。有个女病人一生都不大顺利，她放弃一个短暂的婚姻，梦到自己和一个男人面对面地跪着，他打算替她戴戒指，但她紧张地伸开右手的无名指——明显地反抗这个夫妻结合的祭仪。

这很容易指出她的错误有重大的意义。她没有伸出左手的无名指（借此她可以对男性的本质接受一个平衡而自然的关系），她错误地假设她要把整个有意识的身份都放在替男人做牛做马上。其实，婚姻要她和他分享的，只是她本人下意识而自然的部分，此部分的结合原则，会出现一个象征式的，而非真实或绝对的意义。她的恐惧是害怕在强烈的家长制婚姻中失去身份，因此，这女人有理由抗拒。

不过，作为原型形式的神圣婚姻，对女人的心理有特别重要的意义，其中之一就是在青春期的许多形成创始性格的事件中酝酿而成。

（3）人性中的双重原则

在我们的社会中，女孩也参与男性英雄神话，因为像男孩一样，她们必须发展一种可靠的自我身份和获取教育，但有层较旧式的心灵层，似乎成为她们感情的表面——带着令她们变成女人而非模仿男人的目的。当这心灵的古老内容开始出现时，现代的年轻女人也许要压抑它，因为它威胁她们得不到应有的特权。

这压抑也许太过成功，以致一时间，她和男性有识见的目标（在学校或大学所学到的）保持一种确认的态度，甚至当她结婚后，还会保留一些自由的幻象，不管她对原型婚姻外表的驯服行动。因此宛如我们今天常常看到的，在最后强迫女人以痛苦（但最后获得报酬）的态度重新发现她已失去的女人气质的冲突也许会发生。

荣格博士说他曾在一个已婚的年轻女人那里看到这个例子，她还没有小孩，但是很想有一两个，因为这是她视为理所当然的事。在这期间，她对自己的性反应不满，这令她和她丈夫很担心，可是他们又无法作任何解释。她以优越的成绩毕业于一流的女子大学，和她的丈夫及其他男人相处得很好；但另一方面她偶然会乱发脾气，出言不逊，令人敬而远之，这给她一种无法忍受的不满足感。

她在这时作了个似乎很重要的梦，以致要寻求专业人士的解答。她梦到自己在一条人龙中，排队的人全部是像她一样年轻的妇女，当她向前看她们到底要到哪里去时，看到每个走在最前头的，都被断头台斩首。那做梦者毫不害怕地留在人龙里，好像在轮到她时，她也自愿顺从同样的对待。

荣格博士对她解释说，这意味着她准备放弃“理性思考”的习惯，她必须学习解放自己的身体，以发现其自然的性反应，以及在母性中，履行其生物角色。该梦表示她需要作极大的改变，她要牺牲“男性”的英雄角色。

正如所预料的，这个受过教育的女人毫无困难地接受这个解释，而且开始努力改变自己成为一个较顺服的女人。此后，她改变了爱情生活，成为两个孩子的母亲。当她逐渐进一步了解自己时，开始了解男人的生活需要接受暴风雨的考验，宛似英雄意志的行动；但女人只要认清：生活最好以一连串觉醒来认知。

表示这种觉醒的神话可以在“美女和野兽”这个童话中找到。这故事最有名的部分是说及四个女儿中最年幼的“美人”，如何因为自己无私的美德，成为父亲最宠爱的掌上明珠。当她只问父亲要一朵白玫瑰而不像其他人要求贵重的礼物时，她只注意到自己内在真挚的情感，她不晓得那会危及她父亲的生命，和她与他理想的关系，因为他从“野兽”有魔法的花园里偷取那朵白玫瑰，“野兽”对这次盗窃感到火冒三丈，要他在三个月内回去接受处罚，大概是死刑。

（但容许那父亲缓刑，带着他的礼物回家。“野兽”的行为与本来面目很不相称，尤其当他回家前，还特别送了一箱金子给他。如“美人”的父亲所说，“野兽”看来又残忍又仁慈。）

“美人”坚持在三个月后代父回到那有魔法的古堡接受处罚。她在那里有间漂亮的房间，除了“野兽”偶尔来访外，她没有什么好担心和害怕的。他三番两次要她嫁给他，但她老是拒绝。不久，她在魔镜上看见父亲卧病在床，就恳求“野兽”让她回去安慰父亲，答应在一星期之内回去。“野兽”告诉她，如果她抛弃他，他一定会死，不过她可以回家一星期。

在家里，她的花容月貌带给父亲很大的快乐，但却惹来姊姊的嫉恨，她们设计挽留她，令她不能如期回去。最后她梦见“野兽”因绝望面临死亡，因而警觉到她已超过预定的时间，于是回去使他复活。

“美人”忘了“野兽”丑陋的面貌，她日夜服侍他。他告诉她，如果没有她，他就无法活下去，现在他因为她回来，可以含笑而逝了。不过“美人”了解她没有“野兽”，也无法活下去，她已爱上了他。她把心中的话告诉他，只要他不死，就答应嫁给他。

在这一刻，整个古堡充满光芒和音乐声，“野兽”也失踪了。在他原先的位置上，站着一个英俊的王子，他告诉“美人”，他以前被一个女巫施以魔法，变成“野兽”，要到一个漂亮的女郎爱上他的美德后，魔法才可破除。

在这个故事中，如果我们解开这个象征之谜，就会了解“美人”代表任何年轻女郎或女人，她与她父亲缔结一个情绪的契约，由于精神上的本性，这约定依然存在。要求一朵白玫瑰象征她的善良，但在某个意味深长的扭曲意义中，她的潜意识想把父亲和她本人安置在一个不仅表示善良，但混合残酷和仁慈的原则力量中。这就好像她希望从一种把她粘在道德和不实际的爱情中被拯救出来一样。

知道爱上“野兽”时，她警觉到隐藏在动物（因此不完美）但真正性爱形式的人类爱情的力量。大概这表示她对相互关系作用的觉醒，这能令她接受她原始欲望中的性爱成分，这欲望会被压抑，因为害怕近亲相奸。离开她父亲，她要接受近亲相奸的恐惧，以容许自己以幻想的方式活在这恐惧中，直到她能认识那动物人，和发现作为妇人她自己对它真正的反应。

以这种方式，她从压抑的势力之中赎回自己，和她的男性意象，令她有意识地相信她的爱情联结了精神和本性。

有一个解放的女病人的梦正好表明了需要除掉这近亲相奸的恐惧——那是这病患思想中实际的恐惧，因为她父亲自从太太去世后太过依恋她。那梦显示她被一头愤怒的公牛追逐。她起先逃跑，但发觉于事无补，她跌倒，那公牛快要冲上来。她知道惟一的希望就是对它唱歌，虽然她的歌声颤抖，但那公牛平静下来，开始用舌头舔她的手，这解释表示她现在知道以一种更有信心的女性方式和男人社交——并不仅是性方面。

但是在年龄较大妇女的个案中，“野兽”的主题也许没有指明需要找寻个人父亲的病态挚爱、解放性的压抑，或任何心理分析倾向的理性主义者可能在神话中看见的东西一样的答案。其实，“野兽”主题成为某种女人原则的表达方式，这可能在月经的开始期和青春盛期一样有意义，而且当精神和本性结合受到干扰时，它会在任何年龄中出现。

以下是个正值更年期女人所说的梦：

我和几个我看似乎不认识的无名女人在一起。我们在一幢奇怪的房子里下楼梯，突然遇到一些奇形怪状的“猿人”，它们一脸邪恶，身上都是软毛，以及灰黑色的环状物，而且有尾巴，恐怖异常，正恶狠狠地睨视我们。我们完全在它们的掌握中，但突然间，我感到我们惟一可以自救之道，并非惊慌地逃跑，或搏斗，而是以人道对付这些怪物，令它们注意到它们好的一面。因此有个“猿人”走近我时，我就像一个舞伴一样和它打招呼，开始和它跳起舞来。

不久，我得到些超自然的治愈力量，有个男人面临死亡之门，我有根羽茎，或许是个鸟喙，我利用这个东西吹气进他鼻孔里，他开始再有呼吸。

在结婚和养育子女那几年间，这女人不得不搁置她自己有创造力的天赋，她曾经是个颇有名望的作家。在她做梦的期间，她曾千方百计地强迫自己再执起笔来，同时，她又因不能成为一个较好的妻子、朋友和母亲，而无情地批评自己。该梦以其他经验过同样过渡期的女人来展示她的问题，正如该梦指出，她们从太高的意识标准降落到一幢奇怪房子较低的地方。我们可以猜测这是集体潜意识有意义方面的入口路途，和接受作为动物人的男性本质，那同样的英雄式，像小丑的“恶作剧精灵”的人物挑战。

因为她提到这猿人，而且以显示它好的一面来教化它，这意味她起先接受一些她自然创造精神的无可预测的元素。借此，她可以贯穿她生活陈旧的束缚物，且知道以崭新而适合她新生活的方式写作。

这种与有创造力的男性本质有关的冲动，在第二幕——她利用一种鸟喙的东西，把空气吹进那人的鼻孔里，令他复活过来——中显示出来。这种由于空气作用的过程，暗示恢复精神的需要较性爱的温情原则更重要。这是个众所周知的象征：祭仪的行为令生命有创造力的呼吸成为任何新的成就。

另一个女人的梦，则强调“美人”与“野兽”自然的一面。

有只东西从窗外飞进或冲进来，看来像只大昆虫，全身黄黑色，有只螺旋形的腿。然后它变成一只奇怪的动物，有着像老虎身上黄黑相间的斑纹，看上去像熊，脚和人类的差不多，还有脸像狼的尖脸，它可能到处乱跑，伤害到小孩。当天是星期日下午，我看到一个身穿白衣服的小女孩，正在往主日学途中，我必须找警察来帮忙。

但不久，我看到那怪物变成部分女人，部分动物，它向我撒娇，希望得到我的爱。我感到这处境就像在神话或梦中，只有仁慈才能转变它，于是我试着热情地抱着它，但我无法完成这件事。我推开它，不过我有种感觉，我必须接近它、习惯它，也许有一天，我会吻它。

这里我们有个和前述的不同处境。这女人曾如此强烈地被在她自己里面的男性创造作用所迷住，形成一个强制的、精神的偏见。因此她曾被禁止以自然的方式发挥女性、作妻子的机能（在这个梦的联想中，她说：当我丈夫回家时，我有创造力的一面潜伏起来，我成为那种过于有计划的家庭主妇）。她的梦显示她的精神已变得有偏失，她必须接受这个事实，从而培养自己的内在生命，这样的话，她就可以调和她有创作力的知性兴趣和能令她与别人亲切相处的本能。

这包含重新承认自然生活中的双重原则，即是既残酷又仁慈的，或我们可以用她的个案来说，那是无情的冒险，但同时是谦逊而有创造力的家庭生活。很明显，这些对立无法调和，除非有极高的心理警觉。

我们可以这样解释这个女人的梦：她需要克服她本人过分天真的意象。她要自愿地包容她感情的对立面。

（4）象征的超验和整合功能

有关“象征”的话题谈到这里，我们似乎不得不对荣格的“象征”思想作一下总结了，因为他从神话和梦的角度去诠释“人及其象征”这一课题确实大违常人的思维逻辑，而且，荣格博士又喜欢用“隐喻”来表明其观点，因而读起来会更显晦涩难懂。下面我们将用比较通俗的语言来回顾一下荣格博士有关“象征”的理论，并着重讲述他关于象征的超验和整合功能方面的独到见解。

在荣格十八卷文集中有整整五卷是专门研究象征的，所以可以毫不夸张地说，象征与原型是荣格理论中最重要的两个基本概念。

原型与象征紧密相连。象征是原型的外在显现，原型只有通过象征才能表现自己。原型深深隐藏在集体无意识中，对于人们来说是未知的，也是不可知的，但它却始终影响和指导着人的意识和行为。我们只有通过对象征、梦幻、神话、艺术等的分析和解释，才可能或多或少地认识原型，进而了解集体无意识。在德文中，象征（symbol）含有感觉和意象的意思，所以荣格认为，象征就是一种“有意义的意象”，是促使心理变化的工具。当理性的源泉不充足时，精神就会产生一种象征，“它自发地产生于无意识，并建立在无意识基础之上”。可见，荣格是在研究无意识原型的过程中发现象征的。

在荣格看来，一种象征，无论它是出现在梦中，还是出现在白昼生活里，都具有双重意义：它不仅仅是符号，还是一种推动和促进心理发展的力量。荣格将之称为象征的“超验功能”。有些象征的作用并非是对立统一的，而是包含了精神的整体性，荣格把它叫作“自性”（self）的象征。正像荣格晚年指出的那样：“人与象征共存，尽管人没意识到，但象征的意义却使人生机盎然。”象征不仅是人认识自我的钥匙，更是人自我实现的灯塔。“人的一生，就是不断寻找和制造象征的过程；人类的历史，就是不断用新象征取代旧象征的历史。”

在象征的“超验功能”中，荣格认为它表达和再现了一种受到挫折的本能冲动渴望得到满足的愿望。他的这一观点与弗洛伊德关于“象征是欲望的伪装”的解释颇为一致。弗洛伊德认为，正是由于性欲和攻击欲在日常生活处处受到禁止和压抑，象征才会出现在梦中，人生命的力比多才会得到一种形式的释放。但在涉及象征的内容时，荣格提出了不同的观点。

荣格认为，象征虽然是一种伪装，但它同时也是原始本能驱力的转化。人类“自然的”象征起源于心灵的无意识内容，却试图将本能能量引导到文化价值和精神价值中去，它往往通过文学、艺术以及宗教等来衍化这种生物本能。例如，性本能会转入到舞蹈中而成为一种艺术形式，攻击本能则可能以竞争的游戏和比赛表现出来。然而荣格始终认为，象征或者说象征性活动的作用不仅限于把本能能量从其本来的对象中移植到替换性的对象上，还代表了某种超越性的东西。“象征不是一种用来把人人皆知的东西加以遮蔽的符号。这不是象征的真正涵义。相反，它借助于某种东西的相似，力图阐明和揭示某种完全属于未知领域的东西，或者某种尚在形成过程中的东西。”

那么，什么是“某种完全属于某种未知领域的东西”或“某种尚在形成过程中的东西”呢？这便是埋藏在集体无意识中的原型。为此，他从乱伦象征和意识与无意识对立物调停者的象征两个角度进行了探究。

荣格认为，乱伦意象的基本特征是通过乱伦象征的内容表现的，而不是像弗洛伊德所认为的那样，通过乱伦愿望来表达。这些象征内容会给同父母产生乱伦关系的幻想以难以抗拒的力量，并可以解释它所笼罩的神秘色彩。荣格在写作《力比多的变形与象征》一书时发现了这一点，后来又在自己临床心理治疗实践中得到证实。他同意弗洛伊德关于乱伦象征是性欲的心理模式，发生在医生和病人间的移情作用正是这种模式最好的论证的观点，却不赞同弗洛伊德将乱伦意象解释为回归到童年时同居的愿望的讲法。他认为乱伦意象首先应是人渴望隐蔽到远古的原型的再现，是一种完全无意识的活动。

在荣格看来，乱伦象征中父母的意象往往投射到移情状态中，投射到那些能够诱发父亲或母亲意象的人身上。这种情况下，主体是否意识到这种投射是无关紧要的。即使他完全意识到这些内容，投射仍将继续，并能揭示出深层精神背景中隐伏着的完全不可企及的内容。荣格还从一些充满了情绪色彩的幻想中得出结论：在人的无意识中，宗教观念总是活跃而充满暗示力量的。它们往往远离传统教义，表现出一种明显的异端特征。

在荣格的理论中，父母意象通常暗示了至善至美的神圣配偶，有时也会暗示出柏拉图的两性连体，或者暗示某个类似于天王、天后的原始意象。但这些乱伦幻想决不是单纯地反映某种乱伦关系，而是反映出具有普遍意义的一种原型活动。因此，他认为这种意象的产生绝不能归因于性。事实上，活跃在乱伦幻想深处的是神圣配偶的原始意象，是两性，是神话和人种学中随处可见的一种男女性的整体意象。这些意象与传统的概念不同，它们放射出超人的光辉，显示着激烈的情感。在深层精神领域中，它们反映出主体试图摆脱个人镣铐的企图，或者表达着用整体意象来补偿人格分化为对立物的倾向。他们将父母视为超人意象，正表明内心深处对自己的迷恋。

除去投射外，荣格发现象征中还有一些在逻辑上似乎彼此阻碍的东西，它们在实际生活中常表现为无法解决的冲突。这时，象征意象便会出现，它疏导矛盾，使原来处于无意识荒野中的象征上升到意识水平。从这个意义上讲，我们甚至可以认为象征意象是个“第三者”，既表现了尚未在理性上形成的原始精神背景，又参与了意识活动，是一种不可预知的第三种状态。它出现于矛盾冲突的僵持状态中，使个体从无意识和意识不可调和的矛盾中解脱出来。荣格说：“象征既非抽象也非具体，既非合理也非不合理，既非真实也非虚假。它始终是两者兼备。”简洁的语言恰恰揭示出象征非理性主义的双重性：隐藏在内部的某种对立，同时又揭示出这种对立所引起的另一方面——象征的整合功能，而这才是人格转变的真正秘密。

对个体的自我实现或个体化过程来说，象征的整合功能极为重要。荣格将这一功能理解为“自我和无意识这两种基本精神事实间冲突所产生的一种过程或发展道路”。在这一过程中，个体化大部分是非理性的，目的在于建立和展现原有的整体性。

在荣格看来，象征的形成过程是从较为自然的层次向较为超俗的层次转变，这时象征便承担了自然与精神的调停者与中间人的责任。在象征中，在生活的意识经验中，自然与精神不断更新内驱力，逐渐在深层心理领域统一起来，并通过统一的象征表现出来。在本质上，统一的象征是理性与非理性、意识与无意识之间不可限定的第三种状态，要想十分清楚地将它表述出来相当困难。荣格认为人类经验中最真实和最本质的东西只能象征性地加以表述，所以象征的意义也只能近似地予以概括。

从自我实现的观点看，虽然存在着个体与原始土壤和创造性源泉分裂的危险，但原型必须接近意识。那么，分裂的危险便只能通过保留象征和整体间的关系来避免。因而，在评价精神内容时，荣格不仅考虑到它们同个体生活史的关系，而且考虑到它们与精神整体的关系。事实上，象征的这种使对立物统一的转化和调节特性绝非是一种折衷的产物，而是"从一种态度向另一种态度转化"的结果。在荣格看来，象征从来就不是原始社会里性欲和语言演化至今的结果，相反它暗示了精神自发地用已知意象表达某种相对未知事物的企图。荣格在丰富多彩的象征世界里，不仅看到了形成内驱力和精神间调和的一种创造性能力，而且看到了一种统一心理对应物的非理性倾向。

在荣格的眼中，自性是无意识象征中最为突出的一面，它既是形成精神生活开端的重要成分，又是一切事物所指向的目标。所以，他将自我实现设想为一个发展的过程。

从心理学角度看，自性象征被体验为一个中心点，但并不与自我相重合。也就是说，它一方面指示了一个难以辨认的中间点，另一方面又突出表现为一个整体。这样，它便表现了整个人格的意象，通过这个意象，无数处于"意识和无意识中间点"上的人格分裂物、情结以及集体无意识中的自主形象找到了统一的衡量标准。从哲学角度看，自我观念是一个不可知的实体，完全超越了个体的理解力。与之相应，自性象征作为一个整体性意象，只有极小的一部分可以被体验，绝大部分是不可认识的。所以自性只具有潜在的经验意义。

事实上，我们很难找到一个理性的公式来表达同时统一了理性和啡理性、经验和超验的自我的本质。在荣格看来，只有象征才能满意地传达精神的这种整体性。他在所谓的统一象征中找到了对整体性最深刻、最完整的表述："在原型的两极性中，意识与无意识、高尚与卑下、男性因素与女性因素相结合，它们通过自性象征表达着理性与非理性、善与恶，光明与黑暗……这正反映了难以捉摸的自我本质上的对立统一特征。"

那么，什么最适合表达象征的整合功能呢？荣格认为是四元和循环。所谓"四元"是指表达了象征元素整体性的四个要点及四种功能；"循环"则指人类文明史上古老的宗教象征之一——曼荼罗（Mandala，宗教仪式或巫术中的圆圈，在佛教和印度教中代表了宣传平等的宗教思想）。荣格深入研究了曼荼罗，发现其神秘的本质可能与意象成分的对称紧密相连，既可使人感受到意识与无意识之间鲜明的对应，同时还表现了无意识中超验状态的原则。他认为，曼荼罗的圆圈与中心的关系暗示了一种超验核心，这个核心在各种宗教中都体现为上帝的意象，如在基督教中代表基督的形象，在佛教中则代表佛祖的形象。这时，它是一个自性象征，但绝不是单个的自我，而是所有那些有着类似心理或命运，被拴在一起的人的自我。

荣格发现，统一象征的整体功能表达对立物的结合。这种结合要么是简单的——如男女两性原型意象中的阿尼玛等，要么便是表现了双重特性群集的四元法。在荣格看来，在诺斯提教派和炼金术著作中得到充分表现的四元法是象征的典型特征。一般说来，四元法被理解为一个四边形中对立面的对称排列。在婚姻中，它则表现为使形象处于对抗状态的结构。无论这种对立是同族通婚，还是异族间力比多的对立，或者是兄弟与姐妹、光明与黑暗、光线与阴影的对立，它们的排列总是符合下列四元模式：

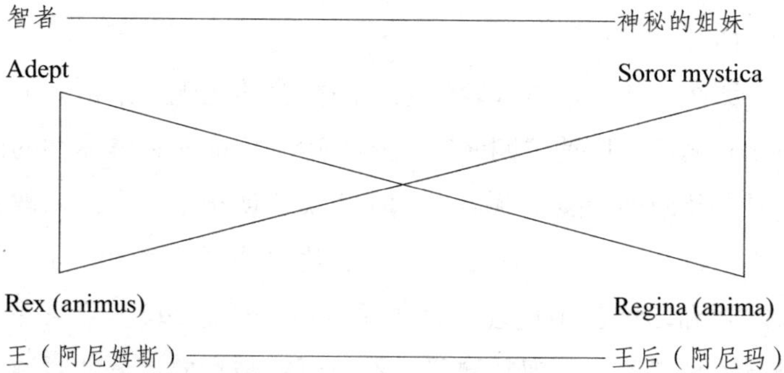

荣格在各种关系的四边形中看到了一种排他的精神表述——自我的整体性。而婚姻的四元模式中正暗示了自我的乱伦意象，它隐含着人类向超人类和次人类扩充中“普通”人精神结构的倾向。根据意识的定向性，个体将通过自性象征揭示他自身的整体性。

关于象征，荣格的另一个观点是，象征是人天性中不同侧面的投影，是人的精神的表现。他认为象征不仅表现着种族和个体的智慧，还能够预示个体的未来，个人的命运和精神，都可以通过象征表达出来。甚至当一个人不知如何是好时，梦中出现的某种意象、思想或情感便是解决问题的火花。

然而象征的表达方式并非千篇一律，它可能是花草虫鱼、飞禽走兽，也可能是其他事物，千奇百怪，应有尽有。尽管如此，我们仍然可以通过联想和分析来揭示象征的含义，找到其中的重要信息。

正像前文所介绍的，象征具有超验和整合的功能。这就像一个两面都可照人的镜子，正面揭示出象征的本能基础，背面则反映人对于完美、再生、和谐、净化等目标的渴望。

3. 心理科学观

（1）心理学是有灵魂的科学

荣格关于分析心理学有两个基本假设：心理学是有灵魂的科学；心理学是经验的科学。

我们不能否认，在人的生理本性和精神本性中有一些特征是不可变更的，它们已经不知不觉地深入我们的骨髓。我们同样不能否认本能的力量，这种力量能够禁止、强化或者限制哪怕最重要的精神。这便是人的无意识精神生活。

在荣格看来，心理学不同于数学、地质学、动植物学等其他学科，它不是一种，而是像哲学一样具有很多种。“有灵魂的心理学”只是诸多心理学中的一个分支，是一种最终建立在自主精神原则基础上的心理理论。

带着自己的理论假设，荣格分析了“灵魂”一词在拉丁语、希腊语、阿拉伯语中的词源，发现在这些语言中，对

“灵魂”的称呼总是与气流、“精神的冷气”有关，由此他解开了原始观念中将灵魂说成是看不见的气体的疑问。那么，灵魂到底是不是实体呢？回忆一下我们的精神生活，我们不可否认，的确存在着很多不受意识支配的精神事件。例如，我们不由自主地做梦，我们沉浸于某种想法时不能自拔，我们有时会无法控制自己的喜怒哀乐……是什么造成这一切呢？荣格认为是深藏于人类内心的无意识。所以，“我们最好还是承认，把灵魂看成客观实在”。在荣格眼中，灵魂是“独立自足，变化多端，凶吉难测”的，同时它又“神秘”而“令人恐惧”，但正是它构成了生命的源泉。“事实上，无意识中的确容纳着所有阈下的知觉。”而种种不能被人的意识感知的事实就是“灵魂”——人的无意识的心理。

高度重视无意识，把它作为知识的源泉，绝不是由于西方理性主义喜欢推测而产生的幻觉。事实上，无意识中容纳着许多东西，如果这些东西能够成为意识，就会导致知识的无限增长。荣格说：无意识“并不清晰集中，而显得模糊暧昧，它的内容十分广泛，能够以相互矛盾的方式同时容纳最杂乱的因素。不仅如此……它还存在着我们祖先在物种演化中积累起来的财富。”如果我们把无意识人格化，可以把它设想为集体的人，这个“集体的人”既综合了两性的特征，又超越了青年和老年、诞生与死亡，并且掌握了人类一二百万年的经验。这个“集体的人”极富经验，同时又是一个卓越的预言家，经历过无数次个人、家庭、氏族和人群的生活，同时又对生长、成熟和衰亡的节律具有生动的感觉。

这个“集体的人”便是所有人的“灵魂”。它潜存于每个人内心深处，又不被人的意识感知；它以一种不可抗拒、无法逃避的力量支配着人的思想行为，又为人们所忽视。但正是因为这个“集体的人”的存在，心理学才是有灵魂的科学。

（2）心理学是经验的科学

从表面看来，人类的精神实质似乎是对于外部事件的反映，它不仅由外部事件引发，而且必须在外部事件中探源。然而，事实并非如此。作为原始时代遗传下来的无意识心理功能体系，它总是先于意识而存在。意识只不过是无意识的后裔而已。

很久以来，心理学家们始终在“究竟是把自己的理论置于物质还是精神的基础上”游移不定。如果仅仅承认自然主义，以物质的名义来解释一切，就会降低、妨碍甚至毁灭病人的精神发展；如果片面坚持精神解释，又会误解或伤害那些以自己权利作为物质的存在而存在的自然人。那么，现代心理学家究竟应该寻求什么样的理论基础呢？

在荣格看来，自然与精神之间的冲突，不过是精神生活固有的矛盾反映。由此所揭示的物质和精神方面的冲突，归根结底是因为我们不懂得精神生活本身所具有的性质。物质和精神之间的冲突仅仅表明：精神生活在最深的根源上是不可理解的“某物”。而这无疑是我们惟一的直接经验。

是的，我们所经验到的一切都只是心理的东西，甚至肉体的疼痛也只是我们经验到的一种心象。我们的一切知识都是由心理材料构成的，它直接而真实，使得心理学家能够找到心理的实在。

通过进一步研究荣格发现，某些心理内容、心理表象似乎来源于我们身体所隶属的“物质”环境；而另一些同样真实的心理内容和心理表象，则似乎来源于与物质环境不同的精神领域。然而，无论它是一个外在的事实还是一种思想，这两种心理活动都是心理的实在。惟一的区别在于一种心理活动涉及物质世界，另一种心理活动涉及精神世界。

“一切直接经验都是心理经验，因而直接的现实只能是心理的现实。”为了说明自己的这一观点，荣格举出了这样的例证：原始人没有把自己本初的经验分裂为彼此对立的方面。在他们生活的世界里，精神和物质还是相互渗透的，他的神濛濛徘徊在森林中、原野上，他就像一个婴儿，尚未完全出世，还禁锢在自己的心理中，一如禁锢在梦中……当这一原生世界分裂为精神与自然之后，西方为自己夺回了自然，他在气质上倾向于相信自然，而每一种想使自己更接近精神的痛苦努力，都不过只是令他更深地陷入自然之中；相反，东方却为自己取得了精神，并通过物质解释为纯粹的幻象——玛雅（mayal），而继续梦一般沉溺在亚洲式的污秽和苦难中。但既然地球和人类只有一个，东方和西方就不能把人类分裂为彼此不同的两半。心理实在仍然保持其原初的太一，等待人类前进到这样一种意识水平：那时候不再只相信一面而否认另一面，而是承认两者都是同一心理的构成因素。

所以，荣格认为，人的一切心理内容、心理表象就其本质来讲是经验的，这些经验可能来自人类个体的经验，也可能来自整个人类社会的经验。同时，这些经验既可以通过个体行为、个体心理活动表现出来，也可以通过迷信与神话、宗教与哲学等方式表现出来。而当个体的行为远离了道德、伦理等观念时，这些经验又可以通过导致疾病的心理实在表现；一旦这种致病的心理实在得到“疏导”，治愈疾病的心理科学实在就会得以表现。

二、心理的类型

在这一部分，我们试图对各种心理类型做一次总结性的描述，而且我们首先要谈到的是两种最基本的性格（心理）类型。随后，我们将尽力描绘出那些比较特殊的类型的性格特征，这些类型由于其特殊功能在个体对生活的适应或定向当中扮演了主要的作用而各具特色。对于前者，我们称之为“性格类型”，对于后者，我们将把它们称为“性格的功能性分类”。

1. 两种基本的性格（心理）类型

从最古老的时代开始，人们就反复地尝试按照类型给个人分类，并借此把混乱的事物变得有序。我们知道的最早的这种尝试是东方的星相大师们发明的所谓气、水、土、火四大元素在十二宫中的三分一对座。在星相图中出现的气宫组是由黄道带中“属气的”三宫组成的，即玉瓶宫、双子宫和天秤宫；火宫组则由白羊宫、狮子宫和人马宫组成。根据这一古老的观点，出生在这些宫中的每个人都共同具有气的或者火的天性，并会表现出一种相应的气质和命运。这一古代星相学体系正是古典生理类型的始祖。按照这一生理类型理论，四种气质对应着人的四种体液。最初用黄道十二宫代表的四种气质，后来借用了希腊医学中的生理学术语，于是我们有了粘液型、多血型、胆质型和抑郁型的分类。这些术语仅仅代表着人体中假设的体液。正如我们所知，这种类型理论延续了将近十七个世纪。至于星相学的类型理论，它至今依然完好无损，甚至重新时髦起来，这使开明人士非常惊奇。

对历史的回顾使我们可以安然对待一个事实，我们在现代创立一个类型理论的努力决不是新的和史无前例的，虽然我们的科学良知不允许我们在处理这个问题时再回到那些古老的直觉的方法上去。我们必须找到我们自己对这个问题的答案——一个能够满足科学要求的答案。

在这里我们遇到了类型问题的主要困难——也就是标准的问题。星相学的标准很简单：它是由星座决定的。至于人的性格因素通过什么途径才能被归结到黄道十二宫和行星上去，这个问题可以追溯到史前那灰色的迷雾，现在仍然无法解答。希腊人按照四种心理气质进行的分类是以个人的外表和行为作为标准的，这与我们今天的现代生理类型划分完全相同。但是我们应该从哪里寻找心理学类型理论的标准呢？首先让我们来看这样一个假设的例子：我们来到一条小溪边，这里没有桥，小溪太宽了，我们走不过去，必须跳过去，为了做到这一点，我们要调动一个复杂的功能系统，称为心理动力系统。它是高度发达的，只需要启动它就可以了。但是在这之前，要发生一个纯粹的心理事件，也就是，要作出一个关于怎么办的决定。这个决定之后是以某种方式解决问题的活动，这些活动对于每个个人都不相同。但是，具有重要意义的是，我们很少——或者说从来都没有——把这些事件看做是某种特征，因为我们通常不能看到自己，或者只有到最后才看到自己；这也就是说，正如心理动力装置自动受我们支配一样，也存在着一个纯粹心理的装置供我们作决定时使用，它也是通过习惯无意识地发挥作用的。

至于这个心理装置是什么样，人们的意见差别很大。只能肯定，每一个人都有自己习惯的作出决定和克服困难的方式。一个人会说他跳过小溪是因为这事很有趣；另一个人说是因为别无选择；第三个人说他遇到的每一个障碍都是克服困难的挑战；第四个人没有跳过小溪，因为他讨厌无益的努力；而第五个人克制住自己没有跳，因为他看不出到对岸去的迫切需要。

那么，我们应该怎样并从什么角度来划分他们的习惯性动因呢？一个人这样做是为了快乐，另一个人这样做是因为不这样做更麻烦，第三个人不这样做是因为他有其他的想法，如此等等。如果列一个单子，可能性将是无穷无尽的，但这对于分类又似乎毫无用处。

荣格博士在谈到这个问题时说：“我不知道其他人会如何着手完成这个任务。因此我只能告诉你们我自己怎样开始解决这个问题，而且我必须甘受这样的指责，即说我解决这个问题的方法是我个人偏见的结果。其实，这一指责是完全正确的，以至于我不知道怎样来回答它。也许我应该引用哥伦布的事例聊以自慰，他依靠的是主观的想像、错误的假设、现代航海家们放弃的路线，然而他却发现了美洲。不管我们看什么，用什么方式看，我们总是通过自己的眼睛在看。正因为如此，一门科学从来不是由一个人创立的，而是由许多人创立的。个人仅仅做出自己的贡献，只有在这个意义上我才敢说我自己看待事物的方法。”

我们观察到，表面上天性消极的人在作预先考虑时实际上并不消极。他们先要考虑一种形势，然后才行动；因为他们习惯性地这样做，所以当形势要求不预先考虑就马上行动时，他们往往错过机会，因而被描述为消极的。在我们看来，不思考的人们总是不经预先考虑就急于投入一种形势之中，也许只有过后才发现自己陷入了困境。所以他们可以被看做是“非思考型的”，这似乎是比“积极”更为恰当的说法。在某些情况下，预先考虑是一种非常重要的活动形式，与那些不计一切代价必须马上行动的人所表现的急躁兴奋相比，这是一种更为合理的行动过程。但是我们很快就发现一个人犹豫并不总是因为预先思考，另一个人的迅速行动也不一定就缺乏思考。前者的犹豫经常是由于习惯性的怯懦，或者至少是因为一种类似习惯性退缩的东西，就好像面临着太重的任务一样；而后者之所以可能马上行动，则经常是由于一种对于对象的支配性的自信。这种观察使我们提出了下述的典型差异：有一类人，在对某一特定情况作出反应的时刻，首先要退后一步，就好像无声地说“不”一样，只有在此之后他们才能作出反应；还有一类人，面对同样的情况时会向前一步马上作出反应，他们显然非常自信自己的行为肯定是正确的。因此前一类人的特点是与对象之间有一种否定性的关系，而后一类的特点则是与对象之间有一种肯定性的关系。

我们知道，前一类人与内向型性格对应，后一类人与外向型性格对应。但是这两个术语本身对我们并没有增益，就像莫里哀笔下的布尔乔亚绅士发现自己通常是用散文说话一样。只有当我们意识到伴随着某种类型的全部其他特征时，这些差异才能获得意义和价值。

一个人不可能因为内向或外向，就在每一方面都必然内向或外向。我们所说的“内向”这个术语，是指一切心理事件都以我们认定为内向人所应当的方式发生。与此相同，只是确立一个人为外向型这个事实没有什么意义，就如同证明他身高六英尺、他的头发是棕色或者他的头颅较短一样。这些命题除了它们所表达的赤裸裸的事实以外，不能揭示更多的东西。但是“外向”这种表达方法却宣称自己有更多的意义。它声言，如果一个人是外向型的，那么他的意识和无意识都有确定的性质；他的总行为方式、他与人的关系，甚至他生活的道路，都表现出某些典型的特征。

内向或外向作为一种典型性格，意味着一种基本的倾向，它制约着整个心理过程，建立起习惯性的反应，因此不仅决定着行为方式，还决定着主观经验的性质。而且，它还表明了我们可望发现的无意识补偿活动的类型。

这两种类型从根本上来说是如此不同，形成了如此鲜明的对照，以至于只要稍加指点，即使对一个外行人来说，这都是再明显不过的事实。谁都知道那些缄默、固执并常常有点羞涩的人，与另外一些具有开朗、善于交际、快活或者至少是友善和易于接近的人形成了鲜明的对照，后者以与人为善的态度来对待整个世界，或者即使他们与世界发生龃龉时，他们也仍然与之保持一种联系，并且反过来也受到世界影响。

当然，人们首先倾向于把这些差异仅仅看成是个人的癖性，但是他们一旦对许多人有较透彻的认识后将很快地发现，这一差异并不仅仅与个体情形有关，而且是一个典型的性格（心理）问题，其普遍性远比那些只有有限的心理经验的人所设想的要大得多。实际上，这是一个基本对立的问题：它有时清晰有时模糊，但只要当我们涉及到那些因为某种原因而使人格得以凸显的个体时，这种对立就会变得很明显。这种人不仅出现于有教养的阶层，而且出现于社会的各个阶层；因此，我们的类型不仅分布在一个社群中分化层级最高的成员那里，也分布在工人和农民中。更有甚者，这些类型把性别的差异置诸一边，因为我们可以在所有阶层的女性当中找到同样的类型对比。这种普遍的分布很难说纯粹是出于有意的选择。如果情形是这样，那么具有共同的教养和背景的特定社会阶层，肯定会出现与此相扣连的特定的性格。但是现实却正好相反，因为这些类型的分布显然是随机的。例如在同一个家庭里，可能一个孩子是内向的，另一个孩子却是外向的。

从这些事实来看，性格（心理）类型显然是一种随机分布的普遍现象，由于它们与意识判断或意图并无联系，它们的存在就只能归结为某种潜意识和本能的原因了。因此，类型间的差异作为一种普遍的心理现象，必定有着某种生物的基础。

从生物的角度来看，主体和客体之间的关系总是一种**适应关系**（relation of adaptation），因为主客体间的每一种关系都以双方相互的修正作用（modification）作为先决条件。这些修正构成适应关系；因此，对于客体的类型性格就是适应的过程。自然中存在两种根本不同的适应方式，它们决定了生物的进一步的生存；其中一种是以较高的繁殖率，伴随个体较小的自卫力量和较短的生命持续期限；另一种则在于个体配备以多种自卫的手段，伴随较低的生殖率。在我们看来，这种生物性的差异不仅可类比于我们所说的两种心理适应模式，而且实际上是这些模式的一般基础。在这点上，我们只需要提出一些概括性的线索便足够了。**外向型的特性在于不断以各种方式扩展他自己，内向型则有抵御外界要求的倾向，他保存他自己的能量，不任意直接与客体发生联系而消耗能量，因而巩固了他自己的地位。**

当布莱克（Blake）直觉地把这两种形式描绘成“丰产的”（prolific）和“狼吞的”（devouring）时，他并没有弄错。正像一般的生物例证所表明的那样，这两种适应形式都是普遍的和成功的；对典型性格来说，也是同样真实。一个人借助多种关系才产生的东西，在另一个人只需一种关系就获得了。

儿童经常在他们最初的岁月中就显示出一种确定无误的典型性格，这一事实使我们推定，决定特定性格的因素非一般人所理解的是生存竞争。我们剀切反对某些观点认为那些还未离开母亲乳房的小小婴儿，已经具有一种潜意识的心理适应在起作用，而且是母亲的影响造成婴儿的特定反应。虽然这一观点有着毋庸置疑的证据，但它在同样无可争论的论据——即同一母亲的两个婴儿很早就会显示出两种截然不同的类型，丝毫不因母亲的性格而产生些微的变化——面前，却也不得不缴械投降。尽管没有什么东西诱导我们去低估双亲影响具有的重要性，但是这种熟悉的经验却迫使我们得出这样的结论：必须从儿童的气质中去寻找决定性因素。尽管外部条件具有最大可能的相似性，一个儿童变成了这一类型，而另一个儿童却变成了另一类型，这一事实最终必须归因为个人气质的决定。自然，我们这样说仅仅指那些出现在正常条件下的情形。在异常的条件下，即当母亲的性格极端反常时，儿童也可能被迫采取一种相对类似的态度；但这样是违逆他们个人的气质的，如果没有变态的外来影响介入其中，他们的个人气质很可能已经变成了另一种类型。通常，无论何时，只要发生这种因为外来影响而导致的类型的变造（falsification of type），这个个体后来就会不可避免地变成心理症患者，而且这种疾病只有靠发展与个体天性谐和的性格（心理）才可能被成功地治愈。

至于个人特殊的气质，我们只能这么说，很明显地存在着那种愿意又能够接受某一种方式，或者对他来说适应那种方式比适应其他方式更合他的口味的个人，此外我们就一无所知了。在上面的分析中，很可能那些不为我们所知的生理原因在其中起了一定的作用。从一个人的经验来看，类型的转换对有机体的生理健康是极其有害的，它往往引起一种严重的衰竭状况，我们认为这种情况并非不可能。

2. 心理的四种功能

在划分了性格的两种基本类型后，我们将进一步描述四种心理功能——感觉、直觉、思维、情感。作为性格的基因，这四种心理功能与前面提及的外向、内向两种性格类型共同作用，构成了荣格心理类型学的主体。

（1）感　觉

科学心理学的鼻祖冯特在《生理心理学基础》一书中，把感觉归入基本的心理现象之中。荣格同意这种观点，认为感觉是把物理刺激转化为知觉的心理功能，也就是说，感觉“是告诉我们存在着某种东西”。

在荣格的论述中，感觉是指感官知觉，具体是指通过感官和“体感”来传送的知觉。感觉是一种表象因素，负责把从外部感觉到的意象传达给表现的功能；同时，它还通过“体感”的变化，把感情的特征赋予情感。所以，它还是情感的因素。但这不等于说感觉和情感是一回事，事实上，两者必须严格区分开。感觉把物理变化传达给意识，虽然也表现了某种生理上的冲动，但仅仅是一种感受功能。而情感则是一个完全不同的过程，它不仅是主观的，而且受自我（ego）的控制，伴随着强烈的生理冲动。

不仅如此，荣格还认为必须区分具体感觉与抽象感觉。按他的观点，感觉不仅与外部刺激有关，而且与内部器官的变化——即内部刺激——有关。所以，具体感觉总是与表象、情感、思维等相混合。抽象感觉则表现着一种分解了的感觉形式。前者总是一个感觉的整体，它不可能是“纯粹的”感觉；后者则是从情感与思维的主观混合中，从每一个感受到的对象差异的混合中分离出来，在形式上是“审美的”。抽象感觉依自己的原理不断提升，最后会达到一种具体感觉不可能到达的净化程度。

为了说明这两种感觉的不同，荣格特意举了个例子。当看见一朵花时，人的具体感觉不仅表现为关于花的自我感受，而且表现为关于花的茎、叶、产地等的意象；同时也直接混合着看见花时所激起的喜爱或厌恶的情感，或是混合着同样令人激动的气味感受，或是混合着有关花的生物学分类的思想等等。而抽象感觉却直接挑选出花的最为突出的感觉特征，或是颜色，或是气味，或是形状，它们成为惟一的或主要的意识内容，完全独立于具体感觉中的各种混合。在荣格看来，抽象感觉更适用于艺术家，因为它是功能分化的产物，与原始的功能形式没有任何联系。而当抽象的感觉与意志相连时，具体的感觉便成为一种反应的现象，这时那种导向感觉的抽象便是审美感知倾向的表现形式及其活动作用的结果了。

感觉支配着思维的情感，却未必支配直觉，所以荣格把感觉看做是有意识的知觉，把直觉看做是无意识的知觉。他认为这两个方面既互相对立，又互相补充，就像思维和情感一样。作为独立的功能，它们在个体和种族角度是从感觉发展来的，同时，也是从直觉发展来的。

把感觉作为一种基本现象来看，它是某种绝对给定的东西，是某种与思维和情感相对，却不从属于理性的东西。所以，荣格称它为“非理性”的功能。如果一个人的整个态度都是由感觉原则来定向，他便是感觉型的。

关于感觉的均衡问题，荣格这样阐述：“正常的感觉是均衡的，即它们的价值大约与物理刺激的强度相协调。病态的感觉则失去均衡，也就是说它们或是不正常的微弱，或是不正常的强大：在前种状况下它们被抑制，在后种状况中它们则被夸大。”荣格认为，抑制是另一功能占优势的结果，夸大则来自一种同其他功能的不正常的混合。在混合状况中，只要那种与感觉相混合的功能按其本质分离出来，感觉的夸大就停止了。

在外向性格中，感觉明显地受到客体的限制。由于它涉及到意识的运用，感觉的主观部分既受到阻止又受到压抑。只要理性的功能（如思维和情感）占优势，偶然的知觉便成为意识的内容。但从严格意义上讲，感觉的功能是绝对的（从客观生理角度来说，一切东西都是能看到或听见的，但并不是所有东西都能获得阈限价值）。当感觉本身占优势时，它便具有一种优势的客观规定性，而那些引起最强烈感觉的客体对个体心理来说是决定性的，这便自然导致了对客观的明显的感性把握。所以，荣格认为感觉是“一种有活力的功能，是一种带着最大潜在活力的本能”。

感觉在内向中同样受到限制。因为除了被感知的客体以外，还有一种正在感知的主体，这个主体是要把它的主观意向投入到对客体的刺激中的。所以，在内向型看来，感觉应是明确建立在知觉的主观部分之上的。例如，同是一处风景，几位画家的作品却会不尽相同。这里面不仅有个人技巧和能力的差异，更主要的是各人在观察角度、试图反映的主题上的不同。这便反映了主观因素的协调影响作用。

感觉是一种无意识的意向，它首先与主体相连，然后才联系着客体。内向感觉的发展也是这样。一种真正的知觉存在着，它并非受客体迫使进入主体，而是主体以一种极不同的观点来观察事物。主观知觉与客观感受是完全不同的。荣格这样描述内向感觉的特殊性质：“内向型感觉传达一种意象，它的作用与其说是客观的再现，不如说是抛给它的一种覆盖物。这种覆盖物包含着那种从古老年代的主观经验和仍未发生的未来事件中产生的光彩。因此，纯粹的感觉印象向含义的内在深度发展，而外向的感觉则只抓住了事物昙花一现和流于表面的存在形式。”

（2）直　觉

直觉（intuition）的拉丁语为intueri，意为窥视或观看。荣格认为，它是一种以无意识的方式传达感性认识的基本的心理功能。这种感性认识的对象可以是外在的，也可以是内在的，同时也包括外在对象与内在对象间的联系。

直觉可能出现在情感、感觉以及理智中，但不是其中的任何一种，独立于这些形式。通过直觉，任何内容都被表现为一个完全的整体，不需要我们去发现或解释这种内容是如何达到并得以体现的。无论其内容如何，直觉都是一种本能的领悟。它是非理性的感知功能。

像感觉的内容一样，直觉的内容同样具有一种特定的特征，并且与情感和思维内容等“派生”或“推理”的特征形成对照。所以，直觉的认识具有一种内在的必然性和明确性。物质基础是确定性的根本和源泉，直觉的确定性就依赖于一种明确的心理事实，只不过主体对这一事实的根源及其完备状态没有完全意识到而已。

荣格将直觉的表现形式划分为两种：主观的和客观的。他认为，主观的直觉形式是对心理事实的一种感性认识，相应地，这些事实的根源也必是主观的；客观的直觉形式则是对另一些事实的感性认识，但这些事实依赖于客体的阈下感受，依赖于由此而产生的思维与情感。继而，荣格又将这两种形式与具体的直觉与抽象的直觉对应起来，并依据感觉介入的程度区分它们。他认为，具体直觉的感知会涉及到事物的真实性，而抽象的直觉却传达着有关观念联系的感知。前者直接来自于特定的环境，是一种反应的过程；后者则使某种定向的因素成为必需，使某种意图的行为成为必需。

同感觉一样，荣格认为直觉也具有婴儿心理和原始心理的特征。它依靠着感性知觉有力而突然地出现，传达着神化意象的感性认识，传达着理念的预兆。

谈到直觉与感觉的关系，荣格认为直觉对感觉保持着一种补偿的功能，是已经获得极大发展的思维与情感的母性土壤。虽然许多直觉后来可能分裂成它们原先的组成成分，它们的根源与外部表现也可能被利用起来与理性法则保持和谐，但它们仍然是一种非理性的功能。“任何一个凭无意识去感知的人都是直觉型的。”

直觉在运用当中不是在认识和感知中指向内心，就是在行为和成就中指向世界，这样，内向与外向的直觉就被区分开了。

在外向状态中，作为无意识知觉的功能，直觉是完全指向外界客体的。而在意识中，直觉功能则表现为某种期望的态度，表现为一种知觉和穿透性的洞察力，它只有在最后的结果中才能证实客体中实际潜伏的东西。

直觉不是一种单纯的知觉或意识，而是一种主动的、创造性的过程，“它注入客体的东西跟它从客体取走的东西一样多。”它的基本功能是“传送纯粹的意象、关系和环境的知觉”，但感觉却用纠缠不休的感性刺激干扰着直觉清晰、公正和纯真的意识，进而纠缠着直觉想掌握的处在近处和远处的事物。这给直觉造成了最大的障碍。但在外向性格中，直觉由于具有一种占优势的客观倾向，实际上是很接近感觉的，只不过个体未必会意识到这一点。

在外向状况中，直觉总是设法包含最大的可能性，总是设法在客观环境中发现这种可能性。在直觉占优势的地方，生活中平静的环境就如一个个封闭的房间，直觉却不得不打开房间，寻找新的出口。一种事实只有在发掘了超越于它，并找到免除个体操作过程的新的可能性时，才会被承认。而显示出来的可能性则是直觉无法逃避的强烈动机，为了这些动机甚至不惜牺牲其他的东西。

在内向态度中，直觉直接指向内在客体。内在客体对直觉感受显现为事实的主观意象，并决定了无意识的内容——集体无意识。虽然就内在客体自身的特征而言，这些内容不易被经验接受，但它与内在的感观认识同样是相对的。另一方面，直觉的主观因素在外向中受到抑制，在内向中却是决定因素。

内向感觉主要通过无意识的方法把它限制在特殊的神经刺激的感觉范围内。内向直觉则与之相反，它压抑了这方面的主观因素，从而能够真正领悟到神经刺激的意象。当一个内向直觉者受到眩晕或突然袭击时，他不会想到被感知的意象或许是以某种方式来影射自己的，他会设法去探索意象的每一个细节，以最浓厚的兴趣逐个去体察意象。他几乎能够清晰地知觉到意识的所有潜在过程。

与外向直觉对外在客体明显的冷漠态度相同，内向直觉对内在客体也并不热情。它总是力图在无意识中寻求每一种可能性，却置现象于不顾，从不曾想过要在现象和自身间建立联系。

内向直觉所把握的原型，是那些产生于先验的，表现了全部种族心理功能积淀的，其内在本质又无法理解的原型。

因此，在这些原型中，自盘古开天辟地以来发生的所有经验都得到了强烈的表现。而原型差异越是明显，内向直觉就会越强烈地感受到。正因为如此，内向直觉会对那些普遍的偶发事件存在某种预见，甚至可能预见到随后发生的事件。原型代表着可感知事物的决定性规律，内向直觉先知先觉的预见又总是与这些原型联系在一起，这种现象的出现便可以理解了。

（3）思 维

荣格给思维下的定义是："思维是一种根据自身的规律用某种方式表达概念关系的心理功能。它是一种统觉活动，并由此被区分为主动和被动的思维活动。"

在荣格看来，主动思维是一种意志的行为，被动思维则是一种偶发的现象。进而，他把主动思维的表现归结为深思熟虑的判断行为，将被动思维看成是某种缺乏定向的情感；前者与定向思维相一致，后者与"直觉思维"同义。

荣格认为，思维的作用是评价事物的正确与否，而那些简单地把各种表象串连在一起，又被某些心理学家描述为关联思维的方式根本就不是思维。依荣格来看，判断人的行为是否是意图的产品，只要看它是否是用概念来联接想像，如果是，它就是思维。一个思维高度发达的人总是喜爱分析事物的因果关系，并作出选择、判断，确定真假；同样，一个思维功能良好的人经常会对事物作出符合客观事实的推理。

荣格把定向思维的才能称之为“智能”，把被动的或非定向的思维才能称作“智能直觉”。在他的理论中，定向思维具有理性的功能，因为它根据意识理性规则以概念来安置表象；与之相反，智能直觉是非理性的功能，它根据无意识的、不切合理性的标准来批评和安置表象。但荣格也不否认有时判断的直觉行动与理性将保持一致，尽管它的出现方式可能是非理性的。

至于那些被情感控制的思维，荣格更愿意将之看成是依赖情感的思维，而非直觉思维。在他看来，这种思维没有自己的逻辑原则，只是从属于情感原则运作。在这种思维中，逻辑的规律也会出现，但它们不过是出于情感的目的而处于一种悬而未决的状况而已。

在外向性格中，思维主要倾向于客体和客观事件。这种思维倾向导致了一种显著的特征——外向思维。

荣格认为，思维一般有两个来源：一是来自主观，且最后可归结为无意识的根源；二是那些由感官知觉传送的客观事实。对外向思维来说，起限制作用的主要是后一个来源。判断总是事先设置一个标准，在外向判断中，有效的决定性的标准是建立在客观条件上的标准，无论是可感知的客观事实，还是某种客观理念。所以，外向思维未必一定是纯粹的具体思维，同样可能是一种纯粹的理念思维。但无论怎样，思维总是具有一种优先的外向趋势；当客观倾向获得了某种优势时，思维就是外向的。

正如我们已经解释的，理性的定向思维总是要受到客体的限制，并总表现出一种被客体捕获的外观，因而它会给人造成某种缺乏自由或偶尔缺乏远见的印象。而对一个观察者来说，他要么只看到思维的外观，却看不到它的本质；要么只抓住了思维的本质，却将外观忽略了。所以，当外向思维忙于思考物质材料时，它根本无法排除主观倾向思维的侵入。这时，具有主观倾向的思维就会努力把客观事件带入某种关系，使它们服从于主观理念。当两者都感到对方的侵入时，具有主观倾向的定向思维就会变得相当武断，而外向思维也好像具有了一种少有的固执。两种观念的争斗就此纠缠不休。

既然如此，如果我们把具有主观性质的主体和具有客观性质的客体区分开，冲突不就解决了吗？遗憾的是这不可能。因为两者在定向上都是片面的，需要相互补充。

与外向思维相反，内向思维主要定向于主观因素，它不可能从具体的经验中重新返回客观事物中，却总是在主观内容中乐而忘返。尽管内向型总喜欢标榜自己是以外部事实为目的和根源的，但它总是从主体开始又返回主体。所以在新的事实论证中，它的主要价值是间接的，因为它主要关心的不是新的事实的感觉，而是新的观点。事实上，主观意念的发展和表达才是最重要的东西，它是外界事实最适当、最抽象的表达。

某些事实总是潜伏在内向型思维之中，直至把它的原始意象诠释成一种完全符合事实的理念。或者，内向型思维用完全不理睬的方法，自由自在地展开幻觉意象。这种情况下，理念中主观的内在说服力常常是强有力的，以至摆脱了外部事实的影响。这是因为理念的说服力来自无意识的原型，它具有普遍的有效性和永恒的真实性。

内向型思维与客观事实的联系是极端贫乏的，然而这种贫乏却在大量的无意识事实中找到了补偿。无论何时，只要意识与思想的功能结合起来，无意识的幻觉就会被丰富地协调起来，并且就此走出思想的领地，与其他心理功能相互作用，揭示出原始心理的再现以及它所有的性格特征。另一方面，荣格注意到，意识总是在贯通无意识的道路上设置着障碍，即便在无意识的补偿中也是如此。正是这些障碍，阻止自我对无意识的现实和对象作出服从，这便产生了一种分裂，即一种带有不断增长的大脑匮乏的内在消耗特征——精神神经症；换句话说，神经衰竭现象便出现了。

（4）情　感

在荣格生活的年代，人们对于情感存在着两种争议：一种认为，情感是一种依赖于“表象”或感觉的附属现象；而以冯特、霍尔丁（Hoffding）、莱曼（Lehmann）等为代表的心理学家则认为，情感是一种独立的心理功能。荣格无疑赞成后者，进而将情感列为自己心理类型理论的四大心理功能之一。

荣格认为，情感是发生在自我与某一特定内容之间的一种过程，是在接受或拒绝意义上给某一内容以确定价值的过程。它往往以“情结”的形式孤立于短暂的意识内容或短暂的感觉之外，并通过无意识内容反映着对意识情境的评价。因此，情感完全是一种主观过程，与每一种感觉协调一致，又在每一方面都独立于外部刺激。同时，情感也是一种判断，在这种判断中，它的目的不在于建立一种理智上的联系，而是单独地涉及到接受与拒绝的主观标准的设置。

我们平常所说的“简单的”情感在荣格看来是具体的，与其他的功能因素相混合。虽然就情感本身而言它是独立的，但仍可能陷入对其他功能依赖的状况。因此，把抽象的情感与普遍的具体情感区分开来是极为重要的。在荣格看来，情感通过提高个体情感的价值高度建立起一种“情绪”或情感状态，并根据它们的价值分别处置。情感越是具体，它所提供的价值就越主观；情感越是抽象，它所给予的价值就越普遍与客观。正像一个完全的抽象概念不再与事物的个性和特性相一致，而只显露事物的共性与普遍性一样，完全的抽象情感也仅仅与所有个体的整体性和普遍性相一致。因此，与思维一样，情感是一种理性功能。

情感的本质很难界定，因为没有哪个基本的心理功能能完全由另一种心理功能来表达，而任何一种简单的分门别类，对于把握其本质来说都是不妥当的。情感的分类甚至是无法穷尽的，因为除了易于被理智所接受的每一种可能的内容外，还存在着根本无法进行理智分类的情感。虽然如此，我们还是可以从情感评价的角度对其进行区分。

情感评价，就其本质来说，是与作为一种价值统觉的理智统觉相比较而言的。消极的“情感—行为”是由内容激发或引发情感来表现的，它迫使主体表现出一种情感参与。积极的“情感—行为”则相反，它由主体提供价值，是一种依据情感的长久郁积的内容价值，是一种直接的功能，一种意志的行为。这样，在精确的意义上，只有积极的和定向的情感才是理性的，消极的情感则是非理性的。

当个体的全部态度表现为情感的功能定向时，我们称之为情感型的人。

在外向状况中，情感受客观事件的制约，即便在表现出客体本质的独立性时也是如此。例如，当我们说“美丽的”时，就会有某种被限定的感觉。这种限制并非来自主观因素，只不过这样表达最为恰切罢了。

像外向思维竭力摆脱主观影响一样，在最终被剥掉所有的主观装饰之前，外向情感也必然经历某种分离。产生于情感活动的价值既直接地与客观价值保持一致，又至少与某种传统的和广为人知的价值标准相协调。因此人们才会具有积极情感，才会有对社会、慈善以及诸如此类的文化事业的全面肯定和广泛支持。在这些情况下，外向情感是一种创造性因素，具有理性效应。可是，一旦这种理性效应在客体那里获得某种夸大的影响，它就会丧失。因为，当外向情感过分地把自己投入客体时，情感的人物特征便丧失了，它的魅力也随之消退，因而情感会变得冷漠、注重实利和不可信赖。即便他以自我为中心的动机可能是无意识的，人们也会觉得他在装腔作势或卖弄风骚。

这样，一种相矛盾的情感分离就会产生出来。每个客体都会被情感价值抓住，内在的或彼此不容的联系便产生出来。当主体完全被个体情感过程淹没时，它便不再是情感主体，而只是一种情感过程了。这时，情感完全丧失了原有的人类热情，造成一种反复无常、不可信赖的印象，严重时便表现出歇斯底里症状。

与外向情感相对，荣格认为内向情感由主观因素决定，只是在后来才涉及客体，所以它极少显现于表面，常常遭到误解。内向情感只能被间接地推断出来，它在无意识中的所有努力都是为了把现实带给潜在的意象。它始终为这种内在的感情强度而奋斗，各种客体至多是为此提供一种附加刺激而已。“这种情感的强度只能被神化——却永远不能被清楚的理解。它使得人们沉默，难于接近，由于具有含羞草一般的敏感，它总竭力避免客体的粗鲁，以便为了延伸到主体的深层结构中去。它提出否定的情感判断，或者装出一副高深莫测的冷漠神态作为自我防御的手段。”

进一步研究后，荣格认为，内向型情感总是与内向型思维相对应，两者的区别只在于思想比情感更易于表达清楚而已。正因为如此，当主观思维在理解上遇到困难时，主观情感便无从表达。而为了与人交流，它不得不寻找某种外在形式，不仅要在表达中充分体现主观情感，而且要使同伴产生同感。这种表达方式往往存在于人类的原始意象之中。但是，一旦主观情感被以自我为中心的态度歪曲时，它立即会冷若冰霜，缺乏同情心，只关心与自我有关的东西。由于它竭力唤起一种自我趣味，甚至一种病态的自我欣赏，这种情形便总是给人造成一种感伤主义的自恋印象。

客体用某种神奇的力量依附于一种原始情感，而内向思维却与这种原始情感针锋相对。与此同时，内向情感也靠一种原始思维来保持平衡。由于它不断地从与客体的关系中解脱出来，它便创造了一种表现在行为和心灵上的自由。这种自由只对主体负责，甚至抛弃传统价值也在所不惜，只是无意识思维却在很大程度上沦为客观事件的牺牲品。

3. 外向性格的功能性分类

通过进一步的对内向、外向和四种功能的阐释，荣格最后总结出四种内向、四种外向共八种性格类型。他试图把一些特别的性格表现同他所描绘的心理类型联系起来，并借此将心理类型推进到一种更便于理解以至应用的描述。

在这里，我们首先介绍荣格关于四种外向型性格的描述。

（1）外向感觉型及特征

外向感觉型的人对客观事实的感觉得到相当突出的发展。他的生活就是对具体对象的实际经验的积累，并且他的类型性格越是突出，他就越少利用他所获得的经验。在某些情况下，他生活中的事件很难称得上是“经验”。他并不知道如何更好地利用他的感觉“经验”，而只是把它当做新鲜感觉的引导；任何进入他的兴趣范围仅具一丁点“新意”的东西都因此而列入了感觉的范畴，并被用来服务于这一目的。就人们倾向于把一种高度发展了的真实感（reality-sense）当做理性的标记而言，这种人会被认为是有理性的。但是，实际上情况却绝非如此，因为他们不管是面对非理性的、偶发的事件还是面对理性的事件，都受到感觉的摆布。

这种类型——显然绝大多数都是男性——当然不相信他自己会受感觉“摆布”。他总是竭尽全力地嘲笑这种观点的毫无说服力，因为在他看来，感觉是生命的一种具体表现——它简直就是实际生命完满之所系。他的目标是具体的享乐，他的道德观念也有同样的倾向。因为真正的享乐具有它自己的特殊的道德，有它自己的节制和法则，有它自己的无私性和愿意为其牺牲。但这绝不是说他只会耽于淫欲或粗鄙，因为他可能将他的感觉分拨于纯粹审美最细致之处，即使在最抽象的感觉中，也不会对他的客观感觉原则有丝毫的不忠实。

在较低的层次上，属于这一类型的是些喜好可触知的现实，而无反思倾向和支配欲望的人。他的经常性动机便是要知觉客体，要拥有感觉，如果可能的话还要享受感觉。他绝非毫不可爱，恰恰相反，他通常具有一种快活地追求欢乐的能力；这使他成为一个很好的伙伴。他通常是一个乐天的家伙，而且有时是一个颇有功底的审美家。在前一种情况下，生活的重大问题取决于晚餐是丰美还是平平淡淡；在后一种情况下，则是品味高尚的问题。一旦某个客体带给他一种感觉后，那么接下来他对这个客体就再也没什么能说或能做的了。这个客体只能是具体的和实存的，超越或逾越了具体性的推测是得到许可的，但条件是这些推测必须能增强感觉。这种感觉的强化不见得一定是令其愉快之事，因为这种类型并非一般的耽于官能刺激之徒；他只是渴求得到最强烈的感觉，根据他的本性来看，他只能从外界获得这种感觉。来自于内心的东西在他看来是病态的和令人讨厌的。至于他的思考和感觉，他总是将其化约到客观的原因去，即化约为来自客体的影响，尽管它明目张胆地背离了逻辑，也依然泰然自若。在任何情况下，可触知的现实都使他如鱼得水。在这方面他出人意外地过度轻信。他会毫不犹豫地把一种明显的心理症状与下降的气压联系起来，而心理冲突的存在对他来说似乎是一种古怪的心理变态。他的爱毫无疑问是植根于对象外表的吸引力。如果正常的话，他会引人注目地妥帖调适于现实——说引人注目，是因为他的自我调适总是人人可见的。这就是他的理想；就此而言他对别人是体贴的。他所具有的理想均与观念无关。因此，他没有那种对现实事物既有的存在持敌视态度的理由。这一切都在他生活的所有外在活动中表现出来。他根据场合妥当地搭配穿着；他准备丰盛的佳肴来招待他的朋友，让他们有富丽之感，或至少让他们体认到，他那精致而讲究的品位使他有资格对他们做出某些要求。他甚至会使他们相信为了体面而做出某种牺牲肯定是值得的。

但是，感觉越是居于支配地位，以致使得进行感觉的主体都从感觉中消失了，那么这种类型就会变得越不能令人满意。他不是逐渐变成一个粗俗的寻欢作乐者，就是变成一个肆无忌惮的、诡诈的酒色之徒。虽然客体对他来说是必不可少的，但是像某种在它自身中存在和透过它而存在的东西一样，它仍然受到了贬低。它被粗暴地侵犯和从根本上被忽视，因为现在它的惟一用途就是刺激感觉。客体所遭受的控制已被推到极限。于是，潜意识被迫脱离了它自己的职能而成了一种补偿性功能，并且，被驱使走向公开的对立。但是，被压抑的直觉毕竟开始以投射于客体的形式坚持了自己的权利。最为奇特的推测出现了：在性对象的病例中，嫉妒幻想和焦虑状态扮演了一个重要的角色。更严重的患者会产生各种各样的恐怖症（phobia），尤其是强迫性的症状。这种病理内容具有一种明显非现实性的气氛，通常带有一种道德或宗教的色彩。一种注重细节的吹毛求疵通常就发展起来了，或者一种荒谬的琐碎的道德就同原初的迷信的和“神奇的”宗教狂热联系起来了，并一同返回到晦涩难懂的宗教仪式中去。所有这一切在被压抑的劣势功能中都具有它们的根源，它们在这样的情形下与意识观点尖锐对立；实际上，它们具有一种更加显著的外观，因为它们显然把最荒谬的假设当做依据，完全与现实的意识感受形成对照。在这两种人格中，思想和情感的整个结构似乎都被扭曲成为病态的仿讽（parody）；理性沦为一种进行无益而琐碎的分析的诡辩——道德沦为一种可怕的说教和露骨的法利赛人的信仰——宗教是一种荒唐的迷信——直觉，这一人类最高贵的天赋，也不过沦为个人的狡黠滑巧，一种在生活各个角落里鬼头鬼脑的嗅探；它不去探测新的领域，却退缩到人类情感最卑鄙狭窄的层次上去了。

心理病症状特殊的强迫症特征，代表潜意识对于纯感觉类型那种马马虎虎的、和稀泥的态度的一种抗衡，从理性判断的立场看，这种人不加分辨地接纳一切发生的东西。尽管感觉类型这种缺乏基本原则的态度并不意味着一种绝对的无法则性和缺乏限制，但却从他那里夺走了判断的重要的限制力量。理性的判断代表一种意识的压制，理性类型明显地基于他的自由意志而把这种压制加于自身。但理性判断的这种压制却是从潜意识方面以强迫症的形式压倒了感觉型。再者，判断的存在，意味着理性类型同客体的关系绝不会变成一种绝对的束缚，像感觉类型与客体保持的那种关系。当后者的态度达到一种反常的片面性时，他就面临着陷入潜意识怀抱的危险，陷入的深度跟他在意识中依附于客体的深度正好一样。一旦他成为心理症患者，要想用理性的方式来治疗他，简直难上加难，因为分析师所必须诉诸的那些功能仍然处在一种相对未分化的状态中；所以对这些功能不能寄予太多信任，或者根本就不能信任。我们常常需要一些使人能接受情绪压力的特殊方式，以便使他能保持清醒的意识。

(2) 外向直觉型及特征

正如感觉在获得了优先的地位时，它并非一种对客体别无进一步意义的纯粹反应的过程，而是一种把握客体、形塑客体的行动一样；直觉也是如此，它绝不是一种单纯的知觉或灵视，而是一种主动的、创造性的过程，它注入客体的东西跟它从客体中取走的东西一样多。但是，由于这一过程是潜意识的，故它也在客体中造成了一种潜意识的影响。直觉的首要功能是传送意象和对事物间的关系的知觉，它们要不是其他的功能所无法传送，就是只能借助于迂回曲折的方法来传送。这些意象有着特殊的洞察价值，只要直觉占据优先的地位，它们便对行为具有决定性的价值；在此情况下，心理适应几乎惟一地依赖于直觉。思维、情感和感觉都相对地受到压抑；在它们之中，感觉是受到主要影响的因素，因为，作为意识性的感官功能，它给直觉造成了最大的障碍。感觉对于澄澈、无偏而素朴的知觉来说是一种干扰；它那强行闯入的感官刺激将注意力导向于物质层面，使注意力在事物的外围打转，而直觉则是试图要穿越这些外围以窥探究竟。但是既然外向直觉主要是指向于客体，那么它实际上很接近感觉；确实，对外在客体的希冀态度同样可能会利用到感觉。因此，为使直觉成为最高的东西，感觉必须在很大程度上受到压抑。我们在此是把感觉当做简单和直接的感官印象，一种明确的生理和心理的与料。这种定义必须事先就清楚地确立，因为，如果我们询问直觉者他是如何定向的，他所谈到的东西和感官印象几乎很难区别。他会频繁地使用“感觉”一词。他实际上确有感觉，但他并非由这些感觉本身所引导，而只是把它们当做知觉的起始点。它们是被潜意识的偏爱所拣选出来的。并不是生理意义上最强烈的感觉才能取得首要的价值，而是无论什么感觉，它们的价值都是由直觉者的潜意识态度所提高的。它们以这种方式可以逐渐达到主导地位，在直觉者的意识看来它们似乎是纯粹的感觉，但实际上却并非如此。

正如外向感觉竭力想达到最高度的现实性，因为只有这样才能使生命显得完满；直觉也试图涵括最大范围的**可能性**，因为只有透过对可能性的揣想，**直觉**才能获得充分的满足。直觉总是设法于客观环境中发现可能性；当它是附属的功能（即不是处于优先地位）时，它是一种备用工具，在面临一个了无出路而其他功能束手的情境时，它便自动开始发挥作用。而当直觉占据优势时，生活中的每一个寻常情境都宛如一个封闭的房间，有待直觉来开启。它不断地在外在的生活中寻找出口和新的可能性。才一瞬间，所有既存的环境都变成了囚禁直觉者的监狱；它像一根锁链似地缚住了他，从而促生一种摆脱困境的强烈需求。有时候要是客体有助于带来解救，或是有助于引导发现新的可能性的话，这些客体就显得具有膨大的价值。不过，一旦尽到了作为踏脚石和桥梁的作用之后，它们就显得不再具有多少价值，而被当做累赘弃如敝屣。一项事实只有当它能开启超越它的新的可能性，以及能使个人从它的权力下解放出来时，才会获得承认。不断浮现的可能性是直觉所无法逃避的强迫性动机，为此所有其他的东西都必须牺牲掉。

无论直觉何时占据优势地位，都会有一种独特而一望可知的心理出现。由于外向的直觉受到客体所定向，一种对外在环境的依赖便十分明显，但是，这种依赖却完全不同于感觉型的依赖。在一般认可的现实价值（reality-values）的世界中，我们无法找到直觉者，但他却总是出现在可能性存在的地方。他对那些具有远大前景而尚处于萌芽状态的事物具有敏锐的嗅觉。他从来不跻身于那些虽然被普遍认可但却价值有限的、安定的、早已确立的情境中。因为他的眼睛总是不断地停留在新的可能性上，而安定的环境具有一种令他窒息的压迫感的气氛。他带着强烈的渴望，有时甚至带着澎湃的热情紧紧地抓住新的对象和新的情境，但是一旦它们的范围被探知，而不再有任何进一步发展的前景时，他就会冷酷地抛弃它们，没有任何追悔，显然把它们忘得一干二净。只要有一种可能性尚存，直觉者就会把全部命运托付于它，就好像他的整个生命都将消融于这一新的情境似的。人们会得到这种印象，当然他自己也明白，他好像已经到达了他生命中最终的一个转折点，并且从今以后再没有什么别的东西能真正地吸引他的思想和情感。不管这一情境可能多么的合情合理而又合适，并且尽管各种能想象到的论点都为安定于斯而辩护，然而总会有那么一天，什么也阻挡不了他把那似乎曾经向他许诺过自由和解放的同一个情境看成是一座监狱，而采取行动。理智和情感都不能限制或阻挡他去追寻新的可能性，即使它可能与他先前的信念背道而驰。思维和情感都是信念不可缺少的成分，但在他身上，却是劣势功能，并不具有定性的分量；因此，它们缺乏能够有效地抵御直觉的力量。然而，它们却是惟一能为直觉的优势地位提供有效补偿的功能，因为它们能够为直觉者提供他的类型完全缺乏的**判断**。直觉者的道德观既不受理智的管辖又不受情感的控制；

他有他自己特殊的道德观，这种道德观在于忠于他的直觉观点，和自愿顺从直觉观点的权威。对于他人福祉的考量是很不足的。他人的心理安泰对他来说无关痛痒，他对自己也是如此。我们也没有发现他对于他人的信仰和生活方式有什么了不起的尊重：事实上，他经常被认为是一个不道德和冷酷的冒险家。既然他的直觉关涉的是外界客体，是要嗅出外界的可能性，那么他就乐意把自己付诸种种职业，在那里，他可以从各方面施展他的全部才能。许多商业大亨、企业家、投机者、证券经纪人和政客等等，都属于这种类型。

显然，这种类型在女性当中比在男性中更为常见；不过，女性的直觉能力，表现在社交领域上的要比表现在职业领域上的多得多。这种女性懂得如何利用每一次社交场合的艺术，她们建立起正确的社会联系，她们寻找远景可期的男性，而为了追求新的可能性，她们会再次抛弃一切。

相当明显，无论从经济的观点还是站在文化的立场上来看，这种类型都具有非比寻常的重要性。假如他的意向是善良的，在态度上并不纯粹地以自我为中心，那么他就可能因作为新事业的首倡者或推动者而做出特殊的贡献。他是那种身怀未来远景的种子的少数派的天然拥护者。当他更多地定向于人而非事物时，凭借他那直识判断人们的能力和他们的长才范围的能力，他也能“创造”人。他那鼓舞和点燃对某些新生事物的热情的天赋是无与伦比的，尽管他很可能到第二天就毅然抛弃这一切。他的直觉越是强烈、越是鲜明，他的自我就越是同他所预见的可能性融合为一。他为他所预见到的东西注入了生命，以戏剧般的火焰、具说服力的方式来呈现，他可以说成了他所预见到的东西的化身。但并不是装模作样的舞台表演，而是命中注定的一种禀赋。

这种态度具有巨大的危险性——直觉者或许会极为容易地耗费他的全部生命。他耗费自己的生命而使人们和事物显得生机盎然，他使生活的丰富性遍布他周围的一切——但这种丰美的生命却是由别人受用，而非他自己。如果他能驻足停留的话，那么他将可收获他艰辛的劳动果实；然而他总是又会去追逐某种新的可能性，留下他刚刚耕种过的土地，让他人来获取丰收的果实。这样，最终他还是空手离去。但是，当直觉者使事物如此来去时，他的潜意识也会反对他。直觉者的潜意识与感觉型的潜意识有某种相似。相对受抑制的思维和情感在潜意识中产生了婴儿的和古代思维和情感，它们可以与作为对应类型的感觉型的思维和感觉比拟。它们同样地以强烈投射的形式出现，并且像感觉类型的思维与情感一样的荒谬，在我们看来它们所缺少的只不过是感觉类型的神秘特征；它们主要关心的是一些疑似实存（quasi-actual）的东西，像是性方面的疑心、理财上的试碰运气，和对疾病的预感等。一个男人突然与一个最不合适的女人发生情感纠葛时，或一个女人与一个完全不适宜于她的男人发生情感纠葛时才会被感受到，因为他们挑起了自古就有的感觉。这导致一种潜意识强迫性地羁绊于一个毫无益处的对象。这种情况已经是一种强迫性症状了，它最容易出现在直觉型和感觉型这里。这种类型和感觉型一样，要求一种摆脱一切压抑的自由，他的决定并非屈从于理性的判断，而是完全取决于他对或然的可能性的嗅觉。他从理智桎梏下摆脱出来，却又沦为潜意识心理症的强迫性行动的牺牲品，表现为穷究的不着边际的推论和吹毛求疵的论辩等形式，并对客体所引起的感觉形成一种强迫性的羁绊。对感觉和被感觉的客体来说，他的意识态度是一个至高无上、目空一切的君主。并不是他自己定要做出那种目中无人或高人一等的样子——他只不过是没有看到人人都看到的客体。他的这种视而不见的态度与感觉类型颇有相似之处——只不过对于后者来说，被视而不见的乃是客体的灵魂。对于这种视而不见的态度，客体迟早会以臆想的强迫性观念、病态恐惧以及每一种可以想象得到的荒诞的身体感觉的形式来报复。

（3）外向思维型及特征

由于外向的一般性格特点，思维主要由客体和客观事件来定向。这一思维倾向产生了一种显著的特征。

思维一般来自两个源泉，其一是来自主观最后可归结为潜意识的根源，其二则是由感官知觉传送的客观事实。

较之前一种因素，外向思维在更大程度上受到后一种因素限制。判断总是预设了一种判准的存在；对外向的判断来说，有效的决定性的判准是来自客观环境的判准，不论它是由可知觉的客观事实直接表现出来，还是由客观观念来表现都是如此；因为客观观念即使是得到主观的认可，但它在其根源上同样是外在的和客观的。因此外向思维并不必然是一种纯粹的具体思维——它同样很可能是一种纯粹的观念思维。例如，如果可以证明它所运用的那些观念在很大程度上是从外界引借来的，即由传统和教育传达的，那么这一说法就能成立。所以，要判断某种思维是不是外向的，我们首先要问的便是：它的判断到底是根据什么判准——是外界提供的，还是主观的根源所提供的呢？另一种判准在于思维者所下结论的方向——它是否主要是定向于外界。至于它迷恋于具体对象这一点并不能作为外向性质的证据，因为我们的思维之所以关注具体的对象，可能是因为我们正在从中抽象我们的思想，也可能因为我们正在透过它而将我们的思维具体化。即使我们的思维关注于具体事物，并且就此而言可能被描述为外向型，然而我们的思维将要选择的方向是什么，这仍然是一个开放的问题，即在其进一步的进程中，它会不会再返回到客观事件、外部事实，或一般接受的观念呢？就商人、工程师、科学研究者的实用思维来看，其外在导向性是再明显不过了。但是在哲学家那里，即使他们的思维是导向于观念的，仍然留有辨疑的余地。我们要问的是，这些观念究竟纯粹是客观经验的抽象物（在这种情况下它们代表涵括了一些客观事实的较高级的集体概念），还是（如果它们明显的不是直接经验的抽象物的话）导源于传统或引借自当时的心智气氛。在后一种情形中，这些观念乃是隶属于客观与料（objective data）的范畴，由此这种思维也必须被称为外向的。

尽管我们并不想在此讨论内向思维的性质，而把它留到后面去谈，但是有一个基本问题，我们在继续下去之前必须先做一些说明。因为一个人如果反思一下我们刚才对外向思维所做的论述的话，他或许很容易会得出这样的结论：我们所说的涵括了一切通常被理解为思维的东西。他或许会辩称，一种既非定向于客观事实又非定向于一般性观念的思维不配得到“思维”这一名称。我们充分意识到这样的事实：我们时代的思想及其整个时代最为杰出的代表人物都仅仅知道和认可思维的外向类型。这大部分是因为所有在外表上明显可见的思维，不论采取的是科学、哲学，甚或艺术的形式，都要么直接导源于客体，要么流向一般性观念。在这两种基础上，思维显得基本上是可以被理解的（尽管这或许并不总是那么明显），因此相对来说也是最有效的。在这个意义上，可以说外向的心智能力，即受客观与料定向的心智，实际上是惟一被认可的东西。

当客观取向获得了某种优势时，思维就是外向的。这一事实并未改变思维的逻辑——它只是决定了思想家之间的差异，詹姆士（James）把这种差异看成是一种气质的问题。正如我们已经解释的那样，对客体的取向在思维功能上并未造成什么根本的改变；只是外观有所改变而已。它有着被客体给攫住的外观，仿佛如果没有外部取向，它就简直无法存在一样。它几乎显得好像是外界事实的结果，或者好像只有当某种普遍有效的观念介入时，它才能达到它的最高点。它似乎总是受到客体与料的影响，所得出的只不过是那些本质上与这些东西相符合的结论。因而它给人造成某种缺乏自由，有时缺乏远见的印象，尽管在客观限制的界域内它是非常机灵干练的。现在我们所描述的仅仅是这种思维给观察者所造成的印象，观察者本人必定有一种不同的观点，否则他要观察外向思维的现象是根本不可能的。由于他的不同观点，他只能看到这种思维的外观，但看不到它的本质；而一个本身拥有这种思维的人则能抓住它的本质，却无法掌握它的外观。仅根据外观做出的判断不能公正地反映出事物的本质——因而其判定多半也是贬视性的。但这种思维在本质上并不比内向思维贫乏和无能，只不过它的力量被用于其他目的罢了。这种差异在外向思维僭用内向思维特有领地内的材料时看得最清楚。例如，当一种主观信念被由客观事实来分析解释，或被看成是客观观念的衍生物时，这种情况就发生了。但是，在我们的"科学"取向的意识看来，当内向思维尝试与客观与料建立并非客体所授权的联系，换言之，就是使这些客观与料服从于主观观念时，这种差异更为显著。两者都感觉到对方是一种入侵，因此而产生一种阴暗面效果（shadow effect），两者都只向对方显示了最不利的一面。这样，内向思维便显得相当的武断，而外向思维则显得沉闷而平庸。因而两种取向之间会有无休止的战争。

我们或许会认为，只要把具有客观性质和具有主观性质的事物清楚地区分开来，这种冲突很容易便会落幕。不过，不幸的是，这种区别是不可能的事情，尽管有许多人在这方面做过尝试。退一步讲，即使这种区分是可能的，也会是一件灾难性的行动，因为两种定向本身就是片面的，其有效性受到明显的限制；所以它们两者都需要相互矫正。无论何时，只要思维在极大程度上被置于客观材料的影响下，思想就会变得贫瘠不堪，因为它已经被贬低到一种纯粹客观事实的附属物的地步；在此情况下，它已不再能够为了建立一种抽象观念而从客观事件中摆脱出来了。思想的过程被化约到单纯的“反映”，并且不是“反思”意义上的反映，而仅仅是一种模仿意义上的反映，这种模仿的思维所肯定的，不超过已经明显可见和客观材料中已直接呈现的东西。这种思维过程自然直接地返回到了客观的事实，但绝没有超越它，甚至也不会导引经验与客观概念相连接。与此相反，当这种思维对它的客体拥有一种客观概念时，它完全无法把握实际的个体经验，而是固守着一种或多或少同义反复（tautological）的地位。唯物主义者的心态为这种情况提供了一个绝妙的例证。

当外向思维由于一种过度的客观规定而从属于客观与料时，它就完全迷失在个别性的经验中，累积了大量未经消化的经验与料。这些彼此之间鲜有或根本没有联系的个别经验，其重压造成了思维的裂离，这通常需要一种心理的补偿。这种补偿必定在于一个具一般性而且简要的观念，它将把那堆积起来但缺乏内在联系的整体连贯起来，或者至少提供这种连贯的可能。诸如“物质”、“能量”等概念正是用于这一目的。但是，无论何时，只要思维主要是依赖一些二手的观念，而非客观与料，那么，对这种贫乏的思维的补偿就会是一种更为令人印象深刻的事实积累，这些事实环集于一个狭限而又贫乏的观点，因此事物的许多有价值和有意义的面向都完全被忽略了。当今号称科学的文献欣欣向荣令人目不暇接，其中很大的比例要归咎于这一错误取向。

所有心理上的基本功能都极少或从不会在同一个体身上具有同样的力量或同一水平的发展，这是我们所体验到的事实。通常，总有一种功能无论是在力量还是在发展上都处于领先地位。当思维在所有的功能中取得了“霸权”地位时，即当个体的生命主要受反思的思维统领，以致每一重要的行为都产生于理智考量的动机，或者至少是倾向于遵从这种动机时，我们就可以允当地把它称为**思维类型**。这种类型既可以是内向的，也可以是外向的。这里我们首先讨论**外向思维类型**。

从定义来看，这种类型者的持续目的——就他纯粹是这一类型的人而言——把他的整个生命活动与理智的结论联系起来，而这些结论最终总是受客观与料所定向，无论这些与料是外在事实还是一般被接受的观念。这种类型的人总是把一种决定性的意见——不仅对他自己这样，也对他的整个环境这样——赋予客观现实，不然就是赋予客观定向的理智程式（intellectual formula）。借助于这一程式，我们可以衡量善与恶，也可以决定美与丑。与此程式相符的一切都对；与此程式相悖的一切都错了；所有与此保持中立的东西都纯粹是偶然的。由于这一程式好像体现了生命全部的意义，所以它也就变成了一种普遍的律则，在任何时候和任何地方都必须被个体和集体所实现。正如外向思维型自己遵从这一程式一样，他周围的其他人也要服从于它，这是为了他们好，因为凡是拒绝服从的人都是错误的——这样做是抗拒普遍的律则，因而是不合情理的、不道德的、丧失良心的。他的道德准则禁止他容忍例外；在任何情况下，他的理想都必须要被实现；因为在他的眼里，它是对客观现实可以想象到的最纯粹的表述，因此，也必定是放之四海而皆准的真理，不可缺少的拯救人类的真理。这并不是来自于他对邻居的任何巨大博爱，而是出自更崇高的正义和真理的立场。在他自己的本性当中，任何表现出要使这一程式失效的东西都只不过是缺陷的东西，是一种偶然的失误，是一些有待在下一次剔除的东西，若下次再有失误，那就显然是一种病态了。

如果对疾病、苦难或精神错乱的忍耐偶然地成为这种程式的一个组成部分的话，那么就会为慈善机构、医院、监狱、传教团等设计一些特殊措施，或者至少为这些组织定出周延的计划。通常，由于正义和真理的动机并不足以真正确保这些方案的实行，因此基督教式慈善乃是不可或缺的，这种慈善更多地诉诸于情感，而不只是诉诸于任何理智程式。

人“应该如何”或人“必须如何”这样的表达法在这一程式当中大量地出现。如果这个程式涵盖够广的话，这种类型就会在社会生活中扮演一个非常有用的角色，无论是作为一个改革者、一个检察官、一个公众良心的净化者，还是一项重要创新的鼓吹者，他都会很成功。但是这一程式越是严厉，他就越会发展成为一个纪律严整的人，一个循循善诱的说教者，一个自以为是的批评家，他总是喜欢把自己和他人放到同一个模子里。

我们已经勾勒出了两个极端，这一类型的人便是分布在这两个极端之间。

根据外向型性格的特点，这种人格的影响活动越是远离他们辐射范围的核心，越是令人产生好感而且有益。他们最好的面向位于他们影响范围的边缘。我们越是深入他们自己的权力领域，就越能感受到他们那种令人反感的专横。另一种生命在这一边缘搏动着，在这里，程式的真理可能被当成是其余部分的有价值的附属物。但是我们越是深入地探索这一程式起作用的核心领域，我们就越是发现生命从所有不顺从于这种程式指令的东西中渐渐地消退了。通常是那些关系最为密切的近亲不得不品尝这种外向程式的最令人讨厌的结果，因为他们是第一个受到它的六亲不认的冷面无情之害的。但是，受害最深的毕竟还是主体本人——这给我们揭示出了这种类型心理上的另外一面。

过去向来没有任何理智程式被发现能涵括和表达生命的多样可能性，将来也不会有，这一事实必然会导致其他同等重要的生命形式和活动受到抑制或被完全地排除。首先，所有那些依赖于情感的生命形式将在这种类型中遭受压抑，例如，审美活动、品味、艺术感受、友谊的培养等等。非理性形式如宗教体验、激情和诸如此类的东西，经常被压抑到近乎完全潜意识性的地步。这些在有条件的情况下相当重要的生命形式必须维持一种大部分是潜意识性的存在。毫无疑问，有一些例外的人，他们能够为某种特定的程式牺牲自己的整个生命；但是对我们大多数人来说，这种摒除其他一切的状态是无法维持一辈子的。受到理智态度压抑的生命形式，迟早——视外在环境和内在实质而定——会经由扰乱生命的意识行为，而变成可间接知觉的东西。无论何时，只要这种扰乱达到某一确定的强度，此人就会患心理症。不过，大多数情况下，这不会太严重，因为个体会本能地宽许自己对程式做若干预防性的斟酌修改，使其具有恰当的及合情合理的面貌，这便造就了一个安全阀。

这些被意识态度排除，而相对或全然属潜意识性的倾向和功能，保持着一种未发展的状态。与意识的功能相比较，它们是劣势的。就它们是潜意识性的这个范围内来说，它们与潜意识的其他内容合而为一，并且获得一种异乎寻常的特征。就它们是意识性的这个范围来说，它们仅仅扮演了一种次要的角色，尽管对于整个心理图像来说是一种相当重要的角色。

既然情感最先与严厉的理智程式产生对立和冲突，它们就最先受到这种意识抑制的影响，并且会有最强烈的压抑落在它们身上。没有任何功能可以被彻底地消除——它只能被极大地扭曲。若情感是逆来顺受，让自己屈服，它就必须支持理智的意识态度，并尽力使自己适应后者的目标。但是，这只在有限的程度上是可能的；一部分情感仍然是桀骜不驯的，而有待压抑。假使压抑成功了，它就从意识中消失，而去继续进行一种潜意识的活动，这种活动与意识的意图背道而驰，甚至产生出对个体来说原因不明的影响。例如，一种具有极为崇高的意识利他主义（conscious altruism）也可能混杂着一种隐秘的自我图利，但对于这一点个体却完全意识不到，并且这种自我图利为本身无私的行为打上了自私的烙印。纯粹的伦理目的可能把个体引到危险的情境中去，这种情境并不仅仅在外观层次受到伦理以外的动机所决定。有一些公共道德的保卫者，会突然发现自己处于必须让步妥协的境地，或是一些救助工作者，发现自己极须救助。他们挽救别人的决心常常导致他们采用某些手段，这些手段只会带来他们所想要避免的东西。有些外向型的理想主义者，他们拯救人类的欲望是如此的强烈，以致他们将不惜撒下漫天大谎，以极不诚实的手段来追求他们的理想。在科学界有一些令人痛心的例子，一些有着崇高声誉的研究者，由于对其公式的真理性和普遍有效性深信不疑，而毫不犹疑地假造有利的证据。他们的批示是：目的使手段正当化。只有在潜意识和隐秘中运作的劣势情感功能，能诱使这些在其他场合下有声誉的人做出这种越轨的事来。

这一类型的劣势情感也以其他的方式显示它自己。为了要与占支配地位的客观程式相配合，意识的态度就或多或少地变成非个人的了，而且还常常达到这样的程度：个人的利益受到了极大的损害。当这种态度走向极端时，所有对个人的思考都消失得无影无踪，甚至对那些涉及到主体本人的东西的考量也消失了。他的健康被忽视，他的社会地位一日不如一日，他家人最为重要的利益也遭到了伤害——健康的、财务的和道德的伤害——所有这些都是为了服务于其理想。

无论如何，个人对他人的同情也必然被挫伤，除非这些被同情的人也正好是信奉同一理想。因此，常常发生这样的事情：他家中的直系亲属，例如他的孩子，只知道他是一个暴君似的父亲，而在家庭之外他的人道美名却广为流传。由于意识态度的高度非个人的特征，使潜意识情感有了高度个人性和过于敏感的特征，从而引起了某种隐藏的偏见。例如，像把任何与他的程式对立的客观意见都歪曲为个人的恶意；或那种为了使别人的观点无效而预先对他人的论证做出否定性推测的惯常倾向——当然，这些都是为了护卫他的敏感性（susceptibility）。由于这种潜意识的过分敏感，他的表达方式和声调常常变得严厉、尖刻、带有侵犯性，并且更为频繁地使用含沙射影、明嘲暗讽的方式来攻讦他人。这些情感具有窒热（sultry）和憎恨的特性，这种特性正是劣势功能的征兆。不论个体为了理智的目的会多么慷慨地牺牲他自己，但是，他的情感相应说来说却是琐屑、猜疑、阴阳怪气和保守的。一切超出他的公式之外的新东西都透过潜意识仇恨的面纱来看待，并据以责难。一个以博爱主义著名的医生威胁要解雇一名胆敢使用体温计的助手，因为公式判定，发烧只能由脉搏来确定，这种事出现在上世纪中叶。

情感越是受到抑制，在其他情形下可能是无可挑剔的思维就会越发受到它隐秘而有害的影响。理智程式原先由于其内在价值而有充分理由要求得到普遍的承认，但在这种潜意识的个人敏感性的影响下，却造成一种显著的改变：即变成僵化的教条主义。人格上的坚持己见被转移到了理智程式中。

真理不再被容许为自己辩说，而是被等同于主体，被主体当做一个受到心怀恶意的批评者给冤枉了的敏感的私宠。如果可以施行人身攻击的话，那么就要毁了这位批评家，而且诋毁这位批评家时无论什么样的言词都不算粗暴。真理必然会被夸耀，直至最后公众开始逐渐醒悟过来，发现这与其说真理本身的问题，不如说是这种真理的创建者个人的问题。

不过，理智程式的教条主义有时会进一步受到更为典型的更改，这种更改不是源于与被压抑的个人潜意识情感混合，而是源于潜意识中与被压抑情感相融合的其他因素的污染。尽管理性本身证明，即每一种理智程式都只能是部分的真理，因而绝对不能声称具有普遍的效度，但实际上，这一程式获得了巨大的优势，以致除它以外的每一种其他观点都被排到背地里去。它僭代了所有更普遍和更少限定的因而也更为谦逊和更为真诚的生命观。它甚至排挤了被我们称为宗教的普遍性生命观。因此，这一程式变成了宗教，尽管实质上它与任何宗教没有一点联系。于是，它获得了宗教最基本的绝对性的特征。可以说，它变成了一种理智迷信。但是现在，所有那些在其压抑之下深受折磨的心理倾向都在潜意识当中逐渐地集聚起来了，并形成了一种对立观点（counter-position），引起疑虑症（doubt）的发作。作为抵抗疑虑症的防御手段，意识的态度就变得狂热起来，因为狂热只不过是被过度补偿的疑虑。最后，这种发展将导致意识观点的过分自卫，和绝对相反的潜意识观点的逐渐形成；例如，一种极端的非理性主义发展起来与意识的理性主义分庭抗礼，或者它变成了高度原初和高度迷信的东西，与富于现代科学精神的意识观点分庭抗礼。这种根本的对抗是那些心胸狭窄和可笑观点的根源，科学家和历史学家对此十分熟悉，许多值得颂扬的先驱者曾在这方面犯过不可挽回的错误。潜意识的对立观点多半体现在女人身上。

据我们所知，读者们所熟悉的这一类型主要是男性，因为思维作为决定性的功能更多的是男性而不是女性。通常，当思维在女性身上占据优势时，它导源于心灵的**直觉**活动的优势地位。

外向思维型的思想是**积极的**（positive），例如创造性。它可导致新的事实的发现，或产生建立在各式各样经验与料上的一般概念。它的判断通常是综合性的。即使它在分析时，它也能进行建设，因为它总是在超越分析而达到一种新的结合，达到一种用新方法重新组合被分析的材料或为特定的材料进一步地增加一些东西的深层概念。因此，一般说来，我们可以把这类判断描述为**断言性**（predicative）的。无论怎样，它的特殊点在于，它从不绝对地贬低或破坏什么，而总是用一种新的价值来代替已经毁坏的价值。这种性质应归功于这样的事实：思维是这种类型的能量流动的主要渠道。生命稳定地流动这一事实本身就在人的思维中显示出来。因而他的观念保持一种前进的、创造性的特征。他的思维既不停滞，也没有丝毫的后退。但是若思维无法在意识中保持优先的地位，它就会变成停滞或后退的。在这种情况下，它会失去其建设的和充满生机的特性。它尾随其他功能的余绪，变成了埃庇米修斯式的，它具有一种“esprit de léscalier”（事后诸葛亮）的性质，满足于经常不断地对过去的和消逝的东西进行沉思默想，努力咀嚼以期分析和消化这些东西。在这种情形下，创造性的因素乃移居到其他的功能那里，思维就不再发展了。它的判断具有一种独特的**内在性特征**(inherency-character)，换言之，它完全把自己限制在既定材料的范围内，一点也不求超越这一范围。它满足于一些多少还算是抽象性的陈述，这些陈述所授予材料的价值，都是材料本身早已内在固有的。

这种外向思维的内在性判断总是定向于客体，就一项经验与料来说，它所确证的只不过是此一经验与料客观的和内在本有的意义而已。我们很容易在以下这种人身上观察到此种思维类型：他们忍不住会对一个印象或经验加以某种理性的和无疑是有效的评论，但这种评论一点也没有逸出客观资料的咒箍。实质上，这种评论所说的只不过是：“我已经理解它了，因为我事后能追想它。”事情就这么简单地告一段落。这种判断充其量只是将一项经验放到此经验所属的那种一望可知的客观背景里去而已。

但无论何时，只要思维以外的功能在意识中取得了支配性，并达到了一定的明显程度，那么，就思维仍然是意识的而且并不直接地依附这种支配性的功能而言，它就会带有一种**消极**（negative）的特征。设若它屈从于支配性功能，实际上它可能带有一种肯定的外表，但是只要做更仔细的研究就很容易证明，它只不过是简单地模仿了支配的功能，而以明显抵触思维固有的逻辑法则的论证来支持支配性功能，这种思维并非我们目前讨论的旨趣所在。我们所关心的是另一种思维的性质，它并不屈从于他种功能的统治，而忠实于它自己的原则。对这种思维本身进行观察和调查并非易事，因为它总是或多或少受到意识态度的压抑。因此，在绝大多数情况下，首先必须将它从意识背后释放出来，除非它能在某些毫无戒备的片刻偶然浮出表面。通常，它必须要这样来套问，像是“现在你**到底**在想什么？”或者“对此事你私下持什么看法？”或许某个人甚至会不得已而使用一点小小的手段，这样子来设计问题：“那么，你猜想我对此事的真正看法为何？”当真正的思维是潜意识的并因此是被投射的时，就必须采用这种问题设计法。以这一方法被诱使浮现于表面的思维具有特殊的性质；刚才我们在把它描述为消极的时候想到的正是这种性质。这种特性的惯常模式可用两个词最为充分地表现出来：“nothing but”（那只不过是……罢了）。歌德曾以米菲斯特非勒斯（Mephistopheles）的形象作为这种思维的化身。它所显现出的最明显的倾向，便是将它所判断的对象归为某种老套之类的东西，而剥夺了其本身所具有的意义。这种把戏的目的是要使对象看起来似乎是依附于某种十分普通的东西。无论何时，只要在两个男人之间明显地产生一种客观、非个人的冲突，否定思维者就会抱怨对方“哗众取宠”。当一个人辩解或拥护某一个理由时，消极的思维绝不会过问这个理由的重要性，而只会问：“他由此能得到什么好处？”摩莱斯各特（Moleschott）的名言“Der Mensch ist, was er isst”（人吃什么就是什么），也属于这一类别，正像许多我们无须再列举的警句一样。

这种思维的破坏性质和它偶尔有限的适用性，都无须再进一步地解释。但是还存在另一种消极思维的形式，它乍看之下很难辨识得出是消极的思维，此即当今迅速遍及世界各地的**通神论的**（theosophical）思维，它很可能是作为对于刚退潮没多久的唯物主义的一种反动。然而通神论思维看起来好像一点也不是化约性的思维，因为它把一切都提升为超验的和囊括宇宙的观念。例如，梦不再仅仅是梦，而是在“另一种层面”上的经验。迄今无法解释的心灵感应被简单地解释为从一个人传递到另一个人的“震动电波”（vibrations）；一种常见的神经痛被简单地解释为是某种东西与灵体碰撞所产生的；大西洋沿岸居民某些人种上的特征也被亚特兰提斯（Atlantis）的沉没所轻易解释，如此等等。我们只要打开了一本通神论的书，便挡不住要认为一切都已经获得解释了，“心灵科学”并没有留下任何无法解开的生命之谜。但是从根本上来看，这种思维跟唯物主义的思维一样是消极的。当后者把心理设想为一种发生在细胞神经节中的化学变化，或者设想为一种细胞伪足的伸出和缩回，或设想为一种内部的分泌时，这就在本质上与通神论一样迷信。差异仅仅在于：唯物主义把所有的现象都化约到现今的生理学概念，而通神论则把一切都化约到印度的形上学。当我们把梦归咎于撑得太饱的胃时，梦并不会因此就得到了解释；当我们把心灵感应解释为“震动电波”时，我们同样没有说出什么东西。因为“震动电波”到底是什么呢？问题并没有得到解决。不仅这两种方法的解释毫无用处，而且实际上它们是破坏性的，因为这种表面解释转移了人们对问题的兴趣，在前一例中它把问题引向了胃，在后一例中则引向了想象的电波，因而阻碍了人们进行严肃的研究。这两种思维既贫乏不堪而又造成贫乏，它们的否定性质在于：这是一种无法形容的廉价的思维方法；它们欠缺创造性的能量。它是一种被其他功能牵着鼻子走的思维。

（4）外向情感型及特征

情感（feeling）在客观与料的定向正如其在外向性格一般，这类情感的决定性因素在客体存在中是不可缺少的。假如某人总是把情感当做主观的东西的话，那么外向情感的性质就很难理解，因为它已经尽可能地从主观因素的范畴中摆脱了出来，代之以完全地屈从于客体的影响，即使当它表现出似乎能独立于具体的客体之外时，它也仍然无法摆脱某种传统或广被接受的价值标准的控制。例如，我们可能觉得想称某样东西是“美的”或“善的”。这并不是因为我们从自己的主观情感中发现客体是“美的”或“善的”，而是因为这样做是**恰当的**和得体的，既然相反的判断会扰乱一般的情感环境的话。诸如此类的情感判断绝不是假装的或者谎言，它只不过是一种顺应的行为。例如，一幅图画被称为美的，是因为一幅悬挂在客厅并有名家签名的图画通常被认为是美的，或者因为称它为“丑的”可能会触怒那幸运的收藏者的家庭，也可能因为拜访者想要制造一种和谐的情感氛围，因而任何东西都必须被感觉为令人惬意的。这种情感为客观决定的标准所控制。它们本身是名副其实的，代表着全部能感觉到的情感功能。

正如外向思维竭力摆脱主观影响一样，在最终剥除所有的主观装饰之前，外向情感也同样必须经历分化的过程。产生自情感活动的评价直接地与客观价值保持一致，也就是说与传统的和广被接受的价值标准相一致。这么多人会涌进剧院、音乐厅、教堂，并且还带着经过正确调整的情感，这种情感占了很大的原因。流行时尚的存在也归因于这种情感，且更有价值的是它们对社会的、慈善的以及诸如此类的文化事业正面和广泛的支持。在这些事情中，外向情感证实它自己是一种创造性因素。假如没有这种情感，美妙而和谐的社交性格就将是不可思议的。就此而言外向情感像外向思维一样，具有有益的及合理的作用。但是，这些有益的作用却在客体获得一种过度的影响时丧失了。因为当这种情形发生时，外向情感过分地把自己的人格投入了客体，而被客体同化，于是情感的个人特征也就消失了，而正是这种特征构成情感的主要魅力。因而情感变得冷漠、重利无情，一点也不可信赖了。它心怀秘而不宣的动机，或者至少会让一个不偏阿的观察者怀疑它有这种动机。它不再给人一种一定得伴随真实的情感才有的那种清新可喜的印象，相反地，尽管它可能并未意识到任何自我中心的动机，但人们总觉得他在装腔作势或惺惺作态。

过度外向的情感或许能满足对美感的期望，但它却不再诉诸真心了；它只是诉诸感觉，或诉诸理性——但这样却更糟糕。毫无疑问，它能为一个情境提供一些美感的应景物，但是仅止于此，以外它的功用几近于零。它变得贫乏不堪。假如这一过程继续下去的话，就会产生一种奇怪的相矛盾的情感裂离；所有东西都会变成情感评价的对象，于是便建立起无数内在或彼此之间抵触的关系来。如果有一个得到充分强调的主体存在的话，这种情况便极不可能发生，因此真实的个人观点的最后一丝痕迹也受到了压抑。主体完全被个体的情感过程所淹没，以致在观察者看来好像已不复存在情感的主体，而只存在情感的过程。在这种情形下，情感已经完全丧失了它原有的人性温暖，它给人一种惺惺作态、反复无常、不可信赖的印象，在最坏的情况下，甚至给人歇斯底里的印象。

无可置疑地，由于情感是一种比思维更合乎女性特征的心理现象，最显著的情感型也就能从女性中找到。当外向情感占据优势时，我们说这是外向情感型。我们所能记得的这种类型的典范无一例外都是女性。她往往是一位听从她的情感引导的女人。由于接受教养的结果，她的情感逐渐发展成为一种受到调节的功能，服从于意识的控制。除了极端的例子外，情感往往具有个人的特征，尽管主观因素在很大程度上可能已经遭到了压抑。她的人格在与客观环境的关系上表现出受过调节的样貌。她的情感与客观环境和普遍的价值观保持一致。这种情况再也没有比在所谓“爱的选择”中揭示得更清楚的了。是这个而不是另一个“合适的”男人被她们爱上了；他之所以合适并不完全因为他整个地符合了女人的潜藏性格——通常她对此完全一无所知——而是因为他在社会地位、年龄、能力、高度和家庭条件等方面都与各种明智的要求完全吻合。某些人可能会把这幅景象想成是嘲讽性和贬损性的，而遽然排斥，但我们全然相信这一类型女性的爱情和她的对象选择是完全符合一致的。她的爱情是真实的，而非精明地捏造的。这种合乎情理的婚姻在现实中多得不胜枚举，而且它们还绝不算最糟糕的。这些女人显然是最理想的贤妻良母，她们只要求丈夫和孩子拥有传统上的心理构成就行了。只有当情感不被任何别的东西干扰时，一个人才能“正确”地感受。但是，没有什么东西会比思维更经常地干扰情感了。因此，这种类型必定尽可能地压抑思维这一现象就变得可以理解了。这并不是说这种女性一点也不思考；相反，她甚至可能大量地思考并且也很聪明，但她的思维绝没有独特性（sui generis）；实际上，她的思维对她的情感来说是一种埃庇米修斯式的附属物。她所不能感觉到的，她就无法有意识地对其思考。“但是我无法去想我感觉不到的东西”，这种类型的人有一次愤怒地对我说。只要是情感容许的东西，她都能思考得很不错。但是，每一种可以导致情感紊乱的结论，无论多么合乎逻辑，从一开始就被剔除出去了。这简直不是一种思想。因此，一切与客观价值相符合的都是好的，这些东西受到爱护或被当做宝贝一样；其余的一切似乎都只能存在于世界之外。

但是当客体的重要性达到了一个更高的水平时，这种情景就改变了。正如上面已阐述过的，主体和客体的这种同化随后发生了，并且几乎完全把情感的主体吞噬掉了。情感失去了它的个人特征——变成为情感而情感；人格似乎完全消融于当下的情感中。既然实际的生活情境总是经常不断地接替更迭着，并引起不同的甚至相对立的情感，那么人格也就分裂成同样多的情感状态。显然，他在此时此刻具有这样的一种情感，而在彼时彼刻又完全是不同的另一种情感了——我们在这里再重复一下，因为实际上这种多重的人格是完全不可能的。自我的基础总是保持同一不变，因此而与情感的变化状态有所扞格。所以，观察者会觉得，这样的情感展现与其说是主体的个人表现，倒不如说是他的自我在做改变，换句话说是一种情绪（mood）的改变。与自我和情感的瞬间状态两者之间的裂离程度相应，自身分裂的迹象也会或多或少地变得明显起来，即潜意识原先的补偿性态度变成了一种公开的对立。这主要显示在夸张的情感陈示，讲起话来没完没了，和夸夸其谈的劝诫上。它们听起来空洞不实，一望可知是一种被过度补偿的抵抗，使人怀疑这些情感的表明是否结果会变得很不一样。事实上，才一会儿的工夫，它们就变了个样子。只要环境中发生非常微小的变化，就必然立刻使他对于同样的对象做完全相反的评价。结果，这种经验使得观察者无法认真地看待这些评价。他开始保留他自己的意见。但是对于这种类型来说，既然与环境建立一种深入的情感和睦关系是至关紧要的，那么要克服旁人的保留态度就要做出双倍的努力。于是，在恶性循环的情况下，事情越弄越糟，每下愈况。越是过分地强调与客体之间的情感关系，潜意识的对抗就越是表面化。

我们已经看到，外向情感类型通常压抑了他的思维，这是因为思维易于干扰情感的功能。同样，当思维要求达到任何一种纯粹的结果时，它的第一个行动就是排除情感，因为再也没有什么东西能像情感价值那样适宜于骚乱和欺骗思维。所以，就思维是一种独立的功能而言，它在外向情感型身上就受到了压抑。但正如我们以前所看到的，这种压抑并不是完全的，而是在思维那种不留情面的逻辑迫使它得出与情感无法相容的结论的地方。它成为情感的仆人，或更确切地说，成为情感的奴隶而存在，受尽了苦难。它的脊椎骨压裂了；它不能根据自己的法则自行运作。既然逻辑还是存在，并且坚持它那毫不留情的结论，那么这样一种情形必然只能在意识之外的某个地方发生，亦即在潜意识。因此，很明显，这种类型的潜意识内容是一种独特的思维。它是一种幼稚的、原初的、否定的思维。

只要意识情感保留着个人的特征，或者换句话说，只要人格没有被连绵状态的情感所吞噬，这种潜意识思维就仍然是补偿性的。但是人格一旦分裂了，分散在相互矛盾的情感状态中，自我的同一性就丧失了，主体也变成了潜意识的。但是，因为主体陷入潜意识中，它就与潜意识的思维功能联系起来了，于是有助于潜意识思维偶尔地进入意识中去。意识的情感越是强烈，它变得越“失去自我”（ego-less），潜意识的对抗就越是强烈。这种情况在下面的这个事实中表现出来：潜意识观念聚于最有价值的客体，毫不留情地剥夺走它们的价值。那种总是用“它只不过是……”（nothing but）的方式思考的思维正是处在这一位置上，因为它摧毁了那种联系于客体的情感的优势。

潜意识思想以猛烈的入侵之势浮出表面，它总是带有一种强迫性观念的性质，带有否定的和贬视的特性。这种类型的女人在某些片刻会把最可怕的思想强加于被她们的情感给予了最高价值的对象。这一否定性的思维利用了每一种幼儿式的偏见或比较来中伤情感的价值，并且把各种原初的本能召集到他这一边，试图对情感做出“它只不过是……”的解释。不消说，这一过程也将会动员潜意识，并激活潜意识所储藏的原初意象，从而使得建立在另一种基础上的态度的复振成为可能之事。歇斯底里症，由于它明显地带有潜意识观念世界的婴儿性欲特征，便表现为这种类型的心理症的主要形式。

4. 内向性格的功能性分类

（1）内向感觉型及特征

与所有内向型的人一样，内向感觉型的人也是远离外部客观世界，沉浸在自己的主观感觉之中。他们往往不看重事物本身，却关注着事物的效果和自身深刻的主观感觉。艺术家往往倾向于这种类型。

内向感觉型是一种非理性类型，他对偶发事件的选择不是从理性出发，总是被所发生的事情牵着鼻子走。所以从外部判断，我们根本无法预言可能出现的情况；只有出现一种与感觉力量相应的敏捷表达时，这种类型的非理性才会昭然若揭。通常，内向型共有的不擅表达会掩盖他的非理性，这时他便会通过行为的冷静与消极，通过对理性的自我抑制来表达这种非理性。这完全是因为他与客体毫无联系所致。这种情况下，客体虽没被贬低，它的刺激物却被转移了，主观反应轻而易举地占有了客体的位置，客体变得无关紧要，某种防御性的保护代替了一切。这一方面导致了对客体情感方面的贬低，另一方面也造成了主体对实在的虚幻；严重时，这种类型的人甚至无法区别真实物体和主观感觉。

但是，当客体影响进入主体之后，即使是在正常情况下，内向感觉型也会被诱使按其无意识模式去行动。这种行为往往会具有一种与客观真实相关的幻觉的性质，表现出一种反真实（antireal）的主观性。而当客体影响没有完全进入主体时，就会出现一种温和的中立态度：太低的被提高，太高的被降低；富于激情的被泼了冷水；奢侈纵欲的受到限制；不常见、非正规的东西被纳入“正确的”模式之中……这一切都是为了将客体的影响限制在必要的范围内。

这些人允许他人虐待自己，又会在最不合适的场合加倍固执地抵抗、报复。当他们没有能力进行艺术表达时，所有的体验就沉入内心深处。在那里他们用某种信念控制住意识，使之不能借助其他手段来把握这些迷人的体验。需要表达时，他们便求助于无意识，这样他们的表达常具有某些古代原始的特征。总之，内向感觉型常使自己远离客观现实，而直接地把自己推向主观感受，并按某种原始的真实性在客体与主体间建立起协调的关系。实际上，在这种情况下，内向感觉型激发了一个神话的世界：在那里，人、动物、山川、河流都半神半魔。但他却不认为这些东西进入过自己的脑际，尽管它们已经在他的判断和行为中显露无遗。

对内向感觉型来说，外部世界是那么索然无味、了无生趣，与自己丰富的内心世界相去甚远，除了艺术，他找不到其他方法来表现自己。在外人看来，他沉静、随和又自制，而实际上他在思想和情感上却是贫乏的，所以，他不会是个十分有趣的人。

（2）内向直觉型及特征

在内向型性格中，直觉直接指向内在客体（inner object），这是我们专门用来指潜意识内容的一个用语，因为内在客体与意识的关系同意识与外在客体（outer object）的关系完全相似，尽管它们的现实是一种心理的而不是物质的。内在客体在直觉知觉中显现为事物的主观意象，虽然它们并不与外在经验遇合，但它们确实构成潜意识的内容，尤其是集体潜意识。自然，就它们本身的特征而言，这些内容不易为经验所掌握，这是它们同外在客体所共同的一种性质。正如外在客体只是跟我们对它们的知觉相对地保持一致一样，内在客体的现象形式也同样是相对的——这是由于它们的本质对我们来说是不易掌握的，以及直觉功能的特性所致。

正如感觉一样，直觉也拥有它的主观因素，这种因素在外向型直觉中被抑制到最大限度，但是，在内向型直觉中却成了决定的因素。虽然这种直觉可能是受外在客体的刺激所引起，但是它关心的并非外在的可能性，然而，外在客体有释放东西给直觉。内向感觉主要限制在经由潜意识所知觉到的神经刺激现象，并且不能超越这一范围，相反地，内向直觉则压抑了这方面的主观因素，而去知觉那些引起神经刺激的意象。例如，假设某人心因性的晕眩发作了，感觉所全心全意关注的是这种神经系统扰乱的特殊性质，而要去知觉它的所有特质，它的强度，它的瞬间变化，以至于它是如何来去的每一个细节，但是却不会进一步追究它的内容以及造成神经系统扰乱的那个东西。相反地，直觉从感觉中获得的只是直接行动的推动力；它洞视到场景的幕后，迅速地知觉到造成这种特殊现象（即晕眩发作的）那种内在意象。它看见一个意象：一个摇摇欲坠的人，心被利箭刺穿。这一意象迷住了直觉活动；它被意象所抓获，它设法去探索意象的每一细节。它紧紧地抓住这一灵视，以最盎然的兴趣去观察这一图像怎样变化，怎样进一步展开，最后又是怎样消失的。这样，内向型直觉就知觉了意识背后的全部过程，其清晰鲜明的程度和外向型感觉感受外在客体不相上下。因此，对直觉来说，潜意识意象获得了事物的尊贵性（dignity）。但是，由于直觉拒绝了感觉的合作，使它对神经系统扰乱或潜意识意象对身体所造成的作用，几乎一无所知，至多只有不充分的注意。这使意象似乎是同主体完全分离的，似乎与人毫不相关地独立存在着。因此，在我们上面所提及的例证中，当内向型直觉者的晕眩发作时，他全未想到被知觉的意象或许是在以某种方式指涉他自己。当然，这样的事情在那些倾向于理性的人看来几乎是不可思议的，但是它仍然是一个事实，我们在与这个类型的人打交道时会常常感到它的存在。

外向直觉者对外在客体明显的冷漠态度也见于内向直觉者与内在的客体的关系中。正如外向型直觉者不断地嗅出新的可能性一样，他在追寻这些可能性时对自己的利益或他人的利益都毫不关心，义无反顾地前行而无任何有关于人的考虑，并把他的永恒的寻求变化的过程中刚刚建立起来的东西都摧毁了；内向型直觉者也是从一个意象转向另一个印象，在潜意识多产的子宫中寻求每一种可能性，而没有在它们和他自身之间建立起任何联结。正如对一个纯粹只感觉世界的人来说，世界绝不会变成一个道德的问题；同样的，对直觉者而言，内在的意象世界也绝不是一个道德的问题。对两者来说，这是一个审美的问题，一个知觉的问题，它是一种“感觉”。因此，外向直觉者很少意识到他自己肉体的存在，也很少意识到他的肉体存在对他人的影响。外向类型对他将会持这种看法：“现实中没有他存在的位置；他使自己沉溺于毫无结果的幻觉之中。”生命的创造性能量生产了取之不尽的潜意识意象的丰富宝藏，从直接的功效观点来看，对潜意识意象的知觉当然是毫无意义的。但是，既然这些意象呈现了看待世界的可能的方式，而这可以提供给生命新的潜能，那么，这种功能对于整个心理经验来说，便是必不可少的；就像相应的内向直觉类型对于一个民族的心理生活来说是必不可少的一样，尽管它对于外在世界是最为陌生的。假如这种类型不存在，也就不会有以色列的先知们存在。

内向直觉所捕捉的，是那些产生于先天，即产生于潜意识心理的遗传基础的意象。这些原型内在的性质是无法为经验所掌握的，它们是历代先人心理运作的沉淀物，即有机体存在的普遍经验的累积或汇聚，经亿万次的重复后就凝聚成了类型。因此，在这些原型中，自从盘古开天地以来就发生了所有经验都得到了呈现。这些经验越是频繁和强烈，就越是焦点所在。原型因此是——借康德的话说——被直觉所知觉并在知觉中创造的意象的本体（noumenon）。

既然潜意识并不是某种闲置在那里的心灵骷髅（psychic caput mortuum），而是与我们并存，并且不断地经历着转化的东西，这些转化内在地扣连到一般性的事件。那么，内向型直觉透过它对这种内在过程的知觉，就对理解外在世界的事件提供了某些具有绝对重要性的资料：它甚至能够多少清晰地预见新的可能性的轮廓，也能预见随后真的发生的事件。它的先知先觉的预见可透过它与原型的关系得到解释，因为原型代表着统理所有可经验事物之路径的律则。

当内向的直觉的特殊性质占据优势时，就产生一种特殊类型的人，即一方面是神秘莫测的梦幻者和预见者，另一方面则是幻想的狂人（crank）和艺术家。艺术家可以被看成是这一类型正常的情形，因为这一类型有一种把自己限制在直觉的知觉特性之内的一般倾向。通常，直觉者仅止于知觉；知觉是他的主要问题，此外——以那些创造性的艺术家为例——还有知觉的形塑问题。但是幻想的狂人则满足于灵视到的观念，他自身就是这些灵视（vision）的观念所塑造的与限定的。直觉的强化常常导致个体同真实的极度疏离；在他直接的生活圈子里，他甚至会完全变成一个谜一般的人物。如果他是一个艺术家，他就会在他的艺术中揭示一些陌生又遥远的东西，在其缤纷的七彩中既包含了有意义的东西，又包含了琐屑无聊的东西，既包含可爱的也包含怪诞的，既包含狂妄的又包含崇高的东西。如果他不是艺术家，他就通常是一个得不到赏识的天才，一个“走错路”的伟人，一个聪明的傻子，一个“心理”小说中的角色。

虽然把知觉看成一个道德问题跟内向直觉型的倾向是不合，因为这样做需要对理性判断的功能进行某种程度的强化，然而判断功能轻微的分化便足以把直觉知觉从纯粹的审美领域转移到道德领域中去。由此便产生了这一类型的变体，它从根本上区别于它的审美形式，尽管它仍然带有内向直觉者典型的特征。当直觉试图把自己与灵视联系起来时，当他不再满足于纯粹的知觉及知觉的审美外观和审美评价，当他面临着这样一些问题：这对我和世界有什么意义呢？对我和世界来说，从这种灵视中所浮现的有关责任或任务的东西是什么？这时，道德的问题也就出现了。那些抑制判断或者判断受到知觉机能支配的纯粹直觉者就根本不会遇到这样的问题，因为他的惟一问题是知道如何知觉的问题。因此，他觉得道德问题是不理智的，甚至是荒唐的，同时他还认为它最大限度地阻止了他的思想去考虑那些难以捉摸的幻想。具有道德定向的直觉者则大不相同。他会反省他的灵视的意义；相对而言，他较多地考虑这种灵视从内在涵义里所涌现出来的道德效应，而较少想去发展它更深一层的审美可能性。他的判断力使他认识到——尽管经常十分晦暗——他作为一个人和一个整体的人，是以某种方式与他的灵视内在地联系着，他认识到它并不仅仅是可以被知觉的东西，而且还是渴望参与主体生命的东西。透过这种认识，他感觉到不能不把他们的灵视转变到他自己的生命。但是，由于他倾向于惟一地依赖他的灵视，所以他的道德努力就变成片面的了；他使他自己和他的生命变成了那种确实适应于事件的内在的涵义，但却不适应目前的客观现实的象征。这就使他被剥夺了影响现实的任何可能，因为他总是待在晦涩难懂的迷雾之中。他的语言也非通行的语言，变得太主观化了。他的辩论缺乏令人信服的理由。他在毫无办法的情况下只得承认或宣称他说的话是“旷野中呼喊的声音”。

内向直觉者的主要压抑落在对客体的感觉方面。他的潜意识显然是以此为特征，因为我们在他的潜意识中发现了一种具有原初特征的补偿性的外向感觉功能。因此，潜意识人格最好被描绘为一种相当低级和原初秩序的外向感觉型。本能性和不受节制是这种感觉的主要特征，并带有一种明显的对于感觉印象的依赖。这对稀薄的意识态度的空气来说是一种补偿，给意识态度增添了一定的分量，因而避免了那种过度的“升华”（sublimation）。但是，如果透过直觉态度的强制性夸大而使完全屈从于内在知觉的状况得以发展，那么潜意识就会变成一种对立，从而引起那种由于过分的依赖客体而与意识态度处于公开的冲突中的强制性感觉。这种神经症的形式便是强迫性心理症，其症状有些是忧郁症的表现，有些是感觉器官的神经过敏，有些是对某些人或某些物体的强制性联结。

（3）内向思维型及特征

在描述外向型思维时，我们已简略地提到了内向型思维的特征，现在我们将对这一问题进行更进一步的研究。内向型思维主要受主观因素所定向。至少，这种主观因素表现为一种方向感，作为判断的最终决定因素，有时它多多少少是一种完整的意象，作为一种判准。这种思维可能既包含抽象因素，但是在决定性的时刻又总是受主观因素所定向。因此，它并不可能从具体的经验重新返回到客观事物中去，而总是一头栽进主观内容之中。外界事实并不是这种思维的目的和根源，尽管内向型总喜欢标榜自己是以此为目的和根源的。首先从主体开始，然后又返回到主体，尽管它可能在实在的现实领域中进行最广阔的遨游。因此，在新的事实的奠立上，它的价值是间接的，因为它主要关心的不是对新的事实的认识，而是新的观点。它阐述了问题并创造了理论；它展示了前景和洞见，但在事实面前却持保留的态度。作为说明用的例证，这些事实有其价值，但不能容许它们居支配地位。我们搜集事实是为了当做某种理论的证据和例子，但绝不是为了事实本身而搜集。倘若后一种情况经常出现，那也只是对于外向的风格形式的让步。对这种思维来说，事实性论证乃是次要的，主观观念，或者说那些幽微地盘旋于心灵之眼前面的原初象征意象的发展和表达才是绝对重要的东西。因此，它的目的从不涉及具体现实的理智性重建，而是涉及到从模糊意象进入一种光辉观念的成形过程。它的愿望是达到真实；它的目标是看见外在事实如何能契入并填满观念的框架结构；而这一思维的创造性力量由这种事实可证明，亦即创造出观念来，虽然观念并非内在固有地存在于外在事实中，但它却仍然是这些事实最适当、最抽象的表现形式。当这种思维所形成的观念似乎从外在事实中不可避免地浮现出来，以致这些实在的推论使之为有效性时，这种思维的使命就完成了。

但是，正如外向型思维无法由具体事实抽绎出完好的经验性概念，或者创造新的经验概念一样，内向思维也无法把原始意象转译为能够充分适应事实的观念。正如在前一种情况下，纯粹经验式的堆积事实麻痹思维，并窒息了这些事实的内在意涵；在后一种情况中，内向型思维表现出一种危险倾向，即强迫事实变成它的意象的形状，或者用完全不理睬这些事实的方法，自由自在地展开它的幻想意象。在这种情形下，想要叫被呈现的观念弃绝它那幽暧的古代意象的根源是不可能的。它身上还将附有某种神话般的特征，我们很容易把这种特征解释为“独创性”，或者在更为突出的案例中，把它解释为一种异想天开的怪念头；因为它的古代特征在那些毫不熟悉神话动机的专家们看来是极不明显的。这种观念中主观的内在说服力常常是强有力的，它与外在事实的接触越少，它的这种说服力越强。对那些热心观念的人来说，他们贫乏的事实储藏是观念的真实性和有效性的来源；然而，在现实中并不是这样的，因为观念的说服力是从潜意识原型中衍生来的，而潜意识原型具有普遍的有效性和永恒的真实性。但它的真实性是如此的普遍和富于象征意味，以致在它能变成对生命具有任何实用价值的真理之前，它必须首先进入已被认识和可被认识的时代知识之中。例如，若不是在实际的原因和实际的结果中变为可知的话，因果性会变成什么呢？

这种思维很容易沉迷于主观因素的巨大真理。它只是为理论而创建理论，虽然明显的有观照现实的或至少是可能的事实，然而又总是带有匆忙地掠过观念世界而进入纯粹的想象王国的倾向。因此，无数可能性的幻象登场，但其中没有一种能成为现实，直至最后那种不再表达任何外在现实的意象产生出来了，它们纯粹是一些完全不可知的象征。它现在纯粹是一种神秘的思维，并且像那种单单在客观与料的框架中运作的经验思维一样贫乏。后者沉溺于纯粹呈现事实的层次，前者则高蹈到表现不可表现者的层次，甚至超越了可用意象表达的一切。事实的呈现具有某种无可争辩的真理性，因为主观因素被排除在外，使事实自己说话。同样，对于不可表现者的表现也具有一种直接的、主观的说服力量，因为它是由它本身的存在所证实的。前者说“Est，ergo est”（“它在；所以它存在”）；而后者则说“Cogito，ergo cogito”（“我思；所以我思考”）。推到极端的情形，内向型思维获得了它自身主观存在的证据，而外向型思维则获得它与客观事实完全同一的证据。当外向型思维全然消散于客体而舍弃了自身时，内向型则是清除所有的内容而不得不满足于他自己的惟一存在。在这两种情况下，生命的进一步发展就被挤出思维的领地而进入其他心理功能的区域，这些功能一直存在于潜意识的状态之中。内向型思维与客观事实联系的极端贫乏在大量的潜意识事实中找到了补偿。意识越是受到思维功能的驱策，而把自己限制在最小和最空洞的范围内——仿佛里面包含着众神的丰美——那么，潜意识的幻想就越是被大量的古代内容，被十足可称做非理性和魔幻形象构成的“群魔殿”（pandemonium）所丰富，这些形象的面容与将要成为生命的载具以超越思维功能的那种功能的性质是吻合的。如果这种功能是直觉功能的话，那么“彼岸”就会被用库宾（Kubin）或梅伦克（Meyrīnk）的眼光来审视。如果它是情感功能，那便会形成我们从未听说过的神奇的情感关系，并伴随着一种相当矛盾而难以理解的情感判断。如果是感觉功能的话，那么感官无论在体内或是体外都会发现一些新的、以前从未经历过的可能性。对这些变化的深入一层的研究，可轻易地揭示出原初心理及其所有典型特征的重现。当然，这些经验并不仅仅是原初的，而且也是象征的；事实上，它们越是古老和原初，就越是代表了未来的真理，因为我们潜意识中所有古老的东西都暗示着即将出现的可能性。

在通常情况下，甚至向“彼岸”的过渡也无法成功，更不消说是穿越潜意识的救赎旅程了。穿越潜意识的道路主要是为意识的阻力把持着，专门阻止自我对潜意识的现实及其决定性力量做出任何屈从。这种情况是一种裂离——换言之，是一种特征在于内在衰弱和脑部日渐衰竭的心理症——这是心理虚弱症的表现。

如达尔文（Darwin）可能代表着外向思维型的范例一样，我们也可以指出，康德是一个内向思维型的范例。前者以客观事实为依据，后者却诉诸于主观因素。达尔文涉及了极为丰富的客观现实，而康德却把自己限制在知识的批判之中。但是如果拿居维叶同尼采进行比较的话，这种对比就会变得更为鲜明。

内向思维型具有我们刚才描绘过的那种思维的优势特征。跟他的外向型对手一样，他受到观念的决定性影响；但这些观念并不是来源于客观与料，而是源于他的主观基础。他也遵循他的观念，只不过方向相反罢了：内向而不是外向扩展。他的目的是内涵（intensity），而不是外延（extensity）。由于这些基本特征，他确实与他的外向型对手之间存在着明显的毋庸置疑的差异。像每一位内向类型人物一样，他几乎完全缺乏那种他的对立类型的区辨特性，亦即与客体的紧密联系。假如客体是一个人，这个人对事物的消极性方式是能够有区分的情感，轻则意识到自己对内向思维者来说是多余的，重则觉得自己被当做令人厌烦的东西撇到一边去了。这种对客体的否定性关系——冷漠，甚至嫌恶——是每一个内向型人物的特征；由于它的存在，要想对普遍的内向型进行描述是极端困难的。在他身上，一切都似乎消失隐藏起来了。他的理性判断显得冰冷、固执、武断而无情，这主要是因为他与主体的联系大大地多于与客体的联系。但我们在里面感受不到任何赋予客体较高价值的可能性；它总是显得想要超越客体，留给别人一种主体的优越地位的感觉。礼貌、和蔼和友善这些东西都可能出现，但是却常常带着一种特殊的性质，暗示着某种忐忑不安，泄露出一种隐秘的目的，即为了解除一个敌人的武装，他必须付出一切代价来安抚和怀柔这个敌手，免得他带来麻烦。当然，他绝不是一个敌手，但是如果他太敏感的话，他将感受到某种抵制，或者甚至某种蔑视。

客观必定总是受到某种忽视；在更糟糕的情况下，它甚至被许多完全不必要的提防措施所围困。因此，通常出现的是，这种类型常常消失在误解的迷雾中，他越是试图借助于补偿和他的劣势功能的帮助，而装出和他真实本性构成鲜明对比的温文殷勤的样子，就越是加厚了误解的迷雾。虽然他在建构他的观念世界上不会因任何危险而退缩，不会因为一种思想是危险的、颠覆性的、异端的、伤感情的而有所退缩，但是如果要他把这些东西变成客观现实的话，他就会被无比的焦虑所苦。这是与他的性格格格不入的。当把他的观念移植到现实世界的机会到来的时候，他的焦虑绝不是一个忧心忡忡的母亲为她孩子担惊受怕的那种状况；他只是把这些观念抛在那里，当它们不能依靠自身的力量茁壮成长起来时，他就会极度地恼怒。他通常在现实能力方面令人诧异的无能，和他对自我宣传的厌恶，都有助于形成这种态度。在他看来，如果他的产物在他主观上显得是正确的和真的，那么在实践中也必然是这样，而且别人不能不对这些产物的真理点头称是。他从不愿意屈尊俯就地放弃自己的方式以赢得他人的赞赏，如果他人是颇有影响的大人物，他则尤其如此。当他固执己见这样做的时候，他通常显得极其笨拙，以致他最终获得的结局正好与他的目的相反。在他自己的专业领域特定的范围内，他与同僚之间的交往也常常笨拙不堪，因为他压根就不知道如何去赢得他们的青睐，通常他惟一做成功的便是让同僚觉得他们在他眼中是多么的微不足道，完全是多余的。在他的观念的追求中，他通常执着、任性和拒不接受周围的影响。他对私人影响的暗示感应性（suggestibility）却与这种情况形成奇怪的关照。一个人只要在外表上让他相信是无害的，便可以使他对所有非其所欲的东西敞开大门。它们从潜意识中来控制他。他以最能忍辱负重的方式忍受着粗鲁的待遇和压迫，只要使他在他的观念的追求中保持不受干扰就心满意足了。他完全想不到有人会暗中剽窃他的产品，并在诉讼中使他含冤莫白，因为对他而言，与人和事物的关系纯属次要之事，他根本搞不清楚他的产品的客观评价为何。他总是将问题思考到他能力的极限，以致把问题复杂化了，一再陷入他自己的犹疑谨慎而无法脱身。不管他思维的内在结构在他自己看来会是多么清晰，他对他的思维如何或在什么地方与真实世界扣连却毫无所知。在他看来已经是十分清楚的东西，在他人看来却并不十分清楚，非得经过几番折腾，他才会勉为其难地说服自己接受这一点。他的文体总是负载了各种附加物，诸如条件限制、保留条款、疑问等等，这都是他的犹疑谨慎所使然。他的工作进展缓慢而步履艰难。

在私人关系上，他不是缄默寡言，就是陷身于那些不理解他的人群之中；由此，他就进一步地确证了人类深不可测的愚蠢。如果他偶尔为人所理解，他会极轻易地过高估计他的本领。对他有野心的女人若想轻易地征服他，只需懂得如何利用他在现实事务方面的了无头绪就行了；否则他就会逐步变成一个具有童心的愤世嫉俗的单身汉。而且，他为了逃避注目而痛苦焦虑着；或者会显出一种十分明显的无忧无虑，几乎就像童稚的天真烂漫一样。在他自己工作的特殊领域里，常引发激烈的冲突，但对这些冲突他却束手无策，除非他一时兴起被他的原初感情引诱到这些尖刻而无结果的争辩中去。未与他深交过的人都认为他飞扬跋扈，丝毫不替别人着想。但是，人们越是了解他，对他的判断就越是变得对他有利了，他最亲近的朋友都十分珍惜他们之间的亲密关系。对于外人来说，他显得严厉，难以接近，甚至有些盛气凌人；他那些与社会针锋相对的成见所带来的结果是使他时常显得性情乖戾。他要是当一名私人教师，不会产生什么影响力，因为他对学生的心理状况十分隔阂。此外，实际上他对教学也缺乏兴趣，除非当教学偶尔地给他提供了一个理论问题时，这才会引起他的兴趣。但他是一个不够格的教师，因为在教学当中，他的思维总是执着于教材本身，而非如何呈现这些教材。

随着他的这种类型性格的增强，他的信念变得更为刚硬不屈。外界影响被排除了；他对未与他深交者越来越无法苟同，因而他就更加依赖他的知交挚友。他的语气变得更为个人化和不客气，他的思维更趋深刻，但手头拥有的资料无法再恰当地表达这些思虑。这一不足却被情绪性和敏感性所弥补了。他曾率然排拒的外在影响时又从内心，潜意识方面向他发起进攻，他被迫抵御那些在局外人看来是相当无关紧要的东西。他与客体之间贫乏的关系引起了意识的主体化，透过这种主体化，那些与他自己本人（person）密切有关的东西就被他看成是至为重要的了。他开始把他的主观真理与他本人混淆起来。虽然他并不试图将其信念强推给别人，但是却对每一种批评意见进行恶意的人身攻击，不管这些批评多么正确。因此，在每一方面他都逐渐地陷入了孤立。他那原先丰饶的观念因为受到积淀的痛恨的毒害而变得破坏性的了。他对来源潜意识的影响的反抗由于他同外界隔离而增长起来，直到逐渐使他开始丧失活动能力为止。他认为退到更深一层的隔离必然会保护他免受潜意识影响的侵害，但通常这只是把他更深地卷入那种将从内部毁灭他的冲突之中。

内向型的思维在发展那些越来越接近原始意象的永恒效

度的观念上，是积极而且综合的。但随着这些观念与客观经验的联系日渐稀薄，它们开始披上神话的色彩，对当时情境来说不再是真实的了。因此，只有当他的思维与他同时代著名事件有明显和可理解的联系时，对他同时代的人来说才是有价值的。但是，当思维变成神话的东西时，它就逐渐地变得不相干了，直至最终完全自行其是。与内向型思维对应抗衡的情感、直觉和感觉这些相对潜意识的功能都是劣势的，具有一种原初的外向特征，所有这种类型困扰的客观影响都导源于此。种种自我防御的手段，以及这一类人喜欢用来禁锢自己的离奇的保护物都是为人所熟知的，因此我们就可以不必再去描述它们了。它们都被用来当做对于“魔力”影响的防御，对异性的模糊的恐惧也属于这一范畴。

（4）内向情感型及特征

内向型情感主要由主观因素所决定。它与外向型情感之间有着根本的差异，如同内向思维和外向思维间存在根本差异一样。毋庸置疑，要想把内向型情感过程用理智的形式表现出来，或仅仅对它进行一种大概的描绘，都似乎很困难，尽管这类情感的特征会在人们觉察到它时马上显示出来。由于它主要受主观前提条件的限制，而只是次要地才关涉到客体，这种情感极少显现于表面，因而也常常遭到误解。这是一种明显地贬视客体的情感，因而它通常是以否定的面貌显现。肯定性的情感的存在似乎可以说只能被间接地推断出来。

它的目的并不是要自我调适于客体，而是要凌越于客体之上，它在潜意识中的所有努力都是为了使潜在的意象成为现实。似乎可以这么说，它一直在寻找一种现实中根本不存在的意象。但它在以前曾获得过这一意象的某种幻想。它毫不在意地任由那些不合它目的的客体从它身边溜走。它为一种内在的紧张而奋斗，客体至多不过为这种紧张提供一种刺激。这种情感的深层只能猜想——却永远不能被清楚地理解。它使得他人缄口，无法接近它；由于具有含羞草一般的敏感，它总竭力退避客体的粗鲁，以便伸展到主体的深层中去。于是，它以消极的判断或是装出一副高深莫测的冷漠神态作为自我防御的手段。

当然，原始意象既属观念也属情感。因而，诸如上帝、自由、不朽等基本观念除了具有观念的意指外，也同样具有情感价值。所以，前面论及内向型思维的东西也都适用于内向型情感，只是在这里一切都是说感觉到的，而在内向型思维那里却一切都由理智呈现出来。但是，思想一般比情感更易于表达清楚这一事实，在这种情感的真实价值能被十分贴切地描述或传达给外部世界之前，就需要一种超乎一般性描述或艺术表达层面之上的能力了。然而，由于它与现实的毫无联系，主观思维在意欲唤起一种恰当的理解时遇到了极大的困难；同样的情况也对主观情感有效，甚至有过之而无不及。为了同他人进行交流，它不得不寻找一种外在形式，不仅能将主观情感纳入令其满意的表达形式中，而且这种外在表达形式也必须能在他人那里唤起类似的情感。幸亏人类存在着相对巨大的内在一致性（当然也存在着外在一致性），这才可能办得到，尽管极难找到一种情感能够接受的形式，只要它仍旧主定向于原初意象那深不可测的积藏的话。但是当它被一种以自我为中心的态度所歪曲时，它立即会变得不再有同情心，它主要关心的对象就只是与自我有关的东西。由于它竭力唤起一种自我趣味甚至病态的自我欣赏，这种情形总是给人造成一种感伤主义的自恋印象。正像那些追求抽象的内向型思想家的被主观化了的意识只成功地强化了一种本身极度空洞的思想过程一样，这种以自我为中心的情感的强化也只能导致一种空洞的激情，这种激情只能感觉到它的存在，仅此而已。这种神秘而迷狂的阶段，它为情感所抑制的外向功能敞开了大门。正如内向思维受到一种原始情感的反向平衡，其中客体被附上了神奇的力量一样，内向型情感也受一种原初思维的反向平衡，而这种思维的具体性和依附于事实的状况无以复加。这种情感不断地从与客体的关系中解脱出来，它为自己创造了一种纯属主观性的行动自由和良心自由，甚至还可能抛弃所有的传统价值。

我们发现突出的内向情感主要出现在女性当中。有句成语“静水则深”，对这类女性来说是相当真实的。她们大多数人都沉默寡言，难以接近，令人捉摸不透；她们常常隐藏在一副幼稚或平庸的假面之后，她们的气质通常是忧郁型的。她们既不出众也不有意显露自己。由于她们把自己生命的控制权交付给她们的主观情感，所以她们的真实动机一般都被掩盖起来了。她们的外在举止是谐和的，并不惹人注目；她们常常显示一种令人喜爱的文静，或是与人相和共鸣，但她并不想以此去感化别人，也不想以任何方式去打动、影响或改变他人。如果这种对外的一面被人强调的话，一种不屑一顾和冷漠的疑虑就立即产生了，有时实际上变成完全不管他人的安适和幸福。人们能明显地察觉到情感疏离客体的动作。不过，对正常的类型来说，这种情形仅仅发生在客体拥有过于强烈的影响的时候。只有在客体以一种适中的情感强度按照它自己的路线运行，并且不想介入他人的运行线路时，谐和感的氛围才会保持下去。客体的真实情感易于遭受阻碍和挫折，或者更恰当地说，易于被消极的情感判断“大泼冷水”，谁也不愿意为接受这种情感做出丝毫努力。虽然人们可能为平静而和谐的友谊做好充分准备，但是陌生的客体却并未显示出丝毫亲切的迹象，没有一丝相应温和的微光，遇到的只是显然无动于衷或冷若冰霜的态度。人们甚至还会被迫感觉到自己的存在是多余的。面对着某些可能使人迷惑或者唤起热情的东西，这种类型常常坚守温和的但不失批判性的中立立场，并且不时流露出一抹优越感的色彩，很快地便给这个引起敏感的对象一个下马威。但是，暴风雨般的激情将会被残酷的冷漠所野蛮地熄灭。除非它碰巧能从潜意识方面抓住主体，即除非透过某些原始意象的复苏，情感可以说是被完全控制住了。在这种情况（潜意识被触动）下，她会霎时感到一阵瘫软，随后更为顽固的抗拒不可避免会产生出来，径直击中对象最脆弱的地方。她与对象的关系被尽可能地保持在一种情感的稳健和平静的状况中，在那里，激情和无节制的放纵都被绝对地禁止了。因此，情感的流露在她身上稀少到吝啬的地步，对象一旦意识到这种状况，就会产生一种长久性的被看轻的感觉。不过，情况并非总是如此，因为他往往未意识到她向他显露的情感是如此薄寡；这样，潜意识的情感要求（feeling-claims）会逐渐地产生一些强烈要求受到注意的征候。

既然这一类型表现得十分冷漠而含蓄，因此一些肤浅的看法可能会认为这种女性没有情感可言。但真正的情形是，她的情感是内涵的而非外延的，并朝深层发展。例如，一种外延的同情感可以透过语言和行动恰当地表达出来，从而迅速地摆脱对它的印象并回复正常；相反，一种内延的同情由于无法用任何方式表达出来，就获得了一种激情的深度，其中包括了一个悲痛的世界，这种激情最后被弄得麻木不堪。内延的同情有时可能会以狂举的形式爆发出来，导致一种几乎可以说是英雄性格的惊人行动，无论是客体还是主体，都无法在他们和这种行为间找到一种正确的联系。对外部世界来说，或者对于外向类型的盲目来说，这种同情看起来是冷漠的，因为它没有任何明显可见的表现，外向型的意识是无法信任那看不到的力量的存在。

这种误解乃是这种类型的生活中常有的情形，并且被用做否认他们与对象间存在任何深刻情感关系的可能最有力的论据。但是，这种情感所深寄的真正对象只不过被正常类型自己给朦胧地神化了。这个被神化的对象可能表现为一种极欲逃避世俗眼光的隐秘性宗教情感，或者表现为同样被完好隐藏的、私密的诗的形式；其中并不是没有一种试图借助于这些方式来表现高于他人的优越性的、隐秘的野心。女人常经由她们的孩子大量地表达这种感情，把她们的激情潜移默化地灌注到孩子身上去。

尽管在正常的类型中，上面所提的这种倾向——以其隐秘的情感要胜过或压制他人很少扮演的干扰的角色，并且在这方面从没有导致真正认真的尝试，但是，它的某些痕迹仍然以一种通常很难界定的、压服性影响的形式渗透到其个人对于对象的影响中。这在感觉上是一种令人窒息或压制的情感，它使她周遭的人（仿佛被上了魔咒似的）为之着迷。它使这一类型的女人具有某种神秘的力量，使其对外向型男人显出惊人的诱惑力，因为它触及了他的潜意识。这种魔力是从被深层感受到的潜意识意象中衍生出来的；但她却往往有意识地把这种魔力提供给自我，于是，这种影响就被贬损而变为个人暴虐。无论何时，只要潜意识主体与自我融为一体，内延的情感的神秘力量也就会转化为平庸而盛气凌人的野心，转化为虚荣和卑鄙的暴虐。这就产生了最令人遗憾的以毫无顾忌的野心和可怕的残酷而著称的那类妇女。但是在这种情形中，这种变化也导致了心理症（neurosis）。

只要自我感到受制于潜意识主体，只要情感觉知到存在着比自我更高和更有力的东西，这一类型就是正常的。潜意识思维当然具有古代的特征，然而它的还原倾向，仍然有助于补偿那种把自我提升到主体的偶然冲动。但是，无论何时，只要这种情况经由对潜意识还原思维的产物的完全压抑而告发生，那么潜意识思维就会站到对立面上去，而向客体做投射。于是，以自我为中心的主体就会逐渐地感觉到被贬低的客观的力量和重要性，意识也开始感觉到“他人所思考的东西”了。当然，他人正在预谋各种卑鄙的行径、罪恶的计划、策划种种的阴谋诡计等等。为了制敌机先，她必须着手制订防御性的措施，怀疑试探他人编织反制的计划，在受到谣言的攻击时，她必定会死命地把岌岌可危的劣势扭转为优势。无数的暗中较劲在进行着，在这些杀得难分难解的斗争中，不仅卑鄙和邪恶的手段不会遭到蔑视，甚至美德也会被当做最后一张王牌而滥用。这种发展必然会导致衰竭。心理症的表现形式常常是神经衰弱而不是歇斯底里，通常会伴随严重的身体上的并发症，例如贫血和它的继发症。

5. 有关的定义

或许我们在这里以一个相对独立的板块来专门谈论有关的心理类型学定义显得有点多余，但是丰富的经验告诉我们，尤其是在心理学著作中，当我们论述概念与术语时，不能不做到谨小慎微了，因为没有任何地方会像在心理学领域中那样产生如此令人痛惜的概念上的歧义，产生如此众多的固执的曲解。这一缺陷并不仅仅由于心理科学尚处在襁褓之中，而且也因为经验的材料，即科学论证的对象无法以具体的形式展示出来以置诸读者的眼前这一困难。

现在，我们将按照字母顺序来论述前文中使用过的有关概念，希望以此为读者朋友解除阅读中的疑惑。

〇本　能

无论是在此书中还是在别的什么地方，当我们谈及本能（instinct）时，我们所意指的和一般所理解的一样，是一种朝向某些活动的冲动。冲动可能产生于一种外在的或内在的刺激，这种刺激不是从心理上就是透过心理因果律（psychic causality）范围之外的器官因素来触发本能的机制。每一种心理现象都是**本能的**，它们并不是来自于意志的原因，而是来自于动力的冲动，不管这种冲动是直接地植根于器官，因而具有超心理的源头，还是来自意志目的影响下所释放的能量——在后一种情况下，必须有一个条件，那就是最终的结果超越了意志所意图的那种影响。照我们看来，所有那些其能量不受意识支配的心理过程，都是本能的。因而根据这种观点，**感情**（affects；参照该条）既属于本能过程，又属于**情感**（feeling；参见该条）过程。在正常情况下，本来是意志功能的心理过程（全部从属于意识的控制），可以在反常情况下透过与潜意识能量的连接而成为本能的过程。这种现象的经常出现不是发生在意识领导为不相容内容的抑制所限制的地方，就是发生在由于疲劳、醉酒或一般的脑部病变所导致“精神层面降低”[雅内（Janet）]的地方——总之，出现在那些具有最强烈情感音调的过程不再或者尚未受意识控制的地方。在个体那里过去是有意识为之，但现在已逐渐变成自动出现的那些过程，我们称它们为自动的过程，而不称做本能的过程。在正常情形下，它们的行为并不像本能那样，因为在正常状况下，它们从不显示为冲动。只有当获得了一种它们所陌生的辅助能量时才显示为冲动。

○补　偿

补偿（compensation）意味着一种**平衡、调节或补充**。这个概念实际上是被阿德勒（Adler）引入心理症中的心理学来。阿德勒把补偿理解为借由补偿性心理系统对自卑感所做的功能调整，它类似于器官在其低等状态时的补偿性发展。因此，阿德勒说：

> 对这些低等器官和器官系统来说，与外部世界的冲突开始于脱离母体器官时，这种冲突必然会触发，而且比发生在较为正常发育的器官中的冲突更为激烈。然而，胎儿的特性也同时为补偿与过度补偿提高了发展的可能性，增进了适应平常抵抗与非常抵抗的能力，确保更新的和更高的形式与成就的发展。

按照阿德勒的理论，与器官低等在病原学上相对应的心理症患者的自卑感带来了一种“辅助性的装置”，换句话说，即补偿，它在于设下一种“虚构的引导路线”（fictitious guiding line）来平衡自卑。这种“虚构的引导路线”是一种努力将劣势扭转为优势的心理系统。这一概念的重要处在于，补偿性功能在心理过程的领域中有着无可置疑和经验上可获得证实的存在。它与生理学领域中的类似功能，即生命有机体的自我调节或自我定向相对应。

阿德勒把他的补偿理论限制为单纯的自卑感的平衡，但荣格把它理解为一般性的功能调节，心理机制内在的自我调节。在这种意义上，我们把**潜意识**（参阅该条）活动看做对一般态度的片面性的补偿，这种态度是由意识功能产生的。心理学家们常把意识比喻为眼睛：我们常谈及意识的视野与焦点。意识的本质由这一比喻贴切地显示出它的特征：只有极少数的内容能同时在意识领域内被掌握，而其中能达到意识的最高程度者更是少之又少。意识的活动是**挑选**，挑选要求**定向**（direction），而定向则要求**排除不相干的一切**。因此，意识定向的片面性是不可避免的。那些由于所选择的定向而被排除与被抑制的内容就沉入了潜意识，在这里它们形成对意识定向的抗衡力量。这一相反阵营的增强与意识的片面性的强化同步发展，直到激烈的心理紧张产生为止。紧张包含着对意识活动的某种抑制，而这种抑制又肯定会被增强的意识努力所打破。但是，随着时间的流逝，心理紧张变得如此激烈，以致被抑制的潜意识内容开始冲出来，以梦幻与自发意象的形式进入意识中。意识的态度越是片面，从潜意识中唤起的内容就越是敌对，以致我们可以说在意识与潜意识两者之间存在真正的对立，在这种情形中，补偿以对立功能的形式出现了。这样的情形是极端的。潜意识的补偿与其说是意识的对立物，不如说是意识定向的平衡或补充。例如，在梦中，潜意识可能会提供所有意识情境所搜集，但却被意识的挑选所抑制的内容，尽管有关这些内容的知识对于完满的适应是不可缺少的。

在正常条件下，补偿是潜意识的，即它扮演着对意识活动进行潜意识调节的角色。在心理症的状况下，潜意识与意识之间的对比是如此之强烈，以致补偿作用被扰乱了。因此，分析疗法的目的是使潜意识的内容能被意识到，以便使补偿能够重新建立起来。

○抽象作用

顾名思义，抽象作用（abstraction）是从一种包容其他因素的脉络中将一种内容（如一种意涵或一种普遍特征，等等）抽取或分离出来，这些因素组合成一个独有的和个别的整体，因此是无法进行比较认识的。单一性、惟一性和不可比较性都是认识的障碍，因此，对认识的倾向来说，那些未被抽取而遗留下来的因素虽然与被感觉是本质性的那种内容有关联，但仍然必定显得毫无关联。

因此，抽象是这样一种精神活动的形式：它将本质性的内容或事实从与不相干的要素的联系中解放出来，使彼此区别开来，或者换句话说，使它**分化**出来（参阅“分化”条）。从更广泛的意义上看，一切从不相干的因素的联系中分离出来的东西都是抽象的。

抽象是一种属于一般心理功能的活动。正像抽象的**情感**、**感觉**和**直觉**，也存在着抽象的**思维**（参阅这些概念）。抽象思维所拣选的内容，以其具有的理性的和逻辑的性质，而有别于其他不相干的因素。抽象情感对具有情感价值的特征内容也起到了同样的作用；抽象感觉和抽象直觉亦是如此。因此，不仅存在着抽象的思想，也存在着抽象的情感，后者被萨利（Sully）界定为包括理智的、审美的和道德的抽象情感。纳洛斯基（Nahlowsky）又增加了宗教情感。在我们看来，抽象情感与纳洛斯基的“高级情感”或“理想情感”相吻合。我们把抽象情感和抽象思想放在同一级层次上。抽象感觉是审美的感觉，它区别于感官的感觉（参见“感觉”条），抽象直觉是象征的直觉，它与幻想的直觉相对。

在本书中，抽象的概念与心理能量过程联系在一起。当我们对一个客体采取抽象态度时，我们不会让客体从整体上影响自己，而是从它的联系中分离出某部分来，同时排除其他不相干的部分。我们的目的是要摆脱作为单独和惟一整体的客体，而只抽取它的一个部分。毫无疑问，我们对整体是了解的，但是我们却不愿意陷入这种了解之中而不可自拔，我们的兴趣并没有全部进入整体，而是从作为整体的客体中退回来了，把那被抽取的部分带给了自己，即进入了我们的概念世界，这个世界早就为了抽取客体的某部分的目的做好准备或者说集聚（constellated）起来了。（只有借助概念的主观集聚，我们才可能拥有从客体中抽象的力量。）我们把“兴趣”理解为能量＝**欲力**（参阅“欲力”条），欲力又被我们当做价值赋予了客体，或者说客体从我们身上取得了欲力，这样做时甚至可能是违背我们的意志的，或者自己根本就不知道。因此，我们把抽象的过程具体化为一种欲力从客体的退回，价值从客体回到主观抽象内容的倒流。这样，在我们看来，抽象具有一种剥夺客体的能量的涵义。换句话说，抽象可以被表达为一种内向的**欲力**运动。

当一种**态度**（参阅“态度”条）既是内向的，同时又把客体的某些基本面向**同化**到已经集聚在主体的抽象内容时，我们就把它称为**抽象态度**。一种内容越是抽象，它就越是**难以表现出来**。我们坚持康德的观点，概念越是抽象，“它就越是要排除事物的差异”，在这种意义上，最高层次的抽象是绝对地脱离客体，从而达到不可表现的极限。这种纯“抽象”，荣格的术语名之为**观念**（见“观念”条）。反之，这种抽象一直拥有可表现性或明显性，是一种具体的概念。

○对立形态

对立形态（enantiodromia）意味着一种“流转”（running counter to）。在赫拉克利特（Heraclitus）哲学中，这个概念被用来指诸对立物在事件过程中的轮值，亦即主张存在的一切都将转变为它自己的对立面的观点。“由活的产生出死的，由死的产生出活的，由年轻的产生出老的，由老的产生出年轻的，由醒产生睡，由睡产生醒，创造与衰朽的川流永不停息。”“建设与破坏，破坏与建设，这是支配从最小到最大一切自然生命循环的原理。正像宇宙本身起源于太初之火一样，它必将再度回归为同样的火——一种在漫长的时间中依照有规律的节奏进行的双重过程，一幕永恒重演的戏剧。”

这是权威的翻译家们所解释的赫拉克利特的对立形态概

念。而赫拉克利特自己对此却有更为丰富的解说。他说：

> 甚至自然自身也为对立而奋斗，和谐不是来自相似物，而是来自对立物。
>
> 当它们诞生时，它们准备生，也因此准备承受死。
>
> 就灵魂而言，它死亡变成了水；就水而言，它死亡变成了泥土。从泥土产生水，从水产生灵魂。
>
> 到处存在彼此互换：万有换成了火，而火又换成了万有，正像金子换成货物，货物换成金子一样。

赫拉克利特将他的原理运用于心理学时说道：

> 啊！以弗所人（Ephesians），让你们永不缺乏财富，免得你们的堕落会化成光明。

我们用对立形态这一概念来指随着时间的推移，潜意识对立物的乐观。这种典型的现象，总是出现在凡是有一种极端而片面的倾向支配着意识生命的地方；因为这里包含了同样强大的潜意识对立的立场的逐渐发展，它起初是抑制意识的活动，随后便打破了意识的控制。圣保罗的心理状态以及他对基督教的皈依便是对立形态的极好例子，诺利（Raymond Lully）的皈依故事也是一样的。病态的尼采开始把瓦格纳奉若神明，随后又对他恨之入骨，以及他的以基督自居，也是一个很好的例证。另外，在斯韦登博格（Swedenborg）从学者到先知的转变中也可见一斑，等等。

○定　向

这个概念被用来表达**态度**（参阅该条）的一般原则。每一态度都定向（orientation）于某一观点，而不管这一观点是意识的还是潜意识的。所谓权力—态度是定向于施加强制性影响与限制的自我权力（ego-power）的观点。思维态度定向于把逻辑原则作为它的最高法则；感觉态度则定向于既定的事实的感官知觉。

○分　化

分化（differentiation）意味着差异的发展，指部分从整体中分离出来。在此书中，荣格主要把这个概念用在心理功能方面。只要一种功能仍然与另一种功能或其他更多的功能交融为一，例如思维与情感、情感与感觉的融合等等，以致一种功能不可能单独运作，它就处在一种**老式**（参阅该条）的状况中，因而处在一种未分化的状况中，即它未从整体中分化为一个特殊的部分，具有自身的独立存在。一种未分化的思维不可能离开其他功能而进行思考，它持续地与感觉、情感或直觉混合在一起；正如未分心的情感与感觉和幻想相混合一样，这可由心理症患者情感与思维的性欲化（弗洛伊德）得到说明。未分化的功能通常也以两向性和矛盾倾向为其特征，即每一种立场都带有其自身的否定，这导致未分化的功能在运用上受到典型的抑制。未分化功能的另一个特征在于它的各个部分相融合；因此，一种未分化的感觉会由于各个不同感觉领域的合并（如“色彩听觉”）而浊乱，一种未分化的情感由于恨与爱的交织而浊乱。就一种功能全部或主要是潜意识而言，它也是未分化的，即不仅它的组成部分相混合，而且与其他的功能相混合。

分化在于被选择的功能从其他功能脱离出来，在于个别组成部分与其他部分的分离。既然一种功能的定向依靠隔离与排除不相干的东西，所以，如果没有分化的话定向是不可能的。与不相干的东西相混合，定向也不可能产生；只有一种已分化的功能才具有被**定向的能力**。

○非理性

我们使用这个词并非指某种与**理性**相反的东西，而是指理性领域之外的东西，这些东西的本质并非建立在理性的基础上。

基本的事实属于这个范畴，例如地球有个月亮，氯气是一种元素，水的最大密度被发现是在摄氏四度。**偶发的事件**也是非理性的，尽管它可以接受后来的理性解释。

非理性（irrational）是这样的一种存在因素，它虽然可以被日益精致与复杂的理性阐释一步一步地排挤到我们的视线之外，但这种阐释最终会变得如此复杂，以致超出了我们理解的能力，因而在它能以理性法则来估量整个世界之前已经到达了理性思维的边缘。要对一个实际存在的物体（并非纯粹假设的物体）做出完全符合理性的解释，是一种乌托邦式的理想。只有被假设的对象才能在理性的基础上得到完全的解释，因为它并不具有任何超出理性思维所设定的东西。经验性的科学也同样设定了一个囿限在理性界限内的对象，因为它对偶发性的刻意排除，使得它并非整体考量实存的客体，而是只考量客体被挑选出来供理性观察之用的那些部分。所以，思维与情感**作为定向的功能**都是理性的。当这些功能并不涉及到对客体的理性选择，或并不涉及到客体的性质及其交互关系，而是涉及到对实存客体并不少见的偶发性的知觉时，它们就立刻丧失了它们的定向性以及它们的某些理性特征，因为它们接受了偶发性，它们就成为非理性的了。那些定向于知觉偶发性，因而是非理性的思维或情感，不是**直觉的**就是**感觉的**。**直觉**与**感觉**是在对一般偶发事件的**绝对知觉**中实现其功效的心理功能，所以与它们的本质相一致，它们会对每一种可能的偶发事件或绝对的随机性做出回应，因而它们必须完全排除理性的定向。因此我们称它们为非理性的功能，与那种只是在完全与理性法则符合时才达到完美的思维与情感形成对照。

虽然非理性不可能成为科学的对象，但是对一门实用的心理学来说，正确地评价非理性因素却是一项至关重要的工作。因为实用心理学中提出了许多完全不能为理性结论所理解的问题，它们只能用非理性来解决，即它们的解决只有走上与理性法则不一致的道路。期望或者全然相信所有的冲突都可找到理性的方式来平息，对于寻求具有非理性特质的解决之道来说，是个难以逾越的障碍。

○感　情

我们所谓感情（affect）一词是指这样一种情感状态：它一方面具有显著的身体上的神经刺激，另一方面则是对观念作用过程的一种特殊的扰乱。我们把**情绪**（emotion）作为感情的同义语。我们把情感（feeling）同感情区别开来——这与布留勒尔（Bleuler）正相反（参阅“感触性”一条），尽管事实上没有明确的界限存在；因为每一种情感总是在获得了某种力量以后，就会释放出生理性的神经刺激，因而变成了一种感情。不过，在实际运用中，把感情与情感加以区别却是恰当的，因为情感可以是一种经由自由意志运用的功能，而感情则通常并非如此。同样，感情借由可清楚知觉到的身体上的神经刺激而与情感有别，而情感却在绝大程度上缺乏这些神经刺激。或者，它们的心理强度是如此微弱，以致只有最精密的仪器才能显示出来，例如像心理电流（psycho-galvanic）的现象。感情透过对它所放出的身体上的神经刺激的感觉而逐渐地积累起来。这种观察产生了詹姆士—朗格（James Lang）的感情理论，该理论认为感情是导源于身体方面的神经刺激。为了反对这种极端的观点，我们一方面把感情看成是一种心理上的情感状态，另一方面，又看成是一种生理上的神经刺激状态；两者彼此具有一种积累和交互的作用，即，感觉的一个组成部分与强化了的情感相结合，由此，感情就更接近于**感觉**了（参阅“感觉”条），并从根本上区别于情感状态。荣格没有把明显的感情，即由激烈的生理的神经刺激所伴随的感情置于情感的领地，而是把它放到感觉功能的领域中来了（参阅“功能”条）。

○感触性

感触性（affectivity）一词系布留勒尔所创造。感触性“不仅包括感情本身，而且也包括细微的情感或苦与乐的情绪”。一方面，布留勒尔把感触性同感官知觉与其他身体感觉区别开来；另一方面，又把它同可以被看成内在知觉过程（例如确定“感”，可能“感”等）或隐约的想法、察觉等“感受”区别开来。

○个　体

心理个体（individual）的特性在于其特殊的、从某些方面说是独一无二的心理。个体心理的特殊性格较少表现在它的基本要素中，而更多地表现在复杂的形态里。心理个体或个性具有一种先天的潜意识存在，但只有当它对其特殊本质的意识出现时，即存在着一种与其他个体有意识的区别时，它才具有意识的存在。尽管心理个性正如我们所观察到的那样最初是潜意识的，但它先天地便被设定为身体个性的相关物。意识性的分化过程对于将个性带向意识，亦即将个性提升到脱离与客体同一的状态来说是必需的。个性与客体同一和个性与潜意识同一是一个意思。如果个性只是潜意识的，就不会有心理个体出现，而只有一种集体的意识心理。在这种状况下，潜意识个性表现出与客体完全同一，即投射到客体中，结果客体获得了过度的价值，成为一种过于强力的决定性因素。

○个　性

我们把个性（individuality）理解为个体的心理各方面的特殊性与独一性。凡是不属于集体的东西，以及一切确实只从属于某一个人而不是从属于一大群人的东西都是个体的。个性很难说是属于心理的构成要素的东西，而是属于这些心理要素特殊而独特的聚集与结合（参见“个体”条）。

○功　能

我们把心理的功能（function）当做一种原则上在各种情形下都保持同一不变的特殊心理活动形式。从能量的观点来看，功能是欲力（参阅该条）的表现形式，而欲力在原则上是恒定不变的。在相当大的程度上，它与物理力一样可以被看成是物理能量的特殊形式或显现。我们把所有的四种基本功能分成两种理性的，两种非理性的，即**思维**与**情感**，**感觉**与**直觉**。至于为什么刚好挑选这四种作为基本功能，我们不能提出什么先天的理由，我们只能指出，这种想法是据多年的经验所形成的。

我们区分这四种功能是因为它们彼此之间既不相关联又不可相互化约。例如，思维的原则绝不同于情感的原则，其他也一样。荣格在这些功能的概念与幻想活动或白日梦之间做了基本的区分，因为在他看来，幻想是能够在所有四种功能中显现的特殊的活动形式。

此外，意志与注意，完全是两种次要的心理现象。

○观　念

在此书中，观念（idea）这一概念有时是指与我们所谈及的**意象**有密切联系的某种心理因素。就其起源而言，意象或许是个人的，或许是**非个人**的。在后一种情况下，它是集体的，以其神话的特性而有别于前者，我们称之为**原始意象**。相反，当它没有神话的特征，即缺乏直觉的灵视的性质，且纯粹是集体的时，我们称之为观念。据此，我们把观念一词用来表达某种从意象的具体性中抽象出来的原初意象的**意义**。就观念作为一种抽象而言，它具有某些从基本要素中衍生或发展而来的外观，即思维的一种产品。就这层意思来看，它被冯特及其他人视为某种次生或衍生的东西。但是，观念既然是原始意象的阐现，它是经由原始意象而被象征地表现，那么，观念的本质就不只是派生的或由其他东西发展而来的，而是，从心理学方面来说，具有一种先天的存在，作为一般思维联结既定的可能性（a given possibility for thought-combinations in general）。因此，根据它的本质，观念是一种先天的存在和起决定作用的心理因素。在这个意义上，柏拉图把观念视为事物的原型，而康德则把它界定成“理性在一切实际运用上的原型”，一种超越了可经验事物的局限的超验的概念，“它的对象在经验中是找不到的”。康德说：

> 虽然对于理性的诸超越的概念，我们必须说：“它们**只是观念**”，然而此语却绝不可被认为只表示：它们是多余的而且是空洞的。因为纵使它们不能决定任何对象，可是它们犹可依一基本而未被注意的样式，当做知性的扩张而一致的使用上的一个规准，而服务于知性。知性实不能因其作为其扩张使用之规律便得到关于任何对象的更多的知识，即比因着其自己概念所得到者为更多的知识；但是对其欲获得更多的知识而言，它却因其作为其扩张使用之规准而得到了较好而广大的指导。进而（在此，我们所需要的不过只是一提，不详解），理性的概念或许可以使“从自然之概念转到实践的概念”这一种过转成为可能，而在这种过转中，它们又可给予道德观念自身以支持，并可使道德观念获得其与理性的思辨知识相联系。

我们无意再堆砌更多有关观念的原生（primary）本质的证据。这些引文足够说明观念可被理解为一种基本的、**先天**的因素。它从作为其前身的原始象征意象（参阅该条）中获得了这种本质。它的次生本质，亦即作为抽象和被衍生的东西，乃是理性的造就所造成的，原始意象在适用于理性用途之前，都要经过这种造就。原始意象是心理所固有的要素，它在任何时空都反复出现，而观念亦同，尽管观念的理性本质使其更多地受到理性的造就与阐现所修正，而受到时间与环境的强大影响，与时代精神相应合。由于观念是衍生自原始意象，有些哲学家便认为它具有一种超验的性质；其实这种性质并非属于我们所设想的观念，而是属于原始意象，自有史以来不论任何地方它都是人类心灵的一个不可或缺的组成成分。它的自主性格导源于并非“被制造”而是恒续存在的原始意象，后者是如此自发地出现于知觉中，以至于似乎在竭力追求能被实现，使得它被心灵感觉为是一种主动的限定物。然而这样的观点并不普遍，它大概是一个态度的问题。

观念是一种心理因素，它不仅决定思维，而且还以实效观念（practical idea）的形式来约制情感。不过一般说来，我们只是在两种情况下才使用观念这一术语，即当我们在谈及思维类型中的思想限定物，或情感类型中的情感限定物时。另一方面，对于未来分化的功能，我们若说原始意象是其先天的规定物，这在用语上是正确的。

观念同时既是原生的，又是衍生的，它的这种双重性使我们有时将它和原始意象一词交错使用。就内向的态度而言，观念是原动力；而就外向的态度而言，它是一个产物。

○还　原

还原（reductive，“返回”）这个术语指称这样的心理解释的方法，即并不是从象征的观点来看待潜意识产物，而是把它仅仅看做一种**符号**（semiotic）的表达，看做某种潜在过程的符号（sign）或征候（symptom）。因此，还原的方法是要回溯到潜意识产物的原素，不论这些原素是实际发生的事件的回忆，还是一些心理的基本过程。因此，还原方法那种将情结和已分化的因素回溯到一些普遍的和基本的东西的做法，无论是从历史意义上还是在比喻意义上来看，都是向后取向的，它与**建构**的方法（参见该条）正好相反。弗洛伊德和阿德勒的方法都是还原的，因为在他们两者中都存在一种对愿望或追求等基本过程的还原，这些愿望和追求归结到最后都是婴儿的和原初的。由此，潜意识产物必然招致一种仅仅是比喻的或非真实的表达的性格，而“象征”一词是不适用于这种表达的。

还原法对潜意识产物的真正涵义有着拆解的作用，因为它要么是去追溯这些产物的历史先行物，以致剥夺了它们的内在意义；要么就是依产生这些潜意识产物的相同的基本过程，将它们重新组合起来。

○集体性

我们所称之为集体性（collective）的，是指所有那些并不单属某个人，而是属于许多人，即社会、民族或一般人类的心理内容。这样的内容被列维—布留尔描述为原初的“集体再现”（represéntations collectives），它们也包括通行于文明人类中的诸如正义、国家、宗教、科学等**一般性的概念**。并不是一定只有概念和看待事物的方法才能被称做集体性，此外还有情感。列维—布留尔指出，对于原始人来讲，集体观念同时也是集体情感。因为这种集体情感价值，他把“集体再现”称之为“神秘的”，因为这些观念并不纯粹是理智的，而且也是感情的。在文明人那里，集体情感与诸如上帝、正义、祖国等集体观念有着密切的联系。集体性格并不仅仅只附属于个别的心理要素，而且也附属于整个功能。例如，当思维具有普遍的有效性，并与逻辑规律一致时，整个思维功能便具有集体性的特征。而当情感与普遍的情感完全相同，换句话说，与普遍的期待或普遍的道德意识相吻合时，整个情感功能便也是集体性的。同样的道理，当感觉和直觉同时也是一大群人的特征时，它们便是集体性的。集体的对立面是**个体**（参见该条）。

○具体化

具体化（concretism）是指**思维**和**情感**的一种特性，这种特性是抽象的对立物。具体的确切含意是“长合”（grown together）。具体思维的概念是一种与其他概念彼此长合或结合的概念。因此，这种概念不是抽象的、封闭的与独立的思想，而总是与别的概念相混合和相互关联的。它不是一种已分化的概念，而是仍然置身于感官传达的感性知觉的与料之中。具体的思维完全在具体概念与观点中运作，并不断与感觉发生联系。同样，具体的情感也从未脱离与感官的联系。

原初思维与情感全然是具体的，它们总是与感觉联系在一起。原初人的思想没有超然的独立性，而是紧紧依附于物质现象，他所能做的最多不过是把他的思维提高到类比（analogy）的层面。原初情感也同样总是受限于物质现象。原初人的思想与情感依赖于感觉，从中只产生微弱的分化。

物神（fetish）的神魔影响并非被体验为一种主观的情感状况，而是被感觉为一种神魔的效应。这便是情感的具体化。原初人并不把神性的观念体验为一种主观的内容，对他们来说，圣树便是神的居所，甚至是神自身。这是思维的具体化。对文明人来说，思想的具体化在于除了感官所传达的直接而明显的事实外，无法设想其他任何东西，或是无法区分主体情感和被感觉的对象。

具体化乃是归属于“神秘参与”这个更普遍性的概念。正像“神秘参与”呈现个体与外在对象的融合一样，具体化表现着思维、情感与感觉的混合，使思维对象与情感对象同时也是感觉对象。这种融合阻止了思想与情感的分化，使这两种功能固定在感觉的领域中服务于感觉，而未能发展成为纯粹的功能，导致感觉在心理定向上的优势（有关感觉因素的重要性，见“感觉”条）。

○建　构

这个概念（constructive）被我们在一种与**综合**（synthetic）相同的意义上运用，实际上它近乎是对综合概念的一种图解。建构意指“建立起来”（building up）。我们采用“建构”与“综合”的概念来指一种与还原（reductive ）相对的方法。建构的方法所关心的是潜意识所构制的产品（梦、幻象等）。它把潜意识的产品当做一种**象征**性（参阅该条）的表达，它预示着一种正在到来的心理发展阶段。就此而言，麦德尔（Maeder）正确地论述了潜意识的勘探功能（prospective function)，这种功能半戏谑（playfully）地探测了未来心理发展。阿德勒也认识到了潜意识的**勘探功能**。显然，潜意识的产品不能视之为一种完成了的或终结了的产品，因为这将使其失去一切目的性（purposive）的意义。弗洛伊德也赞同梦至少扮演了像“睡眠的保护者”那样的目的论的角色，尽管在他看来梦的勘探功能基本上是限制在“愿望”上。如果我们接受潜意识倾向与其他心理功能或生理功能的类似性，那么，潜意识倾向的目的性性格就不必先行争辩了。因此，我们把潜意识的产品设想为是定向于某一目标或目的表达，不过它是以象征的语言来刻画其目的。

根据这种观点，建构法的解释所关心的，与其说是潜意识产物的原初根源，或者说潜意识产物的原料，不如说是想将这种象征产物带到一种一般化的和可理解的表现形式。因此，我们考虑主体的自由联想是着眼于它们的目的，而不是着眼于它们的出处。我们从未来的行动或不行动这一角度来看待它们，同时，由于根据补偿的理论，潜意识对于意识活动具有一种基本的补充意义，所以这些自由联想同意识情境的关系会被慎重地考虑。既然现在是一个预先定向的问题，那么与客体的关系就不会像在还原程序中那样显得突出，但这个还原程序却被与客体过去的实际关系所全部占领了。主观态度是更为重要的问题，在这里，客体只是显示主观倾向的信号。因此，建构方法的目的是从那些明确地与主体将来的态度紧密相关的潜意识产物中发掘出意蕴来。通常，既然潜意识只具有构成象征性表达的涵义，这种方法即一种正确的象征被应用于意识倾向，主体由此可能发现与潜意识之间的和谐一致，这种和谐是它将来的行动所需要的。

因此，正像没有任何心理学的解释方法能孤立地建立在精神分析对象的联想材料上一样，建构的方法也使用了某些比较性的材料。同样，正像还原的解释运用了来自生物学、生理学、文学、民间传说与其他方面的对应物一样，对理智问题的建构处理依赖于哲学中的对应物，同时，直觉问题也被认为是起源于神话和宗教史方面的对应物。

既然集体态度未来只有透过个体才能进一步地发展，那么建构式的方法就必然是**个人主义式的**。相反地，因为还原的方式从个别的事例返回到一般的基本态度或事实，所以它是集体的。建构的方式也能直接地由主体应用到他自己的材料上，在这一种情形下，建构是一种**直觉**的方法，致力于潜意识产品的一般涵义的厘清，这种厘清是透过联想加入其他进一步的材料（因此有别于积极**统觉**；参阅该条）而得以成功的，它如此地丰富和加深了潜意识的象征产物（像梦），以致它逐渐地获得了一定程度的清晰，而得以为意识所理解。这种象征产物于是更为广泛地与各种联想相交织，并由此而被同化。

○客观平面

当我们提到客观平面（the objective plane）的解释时，我们是指对梦或幻想这样一种观点，它把梦或幻想中出现的人或情境视为指涉客观实存的人或情境。相反，当出现在梦中的人和情境被全然视为指涉主观因素时便是**主观平面**（参照该条）的解释。弗洛伊德对梦的解释几乎完全是建立在客观平面上，因为梦的愿望被他解释为是在指涉现实的事物，或是与落在超出心理学的生理学领域的性过程有关。

○理　智

我们把理智（intellect）称之为定向思维（directed thinking；参照该条。）

○理性的

理性的（rational）就是符合情理的，即与理性相一致。我们把理性理解为一种其原则是根据客观价值来形塑思维、情感和行为的态度。客观价值一方面由对外在事实的日常经验，另一方面由对内在心理事实的日常经验建立起来。这些经验如果是主体“评价”为有客观价值的，则它们并不代表客观的“价值”；因为这就已经是一种理性的活动。但是，能使我们大致宣布为有效的客观价值的理性态度并不是单个主体的创造，而是整个人类历史的产物。

大多数客观价值——以及理性本身——乃是历代流传下来根基稳固的观念结丛。无数世代的人努力地组织这些观念结丛，其必要性同以下的情形是一样的：生命机体必须对环境中平常不断再三发生的状况做反应，用相应的功能情结来面对这些状况，例如像眼睛，它是如此完美的与光的性质相对应。如果像叔本华已经指出的（这并非事实），生命机体对平常外部影响的已适应的反应并不是它存在的惟一的条件的话，那么我们就可因此大谈一种先天存在的形而上的普遍理性了。由此可知，人类理性不过是那种对平常事件的适应性的表现，它逐渐地沉淀在构成我们客观价值的那些根基稳固的观念结丛中。所以，理性律是这样的一些规律，它指称并统辖那些平常的、“正确的”和已适应的态度。一切与这些规律相和谐的是理性，一切与此相冲突的是**非理性**（参照该条）。

思维与情感是理性功能，因为它们明确地受到反思的决定影响。当它们极尽可能地与理性律符合时，它们运作得最完美。相反，非理性的功能是那些以纯粹的知觉为目的，诸如直觉、感觉的功能；因为为了能够获得整个事件过程的完整知觉，它们不得不尽可能地排除理性（因为理性预先假定了排除超出理智之外的一切）。

○灵　魂

在我们对潜意识结构的研究中，我们不得不对**灵魂**（soul，psyche，personality，persona，anima）与**心理**（psyche）两者做出概念上的区分。我们把心理理解为所有心理过程的总和，包括意识与潜意识。然而我们把**灵魂**理解为一种最好描述为“人格”的明确界定的功能结丛。为了更准确地表达，我们必须引进一些更进一步的观点，例如尤其是那种梦游症的现象、性格重合（character duplication）的现象和人格分裂的现象。对这些现象的研究成果主要是法国学术界完成的，这一研究使我们认识到在同一个体中存在多重人格的可能性。

灵魂如同功能结丛或“人格”。

显然，这种多重人格从来不会出现在一个正常的个体中；但是，这些例证所表现的人格分裂的可能性是必然存在的，至少潜藏在正常的个体中。并且，事实上，只要一个普通敏锐的心理观察者便可以不大费力地成功地证明，在正常的个体中具有性格分裂的痕迹。例如，我们只要非常仔细地在不同的情境中观察某人，就会发现从一种环境到另一种环境的过渡在他的人格上所造成的剧烈的变动，在每一种场合中都会浮现出一种与先前场合截然不同而轮廓鲜明的性格。“在外面是天使而在家里是魔鬼”，这句谚语正是来自日常经验的对性格分裂现象的概括表现。特定的环境要求特定的态度。而这种态度持续的时间越长，越需要频繁地出现，它就越是成为习惯性的态度。有教养阶层的大多数人都被迫来往于两种完全不同的环境，即家庭圈子和事业的世界。这两种截然不同的环境要求两种截然不同的态度，它们按照自我与瞬间态度的**认同作用**（参阅该条）的程度的比例，产生性格的重合。根据社会条件和要求，社会性格一方面受社会环境的期待或职责所定向，另一方面受个人的社会目标和抱负所定向。通常，家庭性格是主体放任闲散和感情需要的产物；而在公共生活中活动的人则完全是精力充沛的、大胆的、顽强的、意志坚定的，当那些铁石心肠的人在家中处于天伦之乐的气氛中时，他就变成脾气好、温和、随和甚至软弱的人了。那么，真实的性格是哪一种？真正的人格是哪一种？这常常是一个难以回答的问题。

这一简要的考察表明，即使在正常的个体中，性格分裂也不是没有可能性的。因此，在处理人格分裂的问题时，我们完全有理由证明这是一个正常心理学的问题。那么照荣格看来，以上问题的答案在于，这种人并没有真正的性格，也就是说他并非**个体**的（参见该条），而是属于**集体的**（参见该条），换言之，他符合于一般的环境和期望。如果他是一个个体，那么他就只有同一种性格，不管态度如何变化。这种性格绝不会等同于当下的态度，他既不能也不愿意阻止他的个性在这种不同的状况中表露无遗。跟每一别的个体一样，他也是一个个体；但却是一个潜意识的个体。透过对当下态度的认同作用（或多或少可说是完全的自居），在他的真实性格方面，他欺骗了他人，也常常欺骗他自己。他戴上了一个**面具**，而且他知道这个面具跟他意识的意向是吻合的，同时，这个面具也符合他周围环境的要求和看法，因而他的动机一个接一个地吉星高照，马到成功。

灵魂如同人格面具。

这个面具，即这种被特别地（ad hoc）采纳的态度，我称之为**人格面具**（persona），那是分配给古代演员们戴的一种特定的面具。一个与这种面具相一致的人，我们称之为“人格的”（与“个体的”相对）。

上面讨论的两种态度都是集体人格，它们能被简要地概括为“人格面具”。在上面我们已经指出，真正的个性与这两种情况迥然不同。因此，人格面具是由于适应或个人便利的原因而存在的一种功能情结，它绝不能同个性相等同。人格面具惟独涉及对于客体的关系。

个体对外在客体的关系必须同对于主体的关系截然区分开来。主体，我们意指那些在我们内在流动着的模糊而幽暗的心绪搏动、情感、思维与感觉，它们并非源自任何可被证明的对客体的意识性经验，而是像一股骚乱的、令人感到抑制的，有时又是有益的力量，从黑暗的内心深处，从意识的背后和下面迸涌出来，正是这些东西的总和，构成了我们对潜意识生命的知觉。被我们理解为“内在客体”的主体便是潜意识。存在着一种对于内在客体的关系；一种内在的态度，正像存在一种对于外部客体的关系，一种外在的态度一样。极为明显，由于它极为私密而又难以接近的原因，这种内在态度比起外在态度来较难辨识，而外在态度通常立刻能被每一个人知觉到。但是，要制订一个关于这种内在态度的概念，对我们说来似乎并不是不可能的。所有这些所谓偶然的抑制、奇想、情绪、模糊的情感、支离破碎的幻想，都在不时地骚扰与搅乱我们对工作的全神贯注和心灵的平静，即使最正常的人也是如此，它们被合理化地解释为是由于身体性的或诸如此类的原因所造成，它们的起源通常不是在意识性地归给它们的那些理由中，而是在于对潜意识过程的知觉中。在这些现象中，梦自然也在其中：梦似乎往往被解释为是消化不良、仰卧等外在的和表面的原因造成的，尽管事实上这种解释从来就经不起深入的批评。人们对这些现象抱持极其不同的态度。比如有些人一点也不会允许自己被内在的过程所骚扰，他可以完全不理睬它们。然而另一些人却会完全服从它们，当他清早醒来时，某种遐想或一种令人讨厌的情感会破坏他整天的情绪，一种模糊的不愉快的感觉会使他想起来某种隐秘的病痛，一个梦也会使他充满阴郁的预感，尽管平常他并不迷信。再就其他人而言，他们只是间歇地接触这些潜意识的骚扰，或者只是接触这些潜意识骚扰的某些范畴。对某些人来说，它们从来就没有作为任何值得思考的东西在意识中出现过；但在另一些人那里，它们却是令人每日郁闷困惑的原因。一些人可能会把它们视为生理性的，另一些人则把它们归于他的邻居们的行为，再另一些人则在其中找到了宗教的启示。

对待潜意识骚扰的这些截然不同的方式，正像对外部对象的态度一样，变成了习惯。因此，内在的态度正像外在的态度一样，与某种特定的功能情结相关联。那些完全忽视他们的内在心理过程的人并不缺少一种典型的内在态度，就像那些一直忽视外部对象和事件现实性的人并不缺少一种典型的外在态度一样。后者的人格面具经常具有与外在世界缺少联系的特征，有时甚至根本视若无睹，只有在命运无情的打击下才会有所让步。往往正是这些有着严峻的人格面具的人，在态度上极端容易受潜意识过程的感染和影响。尽管他们外表上是坚定的和难以接近的，但只要一触及到他们的内心世界，就可以知道他们是软弱的和缺乏定见的。所以在这种情况下，和内在态度相对应的内在人格正好与外在的人格截然相反。例如，有这样一个人，他盲目地毁弃了他最亲近的人的幸福而没有一点遗憾，但他却也可能在重要的商务旅程中，为了车窗外所瞥见的森林美景而中断旅程。这种情况对每个人来说无疑都是熟悉的，所以没有必要列举更多的例子。

灵魂如同阿尼玛。

我们可以由日常经验证实外在人格的存在，同样可以由日常经验证实内在人格的存在。内在人格是一个人关涉于内在心理过程的行为方式，是朝向潜意识的内在态度或性格面貌。我们用**人格面具**来指称外在态度或外在面貌，用**阿尼玛**（anima）或**灵魂**（soul）来指称内在态度或内在面貌。当一种态度是习惯性的时候，它便和功能情结牢固地连接在一起，这样自我就以这种功能情结自居了起来。在日常言语中对此有生动的表达：当一个人对某些情境会有一种习惯性的态度时，我们都习惯于说：当他做这样或那样时，他完全**判若两人**。这是表现为习惯性态度的功能情结独立性的现实证明；它就好像是另一人格占有了这一个体，就好像“另一种精神注进了他的血液”。经常被认为只有外在态度才具有的自主性也同样地为灵魂或内在态度所声援。教育事业最困难的任务之一就是改变外在态度或人格面具。但改变人的灵魂跟改变人格面具同样困难，因为它的结构也恰恰像人格面具的结构一样焊接得十分紧密。正如人格面具是一个通常似乎构成一个人性格的全部，甚至可以终生伴随他而不可改的实存物一样，灵魂也同样是一个通常具有独立和不移性格的清楚界定的实存物。因此，它非常适于刻画和描绘。

关于灵魂的特征，我们的经验证实了一种普遍规律的存在，即灵魂与外部性格或者说人格面具的特性之间有一种**互补的**关系。经验告诉我们，灵魂总是包含意识态度所缺乏的人性共有的品质。被噩梦、恶兆和内心恐怖折磨着的暴君便是典型的例子。他外表上是冷酷的、苛刻的和不可接近的，但在心灵深处，他捕风捉影疑神疑鬼，完全被一些幻觉摆布，就好像是一个耳根最软又最容易被左右的人一样。这样，他的灵魂就包含那些在他的外在态度或人格面具上所全然缺乏的易受暗示影响和软弱的一般人的品质。若人格面具是理智的，则灵魂就会是感情用事的。灵魂的这种互补特征也与性别特征相连，这个事实已毋庸置疑了。一个娇滴滴的女人却有一个男子气的灵魂，一个英俊的男人反倒有一个女子气的内心。这种相反的情形是基于这样的事实，譬如一个男人，他并非全部气质都是男性化的，而是也有某种女性的特征。他的外部态度越男性化，他的女性特性就越容易被泯除掉；这种女人性的东西就只好在灵魂中出现了。这一情形说明，为什么那么男子气的男人竟如此易于导致性格软弱；因为他们的潜意识态度有一种女性的柔弱和多愁善感。相反，常有这样的情形，一个典型的女性，就她的某种内部情感而言，却有极其倔强、执拗和刚愎的性格；而这些性格，连同其强烈的程度，往往只出现在男人的外在态度中。这些是男性的品质，只是它们被女性的外在态度所排斥而不得不变成灵魂的品质。所以，如果我们谈到**男性的阿尼玛**（the anima of a man），就必然要谈到**女性的阿尼姆斯**（the animus of a woman），假如我们想要给女性的灵魂一个正确的名称的话。逻辑和客观性普遍地在男性的外在态度中占居优势，或至少被当做一种理想；相反地，在女性的情况则是情感占居优势。但在灵魂中，这种关系是相反的：男子是感觉的，而女性却是思考的了。因此，男性很容易陷于完全绝望，但女性则总是能找到安慰和希望，所以，男性比起女性来更容易自行了断生命。然而，不管一个女人将会怎样卑躬屈膝地沦为社会环境的牺牲品，比如卖淫，男人也可能同样地透过酒精中毒和其他恶行而沦为潜意识冲动的牺牲品。

灵魂中人性共有的品质可以从人格面具的特征推断出来。每一种在正常情况下应该出现的外部态度，然而在那里又明显找不到的东西，总是能在内部态度中找到它。这是一条基本规律，我们的经验反复证明了它。但是，灵魂中个人的品质，则完全无法从这一方式推演出来。我们仅仅能够肯定，当一个人和他的人格面具等同时，他的个人品质会联系着他的灵魂。正是这种联系，产生了出现在梦中的灵魂受孕的象征。这种象征可追溯到英雄诞生的原初意象中。将出世的小孩意指个性，这种个性虽然存在，但仍然不是有意识的。正如作为人们适应环境工具的人格面具通常强有力地被环境所影响，被环境所塑造，灵魂也同样深深地被潜意识和它自己的本性所铸造。正像人格面具在原初环境中就必然会具有原初特性一样，灵魂除了潜意识的古代特性外，也带有它自己那种预示的和象征的特性。由此内在态度的“丰蓄性”（pregnant）和“创造力”的品质就产生了。与人格面具的同一自然会导致与灵魂的潜意识同一，因为，当主体或自我不能同人格面具区分时，它和潜意识过程间就不再有任何意识性的联系。因此，它自己会变成这些过程：会与他们完全同一。无限制地成为其外部角色的人必将使自己屈从于他的内在过程，他会透过绝对的内在需要去挫败他的外部角色，或使后者陷于荒谬的境地（参阅“对立形态”条）。因此，对个人路线的稳定掌握被破坏了，他的生活不可避免地会走进一个又一个的死结。此外，在这种情况下，灵魂不可避免会被投射到相应的现实对象中，并且陷入对此对象几近完全依赖的关系。从这个对象所产生出来的每一个反应，对主体都有一种直接的、抓住内心的影响，悲剧性的依恋通常以这种方式而形成（参见“灵魂意象”条）。

○灵魂意象

灵魂意象（soul-image）在那些由潜意识产生的意象中是一种特殊的**意象**（参见该条）。正像人格面具或外部态度在睡梦中由某些人的意象所代表一样，这些人以特别显著的形式拥有人格面具那些突出的性质；所以灵魂，这种潜意识的内部态度，在潜意识中也是由一些具有与灵魂相应性质的特定的人所代表，这些意象叫做“灵魂意象”。有时这些意象完全是我们所不知道的或者是神话的人物。就男人来说，灵魂或阿尼玛，通常是借潜意识而化身为女性；而对于女人来说，她的阿尼玛则是化身为男性。每当个性是潜意识的因而和灵魂相联系的情况下，灵魂意象就有同一性别的特征。在所有那些与人格面具（参见“灵魂”条）同一，并且灵魂因此是潜意识的情况下，灵魂意象就被转移到真实的人。这个人是强烈的爱或同等强烈的恨（可能甚至是恐惧）的对象。他的影响具有某种长驱直入的和绝对令人信服的特点，因为它总是唤起人们感情性的反应。这种感情源于这样一个事实：真正意识地适应于代表灵魂意象的那个人是不可能的。因为客观的关系是不可能的甚至是不存在的，欲力便受到积阻，而在感情的爆发中宣泄。感情总是出现在适应失败的地方。只有当主体不能意识到灵魂（阿尼玛）时，对代表灵魂意象的对象的意识的适应才是不可能的。如果他意识到了它，他就同对象区别开来了，那么对象的直接影响就可能被消除了，因为对象的力量取决于灵魂意象的投射。

对男人来说，由于他灵魂中的女性特质，女人是他灵魂意象最适合的负载者；反之对女人来说，男人亦同。无论在什么地方，只要两性之间存在着一种激情和神妙的关系，这种关系就总是一个灵魂意象投射的问题。既然这种关系是普遍的，灵魂必然同样是潜意识的，即大多数人必定没有意识到他们是怎样与内在心理过程保持联系的。因为这种潜意识性总是同对人格面具（参见“灵魂”条）完全的认同作用携手并行，从而可知后者也必定非常常见。这种情况是符合实情的：因为，事实上，许多的人与他们的外在态度完全同一，因而与他们的内在过程之间没有任何意识的联系。但相反的事情也可能发生，即灵魂意象不被投射，而是停留在主体内；这就导致对灵魂的认同作用，因为主体深信他与自己内在过程的联系方式，是他的真实性格所在。在这种情况下，人格面具的潜意识性导致了它对客体的投射，尤其在同性身上更是如此，这就为许多公开的或隐伏的同性恋提供了基础，以及为许多男性中的父性移情（father-transferences），或女性中的母性移情（mother-transferences）者提供了基础。这些人多为对外在现实适应不良和比较缺少联系，因为对灵魂的认同作用产生了一种定向于内在过程的态度，于是客体就失去了它的决定性影响。

一旦灵魂意象被投射了，就会出现一种对于对象的无条件的感情结。如果它没有投射，就会导致一种相对非适应的状态，弗洛伊德将之描绘为自恋（narcissism）。只要对象的行为与灵魂意象和谐一致，灵魂意象的投射就将使得对内部过程的过度专注得到了一定的缓和。主体因此而获得了使他的人格面具得以生存并进一步发展的能力。然而，对象很少能完全达到灵魂意象的要求，尽管许多妇女透过不断漠视自己的生活，而能长期成功地表现她们丈夫的灵魂意象。在这点上，生物性的女性本能帮助了她们。一个男人为了他的妻子也可能潜意识地做同样的事情，尽管他会因此而被怂恿去干那些不论好坏最终都将超出他的能力的事情。在这种情况下，生物的男性本能也同样在起作用。

如果灵魂意象不被投射，与潜意识的联系就会逐渐地发展为病态的联系。主体日益被潜意识的内容所淹没，他与对象不充分的联系使他无力同化和使用这些潜意识内容。显然，这些潜意识内容进一步损害了与对象的联系。当然，这两种态度仅仅代表了两种极端，正常的态度乃是位于两个极端之间。正常人灵魂意象的区别之处并不在于它特别的明晰、纯粹或具有深度，而是往往显示出某种的模糊性。在那些有着和蔼而不具侵略性的人格面具的人身上，其灵魂意象通常有一种相当狠毒的性格。斯比特勒的《奥林匹斯之春》中那个陪伴着宙斯的恶魔般的女人就是一个最好的文学例子。对理想主义的女人来讲，堕落的男人常常是她灵魂意象的承载者；这种“救助主的幻想”时刻萦绕在她心头。同样的事情也常发生在男人身上，如妓女的身上常常被笼罩上一个疾呼救助的灵魂所散发的光环。

○类　型

类型（type）是一种样式或范本，它以一种典型的方式再现某一个纲目或种属的性格。从大量存在或可能存在的许多态度中，我们挑选了四种特别明显的态度；即那些主要被四种基本心理功能（参见“功能”条）——思维、情感、直觉和感觉——所定向的态度。由于这种态度是**习惯性的**，并因此而赋予个体性格以明确的印记，所以我们说它是一种心理类型。这些建立在基本功能上，而可称之为思维型、情感型、直觉型和感觉型的功能类型，可根据基本功能的性质，而分为两个纲目，即**理性的**和**非理性的**。思维型和情感型属于前者，直觉型和感觉型属于后者（参见“理性”和“非理性”）。还可以进一步根据欲力运动的优势倾向，区分为**内向**和**外向**（参见该条）两个纲目。在一般态度中，根据内向或外向的优势，所有的基本类型都可以既属于这一纲目又属于那一纲目。思维型既可以属于内向型，又可以属于外向型，这同样适用于其他几种类型。理性和非理性类型的区分是另一方面的问题，和内向、外向没有关系。

○内向投射

这是阿芬那留斯（Avenarius）用来与投射（projection）相对应的概念。正像投射概念所恰当地表达的一样，它以此要求主体内容**转换**进入客体。因此，它也具有“投射”概念的过程。弗伦克兹（Ferenczi）现在把内向投射（introjection）定义为“投射”的对立概念，即把客体“摄入”（indrawing）主体的兴趣范围中去，而“投射”却意味着主观内容向客体的移置。“妄想狂者把他变得讨厌的情绪从他的自我中排泄出去，神经病患者则擅自尽其自我的需要摄取外部世界的某一部分，并把这一部分变成潜意识幻觉的对象”。前一种机制是投射，后者则是内向投射。内向投射是一种“淡化过程”（diluting process），是一种“兴趣范围的扩展”。在弗伦克兹看来，内向投射也是一种正常的过程。因此，从心理学上说，投射是一种异化的过程，而内向投射则是同化的过程（参阅该条）。投射是经由将一种主观内容分派进入客体，而使客体异化于主体，内向投射则使客体同化到主体这里。

为了实现客体对主体的同化，那么对客体的“移情”或占有便是必要的，所以内向投射是一种外向的过程。

可以将**被动的**内向投射与**主动的**内向投射区分开来：在对心理症患者的治疗中出现的**移转作用**（transference）现象，或者更广泛地看，那些客体对主体有着一种无限吸引力的情形都属于前者；然而作为一种适应过程的“移情”则应属于后者。

○内　向

内向（introversion）意味着**欲力**（参阅该条）的内向发展，它表现了一种主体对客体的否定性联系。主体的兴趣不是客体方面运动，而是退回到主体。每一个持内向态度的人都按照下面的方式思考、感觉和行动，这种方式就是：清楚地展示出主体是动机形成的主要因素，而客体则至多不过获得了次要的价值。内向可能具有更多的理智特征或情绪特征，就像它能被直觉或感觉所描绘一样。当主体面对客体而**意欲达到**某种孤立状况时，内向便是**主动的**；而当主体不能再次把从客体流回的欲力驱回到客体时，它就是**被动**的了。内向心理一经养成习惯，此人就可以说是一个**内向类型**（参见类型条）。

○情 感

我们把情感（feeling）归于四大基本心理功能之一。我们不赞同那些把情感视为一种信赖于“观念作用”或感觉的衍生现象的心理学派，而与霍夫丁（Hoffding）、冯特（Wundt）、莱曼（Lehmann）、库尔佩（Külpe）、鲍德文（Baldwin）及其他心理学家相一致，我们把情感视为自成一类的独立心理功能。

情感主要是发生在自我与某一特定内容之间的一种过程，是在接纳或拒斥（如“喜欢”或“反感”）意义上给某一内容以特定的**价值**的过程；但是，它也可能会以“情绪’的形式孤立地出现，与一时片刻的意识内容或感觉都无涉。情绪可能会与先前的意识内容有着因果关系，尽管并不必然如此，因为，正如心理病理学所大量证明的那样，情感同样会产生于潜意识内容。但是，即使连情绪——无论它是情感的全部或只是部分——都蕴涵了一种评价，不过这并不是对特定的、个别的意识内容的评价，那么对当下片刻的整个意识情境的评价，同样特别涉及到接纳或拒斥的问题。

因此，情绪完全是一种**主观**过程，它可能于每一方面都独立于外在刺激，尽管它与每一种感觉都保持一致。即使是一种“无动于衷的”感觉也具有一种情感的音调，亦即冷漠，它表现了某种评价。因而，情感是一种**判断**，不过，不同于理智判断的是，它的目的并不在于建立一种概念上的关系，而只是涉及到接受或拒绝的主观判准的设立。情感的判断扩及意识的所有内容，不论什么种类都有。当情感的强度增大时，**感情**（参见该条）就产生了，后者是一种伴随明显的身体神经刺激的情感状态。情感与感情的区别之处在于，它并未产生可知觉到的身体上的神经刺激，或者说它所产生的神经刺激约略只相当于一般思维过程的那种程度。

一般“简单的”情感是**具体的**（concrete；参见该条），即它与其他的功能要素相混合，特别是与感觉混合。在这种状况下，我们可以把它称之为**感情的**（affective），或（像本书所说的那样）称为**情感—感觉的**（feeling–sensation），后者意指一种几乎难以分离的情感与感觉的融合。这种典型的融合普遍地出现在情感仍是一种未分化的功能的状态中，而且最明显的便是出现在具有已分化的思维的心理症患者的心理中。虽然情感本身是一种独立的功能，但是它也可能陷入依赖其他功能的状况，例如依赖思维；由此，情感便纯粹成为思维的附随物，惟有顺应于思维的过程，它才不会受到意识的抑制。

把**抽象**的情感与普通的具体情感区分开来是极为重要的。因为，正像抽象的概念（参见“思维”条）取消了它所领会的事物的差异一样，抽象的情感也是如此，它超越了它所要评价的个别内容的差异，产生出一种涵容而又泯除个别评价差异的“情绪”或情感状态。正像思维把意识内容置诸概念之下一样，情感则根据意识内容的价值处置它们。情感愈是具体，它所赋予的价值就愈主观；而情感愈是抽象，它所赋予的价值就愈普遍与客观。正像一个完全的抽象概念不再与事物的个性和特性相一致，而只是显露事物的共性和普遍性一样，完全的抽象情感也是如此，它不再与直接的个体和它的情感性质相一致，而仅仅与所有个体的整体性和它们的普遍性相一致。既然像经验所表明的，一般的价值是根据理性规律而提供的，正如一般的概念是根据理性所形成的一样，情感也是一种**理性的**功能。

自然，情感的本质并不具有上述定义的特性：因为它们只能用于表达它的外部表现形式。既然思维属于远不能与情感相比的范畴，理智的概念含量就证明，想要用抽象的术语来使真正的情感本质概念化是无能为力的。实际上，没有任何基本心理功能能完全由另一套基本心理功能来表达。由于这种状况才出现了这一事实：即没有任何理智的定义能照任何适切的尺度表达情感的特殊本质。仅仅把情感进行分门别类这样简单的做法，丝毫无助于把握它们的本质，因为甚至最精确的分类也只能产生那种与情感似乎有联系的理智所可掌握的内容，而不能由此把握情感的特殊本质。因此，无论有多少种可被理智理解的内容的分类，都无关紧要，情感的分类甚至是无法穷尽的，因为除了易于被理智所接受的每一种可能的内容层次外，还存在着根本就无法进行理智分类的情感。这种分类的想法实质上是理智的，因为无法与情感的本质相比较。因此，我们必须满足于我们限定概念界限的思想意图。

情感评价的本质与理智统觉相比较，是作为一种价值的统觉；**主动的**与**被动的**统觉在情感中可被区分开来。被动的情感听任自己被一种特定的内容吸引或激发，这种内容迫使主体的情感加入其中。主动的情感就主体是价值的转变，它是一种依据情感而不是依据理智的意向性的评价。因此，主动的情感是一种**定向**的功能，一种**意志**的行为，就像是爱与被爱的对立一样。被爱则是一种**未定向的**和被动的情感，前者是一种活动，后者是一种被动的状况。未定向的情感是一种**情感—直觉**。因此，严格说来，只有主动的和定向的情感能称之为理性的，被动的情感则是非**理性的**，因为它在给予价值时并无主体的参与，有时甚至与主体的意向相冲突。

当个体的全部态度的功能所定向时，我们将这类人称之为**情感型**的人（参见“类型”条）。

○潜意识

潜意识（unconscious）概念对我们来说**纯粹是一个心理学概念**，而不是形而上学意义上的哲学范畴。根据我们的观点，潜意识是一个心理学的分界概念，它包括所有非意识的，亦即**与自我之间不存在任何可知觉联系**的心理内容或过程。我们有充分的理由证明潜意识过程的存在，这种理由纯粹而惟一地来自经验，而且尤其来自于心理病理学的经验，在那里，我们自然有确凿的证据，例如，在歇斯底里健忘症（hysterical amnesia）病例中，自我对广泛的心理情结的存在毫无所知，然而在另一时刻，一个简单的催眠步骤就足够使遗忘的内容完全再现出来。

从这种数以千计的经验中，我们有足够的理由证实潜意识心理内容的存在。至于潜意识内容在未与意识有所连接的情况下，其实存状态怎样，是一个超出一切认识可能的问题。所以，贸然地对它进行猜测完全是无意义的。那些将潜意识状态扣连到脑髓作用和生理路程的猜测实际上纯属幻想。要详细说明潜意识的范围，即潜意识包含些什么内容，这也是完全不可能的。只有经验能够决定这些问题。我们凭着经验知道，意识内容能够透过它们能量价值的丧失变成潜意识。这是一个常见的“忘却”过程。我们偶尔从经验中可得知，这些内容并不会简单地丧失在意识的阃限之下，有时在适当的条件下，它们也能在沉潜数十年之后重新浮现出来。例如，在梦中，或以潜在记忆（crypamnesia）的形式处于催眠状态，或者透过对忘却内容的自由联想得到复苏。

而且，经验告诉我们，意识内容可能透过“有意的忘记”而沉入意识阃限之下——弗洛伊德把这叫做痛苦内容的**压抑**——但其能量价值**附层**没有太大的折损。类似的效果由人格分裂意识崩溃所产生，这乃是激烈的感情或神经震惊的结果，或透过精神分裂中人格的解体所产生出来的（布留尔）。

同样，我们从经验中知道，有些知觉因为它们的强度轻微或因为注意的偏离而不能获得意识的统觉，但仍然可以透过潜意识统觉变为心理内容，例如催眠术就可以再次证实这一点。对于某些由于其能量太小，或由于注意力的偏离而仍然遗留在潜意识中的判断或其他的联想来说，同样的情形也会发生。最后，经验还告诉我们，存在着潜意识的心理联想——例如神话意象——这绝不是意识的对象，因而必定全部从潜意识中产生出来。

这样看来，经验为我们关于潜意识内容存在的假设提供了一个支点，但它不可能告诉我们潜意识内容是什么。对此做揣测可说是浪费时间。因为全部潜意识内容可能是什么，简直还是一个谜。阈下知觉的最低限度是什么？潜意识的联想在广度和深度上有什么测量方式？遗忘的内容何时被完全消除？这些问题都还有待于回答。

然而，迄今为止，我们对于潜意识内容性质的经验只允许我们对它们作某种一般的分类。我们能区分个人潜意识，它囊括了存在的所有收获——如被遗忘的、被抑制的、下意识领悟的、想到的和感受到的一切。除了这些个人潜意识内容外，还存在另一种潜意识内容，它不是源于个人获得物，而是源于代代相袭的一般心理功能的潜能，源于遗传的大脑结构。这就是神话联想——即那些不需要历史传统或移植就可能重新萌发于任何时代和国土上的动机和意象。我们把这些内容叫做**集体潜意识**。正像意识内容忙于一定活动一样，潜意识内容——经验这样告诉我们——也是同样的活跃。正像意识心理活动产生某种结果或产品一样，潜意识活动也有产品，如梦和幻想。要推测意识中含有多少梦的成分是徒劳的。梦出现在我们脑中：我们无法有意地产生它。它的意识再造它，或者甚至对于它的知觉，都肯定会给以极大的改变，然而，却没有改变产生活动的潜意识根源这一基本事实。

我们把潜意识过程与意识的功能联系叫做**补偿**（参见该条），因为经验表明，潜意识过程使阈下材料上升到意识状况群集的表面——因而所有在意识状况的图景中不可缺少的内容都推到了表面，如果一切是意识的话。潜意识的补偿性功能越是变得明显，意识态度就越是维持着一种片面的观点，这在病理学领域里是被大量的病例所一再证实了的。

○认同作用

这一概念意指一种心理过程，在此过程中，人格或是部分或是整个地同它自身**异化**（参见“同化”条）。认同作用（identification）是主体倾向于客体而与自身的一种疏远，主体在此可说是在假扮（disguised）。例如：对父亲的认同作用实际上意味着采用了父亲的姿态与方式，宛如儿子像父亲一样，而非一个分立的个体。**认同作用**不同于模仿，认同作用是一种**潜意识**的模仿，而模仿则是一种有意的复制。模仿对于青年人人格的发展是一种必不可少的助力。只要它不纯粹是作为一种顺应的方式并因此而妨碍了恰当的个体方式的发展，它便是有益处的。同样，只要个体的方式仍未成熟，认同作用也是有益的。但是一旦个体的可能性已较为成熟地出现，认同作用就显示出它的病态特征，正像它过去不知不觉地支助和有益于个体一样，它现在则变成极大的障碍了。此时，它具有一种裂离性（dissociative）的效用，把主体分裂为两个彼此乖离的人格。

认同作用并不总是涉及到人，而且也涉及到事物（例如某种运动、一项职务等等），以及心理功能。对心理功能的认同作用尤为重要。在这种状况下，认同作用导致次生性格的形成，由此，个体与他发展最佳的功能完全同一起来，以致他极大地或全部地摆脱了他原生的性格，使他的真正个性进入了潜意识中。对于具有一样已高度分化之功能的人来说，这种状况几乎已经成为定律。事实上，在个性化(indviduation)的道路上，它是一个必然的过渡阶段。

在认同作用与一种先天的**同家族的同一性**（familial identity）相一致的范围内，对双亲或家庭最亲近的成员的认同作用是正常现象。在这种情形下，称之为认同作用并不贴切，称之为同一则较贴切，较符合事实。对家人的自居和同一的差异在于，前者并非天生的，而是次生的现象，是经过下列过程才产生的：当个体的发展超出了原先和家人的同一性，他的适应和发展过程使他产生了一种他不能轻易克服的障碍；因此，力比多的积阻出现了，它要寻找一个退行的出路。这种退行使早年的状况又告复活，其中包括与家人的同一性。对家庭成员的认同作用正对应于这种原先几乎已被克服的同一性而退行复活。所有对人的认同作用都以这种方式出现。认同作用总有一个目的，即获得一种利益，撇开障碍，或用效法于另一个体的方式来完成一项任务。

○神秘参与

这个概念导源于列维—布留尔。它表示一种同客体的特殊的心理联系方式，在那里，主体不能清楚地把自己同客体区分开来，他透过那种近乎与客体部分同一的直接关系与客体紧紧地联系在一起。这种同一是源自于主客体先然的合一。

“神秘参与”（participation mystique）是这种原初状况的残留物。它并不适用于全部的主—客体关系，而只适用于某些情形，其中有这一特殊关系的现象出现。当然，这是一种在原初人当中最容易观察到的现象；在文明人那里也并不少见，尽管范围或强度有所不同。在文明人中，它通常发生在人与人之间——极少发生在人与物之间。在前一种状况中，它是所谓的移转作用（transference）的关系，其中对象（一般而论）获得了一种魔力，即一种对主体的无限影响。在后一种情形下，它的影响是同样强大的，只不过其对象是物罢了，要不然就是一种对物或物的概念的认同作用（identification）。

○统　觉

统觉（apperception）是一种心理过程，一种新内容常透过这一过程与既存的类似内容而被理解、领悟或厘清而相联结。我们对**主动的和被动**的统觉做了区分，前者是这样的过程，即主体自发地从他自身的动机出发，有意识地和专注地领悟一种新内容，并且使它与另一种早就储备好的内容同化起来；后者的过程则是：一种来自外部（透过感觉）或来自内部（从潜意识中）的新内容闯进了意识，并且强制获得注意和理解。在前一种状况中，活动的重点在于自我方面；而在后一种情形下，活动的重点则在自行闯入的新内容方面。

○同　化

同化（assimilation）是把一种新的意识内容吸收和归入

已经准备好或者说集聚好了的主观材料，在此过程中，新的内容和准备好了的主观材料之间的相似性受到了特别的强调，这种强调甚至使新内容独立的性质受到了损害。从根本上看，同化是一种统觉过程（参阅“统觉”条），不过由于它具有这种对主观材料做调整的因素而不同于纯粹的统觉。正是在这个意义上，冯特说：

> 这种观念建立的方式（即同化），最明显不过地表现在这样的状况：即（主动）同化的要素经由再造(reproduction)，被同化的要素经由直接的感觉印象而出现时。因为此时记忆意象的成分被投射到外在客体，以致（特别是当再现的要素和客体之间有实质的差异时）完成的感觉印象会显得好像是幻象，对我们隐匿了事物的真实本质。

我们则是在较为广泛的意义上使用同化的概念，即当做一般性的客体对主体所做的调整，我们用它来与异化(dissimilation）相对照，异化表示主体对客体做调整，以致主体为了迎合客体而同他自身疏远，无论是迎合外在客体还是诸如观念等的“心理的”或内在的客体。

○态　度

相对而言，这一概念是心理学新近才获得的。它起源于穆勒（G. E. Muller）和舒曼（F. Schumann)，库尔普（Kulpe）

把态度（attitude）界定为感觉中枢或运动中枢对一种特殊刺激或持久冲动的反应性向，相反地，艾宾霍斯（Ebbinghaus）则在更广泛的意义上把它理解为一种训练的结果，他把习惯的因素引进了偏离惯常的个别行动之中。我们对这些概念的使用来自艾宾霍斯的态度的概念。在我们看来，**态度**（attitude）是遵循某个方向行动或反应的心理就绪状态。确实，对复杂心理现象的心理学来说，这一概念是十分重要的，因为它表达出以下的特殊事实：在某一特定时刻产生强烈影响的刺激，在另一时刻它们的影响却是微弱的或者完全不存在的。具有某种态度就意味着对某一特定的事物做好了准备，即使这一特定的事物是潜意识的也是如此，因为具有一种态度就等于有了一个朝向某一确定的事物的预期方向，而不管这一方向是否能被意识到。我们认为态度是一种准备就绪的状态，它总是存在于某种主观的心理丛，某种确定的心理因素或心理内容的组合之中。这些心理组合既可以决定按这一确定方面还是按那一确定方向行动，又可以决定以这种确定方式还以那种确定方式掌握外部的刺激。积极**统觉**（参阅该条）不可能没有态度。态度总是具有一个客观对象；这个对象既可是意识的又可是潜意识的，因为在统觉一种新内容的行为中，那种已准备好的内容组合体总是不断地强调那些显然属于主观内容的品质和动机。因此，选择或判断的出现就在于排除不相干的东西。至于什么是相干的，什么是不相干的，则由已经定向的内容组合体或心理丛来决定。无论态度的对象是意识的还是潜意识的，对它的选择效应来说是无关紧要的，因为这种选择已经由态度先天的设定了，因而一切都自动地尾随而至了。不过，把意识和潜意识区别开来是有意义的，因为两种态度的出现极为频繁，其一是意识态度，另一就是潜意识态度。这等于是说意识具有一种区别于潜意识的内容的完备状态。这种态度的二重性在心理症中尤其显得突出。

在态度概念和冯特的统觉概念之间存在着某种血缘关系，尽管它们带有这种差异：即统觉的概念包含把已经完备的内容同被感觉的新内容连接起来的过程，而态度的概念则惟一地与完备的主观内容相联系。可以这样说，统觉是一座桥梁，它把已经存在的完备的内容与新内容连接起来，在某种意义上，态度是桥梁与一边河岸接壤处的终端桥墩或桥座，新内容则代表河对岸的桥墩。态度象征着一种**期望**，而这种期望总是有选择性地起作用——它指明方向。在意识领域内，一种强烈色调的内容的出现形成（有时是同其他内容一道）某种与一确定态度同一的心理丛，因为这种意识态度有利于知觉和统觉一切类似物，抑制知觉和统觉一切不同物，它创造了一种与此相应的态度。这种自动的现象是造成意识倾向片面性的根本原因。如果在精神上没有自我调节、没有**补偿性**（参阅该条）功能来矫正意识态度的话，就将导致心理平衡完全丧失。因此在这种意义上，态度的双重性是一种正常现象，它仅仅在意识的片面性变得过分时才扮演一个干扰的角色。

○同　一

我们使用**同一**（identity）一词来意指一种心理上的一致。同一总是一种潜意识的现象，因为一种有意识的一致必然涵涉两种不同东西的意识，而这就已经预设了主体与客体之间的分离，由此，同一的现象就消解了。心理的同一以其无意觉性为先决条件。它乃是原初精神的特征，是“神秘参与”的真正基础，实际上，它只是原初的主体与客体未分化状态的心理遗迹，因此是一种原初的潜意识状态。它也是较早的婴儿期的精神状况特征。最后，在成年的文明人那里，它也是潜意识内容的特征，由于没有转化为意识的内容，因而永久地保持与客体同一的状况。与双亲的同一继续发展为对双亲的**认同作用**（参阅该条）。同样，**投射与内向投射**（参阅该条）的可能性也依赖于同一。

同一基本上是与客体潜意识中的一致性。它并非一种**等同**（equation），而是一种未能成为意识对象的先然相似（a priori likeness）。同一的存在为以下这些天真的假设提供了基础，即一个人的心理与另一个人的心理是相同的，同样的动机是普遍有效的，我们所赞成的东西也显然为他人所喜爱，我们所认为邪恶的东西他人也必认为邪恶等等。同一的这种状况也肇生了一种几乎是人皆有之的想纠正他人的欲望，纠正那些其实不是他人而是自己最有待改进之处。同一也构成暗示感受性及心理感染的基础。在病理学病例中，同一表现得格外明显，例如偏执妄想狂有关“感应”和迫害的妄想中，病患的主观内容被他理所当然地认定为别人也正是这么认定的。然而，同一也使有意识的集体性和社会性的态度成为可能，这在兄弟之爱的基督教理想中找到了它们最崇高的表现。

○投　射

投射（projection）意味着主观过程进入客体。它与内向投射（参见该条）相对。因此，投射是一种异化的过程，在这里，主观内容同主体疏离，可以说被收编到客体去了。主体有时借助于投射而使自己摆脱这些痛苦和不合的内容，有时投射的则是一些正面的价值，这些价值由于某些原因——例如自卑——是主体所无法达到的。投射建立在主体与客体原初同一（参照该条）的基础上，但是，只有当消解与客体同一的需求已出现时，使用投射这个名称才是妥当的。当同一变成一种扰乱的因素，亦即当投射内容的欠缺使适应过程遭到了极大的妨碍，以致主体感到撤回投射内容已成当务之急时，这种需求就出现了。从此，先前的部分同一取得投射的特征。投射这个名词因而意指一种能被注意到，能成为批判对象的同一状态，无论这种批评是主体的自我批评，还是对别人的客观批评。

我们可以区分**消极投射**与**积极投射**。前者是每一种病态和许多正常投射的惯常形式，它无目的地产生，纯粹自动地出现。后者是“移情”行为的一种基本的构成成分。从总体上看，**移情**（参见该条）是内向投射的过程，因为它致力于把客体引入同主体的密切关系之中。为了建立这种关系，主体把一种内容（例如一种情感）从他自身分离出来；随后他又把这一内容转让给客体，因此而赋予客体生气，这样他就把客体与主观的范畴联系起来了。

不过，投射的积极形式也是一种着眼于分离主客体的判断行为。在这种情况中，主观判断作为一种有效陈述从主体中分离出来，并且被移入客体；由此，主体把自己与客体区分开来了。因此，投射是一种内向过程，因为与内向投射相反，它不导致联结和同化，而是导向主体与客体的异化和分离。因而它在偏执妄想狂患者身上扮演最主要的角色，这种情况往往以主体陷入完全的孤立而告终。

○外　向

外向（extraversion）意指**欲力**（参阅该条）的外向转移。我们用这个概念来表示主体对客体的一种明显的联系，一种主观兴趣明确朝向客体的运动。在外向状况中，每个人在进行思考、感受与行动时，都与客体密切相关，并且其方式是直接和显而易见的，因而毫无疑问，存在着他对于客体的明确的依附性。所以在这个意义上，外向是一种从主体到客体的兴趣向外的转移。如果是一种思维的外向，那么主体自己便入乎客体之内来运思；如果是一种情感的外向，那么便将自己移情感入客体。外向的状态意指客体就算不是惟一的决定因素，至少也具有强大的决定作用。若外向是有意的，就是主动的外向。若是客体促使他如此做，就是一种被动的外向，即客体主动地吸引主体的兴趣，甚至吸引与其意志相反的兴趣。外向的状态一旦形成习惯，外向型（参见“类型”条）就出现了。

○意　识

我们所谓意识，是指心理内容与**自我**（参阅该条）之间的一种关系，这种关系在自我的知觉中是意识性的。至于与自我的关系中不是知觉的部分，则是潜意识的（参阅该条）。意识是维持心理内容与自我之间的关系的功能或活动。意识并不等同于心理（psyche），因为在荣格看来，心理代表了所有心理内容的总和，它们并不必然完全直接地扣连于自我，或者说采取一种意识性的方式与自我发生关联。这里存在着多种心理情结，但并非所有的都必然与自我相扣连。

○移　情

移情（feeling-into）是种客体进入自我的**内向投射**（参见该条）。关于移情概念较充分的描述，请参见“投射”条。

○欲　力

在我们看来，这个概念与**心理能量**同义。心理能量是心理过程的**强度**，是它的**心理价值**。我们这样说并不是指一种价值的外予，不论道德上的、审美上的或是理智上的价值；心理价值乃是本已隐含在其**决定性**的权力中，而这种权力是在特定的心理作用中显示出来的。我们也从未把欲力（libido）理解为一种心理力量（force），而许多批评家正是因为这种误解才步入歧途。我们并未将能量的概念实体化，而只是用它来表示一种强度或价值。至于是否存在一种特定的心理力量的问题，则与欲力的概念完全无关。

○意　志

我们把意志（will）看做可以由意识自由使用的心理能量的总和。按照这个概念，意志是一个意识动机释放的能量的过程。所以，我们没有把潜意识动机形成的心理过程包括在意志的概念里，意志是一种缘于文化和道德教育而存在的心理现象，因此，在原初心灵中往往缺乏意志。

○自　我

自我（ego），我们把它理解为一种构成自我的意识领域中心与呈现出具有极高的连续性与同一性的观念情结。因此我们也称之为**自我情结**（ego-complex）。

只要一种心理因素与自我情结相关联，它对我们来讲就有意识的，所以，自我情结既是一种意识的条件，同时也是一意识内容。但是，由于自我只是我们的意识领域的中心部分，它不能与我们心理的总和相等同，而只是其他许多情结中的一种情结。因此我们把自我（ego）与自身（self）两者做了区分，因为自我只是我们的意识的主体，而自身则是整个心理的主体，因而它也包括潜意识心理。在这个意义上，自身将是一种包含与包括自我的（理想的）要素。在潜意识幻想中，自身常显现为一种出众的或理想的人格，显现为歌德的浮士德，尼采的查拉图斯特拉（Zarathustra）。为了理想化的缘故，自身的古代特征被表现为与“高层次的”自我分离的存在，表现为歌德的靡菲斯特或斯比特勒的埃庇米修斯。在基督教心理中，这种分离极端化为基督与魔鬼或反基督（anti-Christ）的形象；而在尼采那里，查拉图斯特拉则从“最丑陋的人”身上发现了自己的阴影。

○主观平面

当我们说到就主观平面（the subjective plane）来解释一个梦或一个幻想时，我们意指这些梦或幻想中出现的人物和情境，所涉及的是纯属主体自己心理的主观因素。众所周知，我们心理中客体的意象绝不完全等同于实际的客体，它们至多不过是相似的。这些意象是透过知觉以及统觉所引起，后者乃是心理所固有的过程，客体只不过是刺激它们活动而已。经验显示，我们感觉的见证在很大程度上与客体的性质相一致，但是我们的统觉则易受难以预测的主观影响所制约。这使得对客体的正确认识变得极其困难。并且，人类性格中这种复杂的心理因素，使纯粹的知觉仅仅占据一块非常狭小的领地。对人类性格的认识还需要“移情”、反思和直觉。由这些复杂因素产生的最后判断总是具有非常可疑的价值；所以，在很大程度上，我们对于人物对象所形成的意象必然受到主观条件的限制。因此，在实用心理学领域里，我们最好能将一个人的意象或**成像**（imago）和这个人的现实存在严格区分开来。通常，成像由于具有极端主观性的根源，使其与其说是客体的意象，不如说是主观功能情结的意象。

因此，在对潜意识产物的分析治疗中，最基本的是不要立刻假定成像与客体一致，较为明智的做法则是把它看做是一种同客体的主观关系的意象。这也正是所谓主观平面的解释的意义。

对潜意识产物进行主观平面的解释，可揭示主观判断及趋势的存在，而客体变成这些判断和趋势的承载者。所以，当客体成像出现在潜意识产物中时，它不见得与现实的客体本身有明确的关系，但是却极可能与主观功能情结有关（参见“灵魂意象”条）。

主观平面的解释不仅有助于我们采取一种比较宽广的心理视野来解析梦幻，同时也有助于我们以宽广的心理视野来对文学著作进行解析，于是作品中个别的角色便表现为作者心理中相对自主的诸功能情结的代表。

三、个性的完善

考察荣格的理论，我们会发现他是一位喜欢强调无意识，特别是强调集体无意识的非理性心理学家。但这并不表明他不重视意识，恰恰相反，在荣格看来，心理健康的标准就是在意识的指导下，使意识心灵和无意识内容融洽为一体的过程。荣格将这一过程称为“个性化”或“自性实现”。他认为，只有达到个性化的人才是最健康的人，才是一个具有充分化了的平衡和统一人格的人。

事实上，荣格的一生都在努力调适着自身的内在矛盾。童年时期，他既感觉到自己的笨拙，又认为自己具有相当的智慧；学生时代，他竭力要找能使自己主观的世界观与客观的科学观相协调的途径；青年时期，他又在精神病患者身上看到了同样问题，即病人需要他们幻想出来的神话，也需要与外部世界保持联系。后来，荣格在研究中发现了“内向”和“外向”，这使他明白一个道理：在个性形成过程中没有绝对的一面，而应采取一种居间的立场。只有这样，人格才会保持一种平衡状态。

正如阅读过荣格自传的人都熟知的，荣格经历过一次精神危机，并在第一次世界大战结束时解脱出来。这之后，他获得了对于命运及其结局的一种最为坦然的理解，开始用素描或油画画下自己的幻想。静下心来，他发现自己所画的图形与东方人在宗教沉思时所采用的曼陀罗图形极为相似。他认为这象征着自己的心灵已达到了一种新的平衡，也正是这一平衡使那些一直割裂着他心灵的对立力量实现了某种协调。从自己走向新整合的历程中，他找到了个性化形成和完善的过程。他认为这是自己分析心理学的核心内容之一。

1. 早期人格开发

对于“早期人格开发”——儿童的心路历程和心理问题的研究，荣格博士并没有形成为一部专著，但却写过许多这方面的文章。在这里，我们将荣格的研究成果编译为下面这些内容。

（1）儿童心理冲突

有一个健康活泼、聪明伶俐而又感情细腻的小女孩，她三岁时，活跃而又有条理的好奇心便在她幼小的心灵中苏醒了。她开始提出一些问题，并编织各种充满希望的幻想。

这个叫安娜的小女孩三岁时，和她祖母有过下面这样的一段对话：

“奶奶，你的眼睛为什么这么暗呢？”

“因为我老了呀！”

“你还会变得年轻吗？”

“哦，亲爱的，不会啦！我会变得越来越老，最后就死了。”

“死了以后呢？”

“我就会变成天使。”

“然后你又会变成小孩子，是吗？”

在此，这孩子很巧妙地使一个问题得到了暂时解决。因为曾经有过一段时间，她一直都在问母亲，她能否得到一个真正活着的洋娃娃——一个小弟弟。这自然就引出小孩是从哪里来的这个问题。当这种问题被无意地自然问及时，父母并没有在意，他们作出的反应似乎就像这孩子提出问题那样轻描淡写。因而，有一天她从妈妈那里听到一个鹳鸟将婴儿带到世上来的美妙故事，从别人那里也听到过一种更正式的说法，说小孩原先是住在天堂里的天使，后来由这些鹳鸟带到人间来了。从这些故事出发，这个小家伙便开始了其寻根究底的活动。从她与祖母的谈话中可以看出，这种说法是广泛适用的。因为它不仅巧妙地避开有关死亡这种痛苦的想法，而且同时也解开了小孩从哪里来的谜语。安娜似乎对自己说：“人死后就变成天使，然后又变成了小孩。”这种一箭双雕的解决办法，即使在科学中也曾被顽固地坚持过。如果没有某种程度的震动，它在孩子心中是不会消失的。在这种简单的想法中，包含着再生理论的种子，而这种理论就我们所知，在今天仍有上百万的人们相信着。

值得关注的是，在本案例中，小弟弟的诞生则成为安娜人生经历中的转折点。这时，安娜已满四岁，迄今几乎尚未论及的关于小孩是从哪儿来的，现在又成了话题。母亲的怀孕显然是没有引起注意，也就是说，安娜从未对此进行过观察。临产之夜，阵痛才刚开始，父亲把女儿带到自己房里，把她放在膝盖上说：“告诉爸爸，如果今晚你有个小弟弟，你怎么办？” “我要杀了他。”她马上说。“杀”这种表达似乎令人惊讶，但事实上却是非常无害的。因为“杀”和“死”像弗洛伊德曾经多次指出过的那样，在儿童语言中，不管是主动还是被动，都仅仅表示“除掉”之意。我们曾治疗过一个十五岁的女孩，她在分析中出现反复的联想，老是想着席勒的《钟歌》。她从没认真读过这首诗，只是浏览过一次，仅仅记得有关教堂的塔楼部分，回忆不起更多的细节，这段诗是：

从教堂里，
传来一阵
送葬的钟声，
凄凉而低沉。
肃穆的钟声送走每一位旅人
结束他的最后旅程……

唉！这是那位可爱的妻子，
唉！这是那位忠诚的母亲，
是黑心的冥国统治者
逼她离开丈夫的胸怀……

她自然是很爱母亲的，丝毫没有想到过她的死。但是，现在的情况却是这样：她得和母亲出去五个星期，与亲戚们待在一起。去年是母亲独自出去的，女儿（被宠坏了的独生女）则留下来和父亲作伴。遗憾的是，今年从爱人怀里抢走的是“娇小的妻子”，而女儿却情愿是忠诚的母亲被从孩子身边分开。

因此，在儿童口头上，“杀”是一种完全无害的表达。特别是当我们知道安娜是非常混杂地用它来表示各种可能的破坏、消灭、毁灭时，就更是这样了。

分娩发生在凌晨。当分娩的一切痕迹连同血迹都清理掉后，父亲来到安娜正在睡觉的房间。他一进来，安娜就醒了。当父亲告诉她小弟弟到来的消息时，安娜既惊异又紧张。父亲将她抱到卧室里，安娜朝倦容满面的母亲飞快地扫了一眼，显得既尴尬又怀疑，似乎在想：“现在会发生什么事呢？”看到新来的弟弟，她没有流露出任何高兴的迹象。她表现的冷淡使得大家都很失望。接下来的整个上午，她明显地避开母亲，而平时她总是吊在母亲脖子上的，这就更加引人注目了。可是，当母亲独自一人时，她跑进屋里，用双手围着母亲的脖子，急切地悄声问道：“你现在会死吗？”

孩子心中某些冲突的东西现在暴露了出来。鹳鸟的故事显然被理解错了，而对再生假设的理解则无疑是正确的。根据这种假设，一个人是通过死亡来帮助婴儿出生的。因此，母亲就该死去。既然如此，安娜为什么应该为这个新来者感到高兴呢？况且她已开始孩子气地嫉妒起这个新来者了。所以，她只好找一个恰当的机会来确证妈妈会不会死去。妈妈并没有死，而这种愉快的结果却使再生理论受到严重的冲击。那么，对小弟弟的出生和孩子从哪里来的这两个问题又将如何解释呢？最后，还剩下鹳鸟一说。以前，尽管这种说法从未被明显放弃过，但在不知不觉中已被再生假设所代替。遗憾的是，由于孩子要去和祖母待上几周，另外的解释父母便不得而知了。然而从父母的报告中可以看出，鹳鸟一说则被更多地提到，当然就有一种默契来支持这一说法了。

当安娜回到家，再见到母亲时，她又一次表露出对弟弟出生后的那种既尴尬又怀疑的表情。这种表情虽然难以解释，但父母却对它极为明了。她对婴儿表现得十分友好。这时，来了一个保姆，最初，她的装束给了安娜很深的印象——一种极其不好的印象，因而安娜在所有的事情上都向她表示出敌意。到了晚上，无论保姆怎样哄都无法使安娜脱衣睡觉。这种抵触的原因在一次激烈的争吵中很快就被弄清楚了，安娜站在弟弟床边，向保姆吼道："他不是你的弟弟，他是我的。"但最后她与保姆和解了，并自己扮演起保姆的角色来。她戴着白帽子，围着围裙，轮流地照看着小弟弟和洋娃娃。但同以前相比，她的情绪现在明显地显得悲哀，而且心不在焉。她经常长时间地缩在桌下，独自哼着一些令人似懂非懂的长故事和童谣，但大都是一些与保姆主题有关的、充满希望的幻想之类的东西，如"我是一个戴有绿色十字架的保姆"等，其中夹杂着各种难以抑制的痛苦的情感。

在此，我们发现了小家伙生活中一个非常重要的特征：

幻想、诗意的初次激发以及被悲哀笼罩着的情绪。所有这些东西通常只是在生活的稍后阶段才会出现，也就是当少男少女准备摆脱家庭的束缚、作为独立的人走向生活，然而内心却为一种思念家乡、留恋家庭温暖的痛苦感情所阻碍时才会出现。在这期间，他们开始编织一些充满诗意的梦想来补偿他们所缺少的东西。乍看，一个四岁的孩子与处于青春期的少男少女的心理如此接近似乎很荒谬，但这种相似却不是在于年龄，而是在于生理机制。这种哀伤的幻想表明了这样一个事实：即以前属于并应属于某个真实客体的那部分爱，现在却转向了主体内部，并在那里引起一种不断增强的幻想活动。这种转移来自何处呢？它是这一时期的特殊心理表现，还是由一种心理冲突引起的呢？

对于这一点，下面的插曲对我们很有启发。安娜越来越经常地不听妈妈的话了，她傲慢地说："我要回奶奶那儿去！"

"你去了我会难过的。"

"是吗？你不是有小弟弟吗？"

母亲作出的反应表明了这孩子威胁要再次走开的意义，她显然想知道妈妈对她的提议会说些什么，妈妈总的态度是什么，小弟弟是否已经完全挤掉了母亲对她的疼爱。我们绝不可将这种小计谋当真，因为尽管有小弟弟的存在，可这孩子完全能够看出并感觉到自己并没有失去多少母爱。由此她对母亲的不明不白的责备就是不公正的。而且只要稍加注意，就可以从语调上听出来这是假装的。即使是成人，我们也常常听到用这种语调说话。这种显而易见的语调并不需要认真对待，也不必非得接受。因此，母亲不应将它放在心上。因为它只不过是别的事情的前兆，不过这次的抵抗更严重罢了。在这次谈话后不久，又发生了这样一件事。

母亲说："来，我们去花园那儿。"

安娜却答道："你是说着玩的，你并不真想带我去。"

母亲："你怎么这样想呢？我说的当然是实话。"

安娜："不是的，你在说谎。"

母亲："你马上就会知道我是不是在说谎，我们现在就去花园。"

安娜："真的吗？你肯定说的是真话吗？你没撒谎吧？"

类似的情形重复过多次，但这次的语调显得更激烈，更固执，并且"说谎"二字的语调流露出一种为父母所不理解的特殊东西。起初，父母的确没有怎么在意这孩子答话中的语调，在这点上，他们和正规教育没有两样。我们往往不注意听儿童在各个发育阶段的说话，在所有重要事情上，我们只当做他们是精神不正常，而在小事情上，他们则被训练成完美的机械人。在抵触情绪后面，总是存在着问题和冲突，而这种问题和冲突，我们在其他时间和场合下已经听得够多了，但通常我们却不记得将所听到的东西与这种抵触联系起来。因而有一天，安娜提出了一些使母亲大为惊讶的问题：

"我长大了要当保姆。"

"我小时候也想当保姆呢。"

"那你为什么没当呢？"

"哦，因为我后来做了妈妈，我有了自己的孩子要照顾。"

安娜（很有思想地）：“我长大后会和你不同吗？我会到别处去生活吗？我还能与你聊天吗？”

母亲的回答又一次表明了孩子试图把话题引向哪里。安娜显然是想要像保姆那样照看孩子，而保姆从哪里得到孩子，这是十分清楚的，并且安娜长大后也能以同样的方式得到一个孩子。那么，为什么母亲不是这样的保姆呢？也就是说，如果她不是像保姆那样得到孩子，她又是怎样得到孩子的呢？安娜可以像保姆那样得到孩子，但将来一切会发生怎样的变化，或者说，她将怎样像母亲那样得到孩子等问题，她都难以弄明白。于是，便提出了“我长大后会和你不同吗”这个令人深思的问题。我会在各方面都不同吗？鹳鸟之说显然无从解释，死后变成天使的说法也不妥当，因而人们只能像保姆那样得到孩子，她也只能用这种自然的方法得到孩子了。可是，对母亲又做何解释呢？她没有当保姆，却有了孩子。从这个角度来看问题，于是，安娜问道：“为什么你不是保姆呢？”意思是说，为什么你不用这种简单而直接的自然方法去获得一个孩子呢？这种奇特的询问方式很具典型性，如果我们不假设某种想掩饰直接提问的“模糊外交辞令”，便可将其与儿童对这个问题的模糊理解联系起来，稍后，我们就可以找到这种可能性的证据。

于是，安娜就面临着“孩子到底从哪里来”这样一个问题。不是鹳鸟带来的，妈妈并不是像保姆那样得到孩子，也没有死。虽然她以前曾问过这个问题，父亲告诉她说是鹳鸟把孩子带来的，但显然事实并非如此。她也从来没有相信过。

那么，爸爸，妈妈和其他人都在说谎。由此，她对小孩出生所采取的那种不信任态度以及对母亲的责难便很容易得到解释了。同时这也解答了我们认为是由于小孩较内向的性格所造成的悲哀幻想。现在，我们知道了被爱的真实对象。但由于缺乏目标，爱已从对象身上撤回而转向主体的内部，爱是从欺骗她、不讲真话的父母那里撤回来的。(那不能告知的东西会是什么呢？其中有什么缘故呢？这些都是孩子后来在内心形成的疑问。）最后得出的结论便是："那肯定是不能声张的东西，或许还是危险的东西呢。"试图通过巧妙的提问从母亲那里获得事实真相是徒劳的，这样，两种抵抗相遇，爱便开始转向内部。而升华的力量在一个四岁儿童身上的发展仍旧是十分微弱的，自然起不了什么明显的作用。因而她不得不寻求另一种补偿，即诉诸于那种早已放弃了的小孩子的手法——依靠施加压力来确保母爱。而她最喜欢的便是在夜里哭叫妈妈，早在一岁时，她大量地使用过这种手法。现在，这种手法重被使用，并由于年龄的增长，目的更加明确了，从而达到最近这种效果。

值得一提的是，墨西哥大地震发生后不久，人们时常在饭桌上谈论它。安娜对此类事情特别感兴趣，缠着要奶奶一遍又一遍地讲述地震怎样震动，房子怎样倒塌以及有多少人丧生。安娜的夜间恐惧症便由此开始。她不能独处，妈妈必须得陪着她，否则她就会害怕发生地震，房子会塌下来砸死她。即使是白天，她也满脑子这些想法。当与母亲外出时，她总是缠着问这样一些问题："我们到家时房子还在吗？""爸爸还活着吗？”“你能肯定家里没发生地震吗？”见到路上的每一块石头，她都要问是不是地震带来的；一幢正在修建的房屋她也认为是被地震破坏了的等等。到后来，她常常在夜里大叫地震，说她都能听到震动的声音。每天晚上她都要求郑重其事地向她保证不会发生地震。各种能安慰她的办法都试过了，例如人们还告诉她，只有在有火山的地方才会发生地震。可她又要人们向她做出镇子附近的山都不是火山的保证。最后，这种推理便导致了她对知识的渴求。对她这种年龄的儿童来说，这是极不正常的。她搬出了父亲书房中所有地理图片和图册，数小时地搜寻火山和地震的图片，并连续不断地向人们提出各种问题。

这里，我们看到了一种将恐惧升华为求知欲的努力尝试。与其年龄相比，这无疑是一种早熟。可是难道我们没有看到，有许多天才儿童正面临着同样的遭遇，他们不是被填鸭式地进行着这种不合时宜，于其毫无益处的升华吗？如果在这个年龄，人们就助长这种升华，那么，他们就只能是在加重一种神经官能症。这孩子求知欲的根源是恐惧，而恐惧是力比多（“心理能”）转化的一种表现，即，这是一种已成为神经官能症的内向性心理，它对这个年龄阶段儿童的发育来说，是既无必要又无益处的。这种求知欲最后被引向哪里，我们只要看看她几乎每天都要问的一连串问题，就会一目了然。“为什么索菲（妹妹）比我小呢？弗雷德（小弟弟）以前住在哪儿呢？他是住在天堂里吗？他在那里做什么呢？他为什么以前不来，现在才来呢？”

既然事情已经到了这种地步，父亲决定让母亲找个合适的机会告诉安娜小弟弟的来历。

没过几天，机会来了。安娜又问起鹳鸟的事，母亲对她说，小孩子不是鹳鸟带来的，弗雷德是从妈妈肚子里长出来的，就跟花从地里长出来一样。开头他非常小，后来就跟植物一样，越长越大。安娜很认真地听着，再没有半点怀疑。随后，她问：

“他是自己来的吗？”

“是呀。”

“可他还不会走路呀？”

索菲说：“那么，他是爬出来的。”

安娜无意中听到索菲的话，便指着她的胸脯问：“这里有洞吗？要不他就是从嘴里出来的？谁从保姆嘴里出来呢？”

这时，她突然打断自己的话头，嚷道：“不是，我知道是鹳鸟把他从天堂里带下来的。”母亲还没来得及回答，她就丢开这个话题，再次要求看火山图片。谈话后的当天晚上，安娜很安静，意想不到的解释显然使她产生了一系列的想法，而这些想法又通过一连串的问题表现出来。一个崭新而不曾预料的新天地在她面前展开了，安娜很快就涉及到了关键问题：“孩子从哪里出来呢？他是从胸口的洞或是从嘴里出来的吗？”这两种猜测都可以让人接受。我们甚至还可能遇到一些年轻的新娘，她们仍接受孩子从腹壁的洞里或是剖腹取出来的说法。这被认为是无知到了极点。事实上，这并非无知，在这些情况下，我们实际上所涉及的是各种儿童的性活动，这种性活动在后来的生活中使得阴道名声不佳。

人们也许要问，这种认为胸脯有洞或孩子从嘴里出来的荒谬观点，儿童是从哪里得来的呢？为什么她不选择骨盆下面每日用来排泄的自然开口呢？解释非常简单。不久以前，安娜开始不听妈妈的劝阻，对这些开口及其排泄物表现出浓厚的兴趣，这是卫生和习俗所不允许的。于是，她第一次知道了与身体这些部位有关的特殊规则。并且，作为一个敏感的孩子，她很快就注意到对这些部位的忌讳。结果，这个部位就未被列入考虑之中。这种思考上的小错误，在儿童身上是情有可原的。因为即使是成人，拿着放大镜也无法在任何地方发现有性的痕迹。

安娜表现得很温顺，她尽量地遵从习惯，认为这是最简单不过的事了。错误的理论有时会被坚持很多年，直至人们猛然醒悟，它才被推翻。因此，正如荣格在《精神分裂症心理学》中曾指出的那样，这些甚至连父母和教育工作者们都大加赏识的错误理论，后来会成为神经病或精神狂想症主要症状的决定因素便不足为奇了。因为，任何东西若在人的头脑中连续待上几年，便将一直在他的灵魂中占据一定的位置而不再消失，尽管这些东西可以被另外一些看起来极不相同的东西所遮掩。

孩子到底由哪里来的这个老问题还未解决，一个新的问题又出现了：孩子既然是妈妈生的，那么保姆呢？她也会生孩子吗？随后，安娜突然大叫起来："不，我知道，是鹳鸟从天上把孩子带下来的！"保姆没有生孩子，这件事有什么特别的地方吗？我们还记得安娜曾扮过保姆，并打算长大后也当保姆，因为她也愿意要一个孩子，并像保姆那样轻易地得到孩子。可现在她知道了弟弟是从妈妈肚子里长出来的，这下该怎么办呢？

这个令人不安的问题很快又回到关于鹳鸟和天使的说法上来。这种说法从来没被相信过，在使用了几次后，就被完全放弃了。但是，仍有两个问题悬而未决：第一，孩子是从哪里来的？第二，为什么妈妈会生小孩，而保姆和外人却不会呢？第二个问题比第一个更难回答，不过，现在这两个问题还暂时未被问到。

第二天午饭时，安娜出其不意地宣布："我的哥哥住在意大利，他有一座用帆布和玻璃做成的房子，这房子非常坚固。"

这里，要像过去那样寻求一种解释，是不可能的。因为这种抵触太强烈了，而且安娜也不会妥协。这种独特而又极其亲昵的宣告颇为意味深长。三个月来，孩子们一直在编织着一个有关"大哥哥"的古老梦想。这个哥哥无所不知，无所不能，到过所有那些他们没有去过的地方，能做他们所不允许做的一切事情，还拥有很多牛、马、羊、狗等一切东西。他们每人都有一个大哥哥。这一怪念头的来源并不难找——他的原型便是爸爸。对妈妈来说，爸爸就像是一个哥哥。因此，孩子们也必须得有一个强壮的哥哥。这个哥哥非常勇敢，他住在危险的意大利的一座坚固的房子里。对于安娜来说，这是一种极其重要的愿望满足。地震不再是危险的了，恐惧和担心被排除了，再也没有出现过。既然对地震的恐惧消失了，她就不再每晚叫父亲到床边来陪她了。相反，她现在变得更可爱，睡觉前叫父亲来吻她，互道晚安。为了验证这一新的情况，父亲给她更多的火山和地震图片看，但安娜反应平淡。她只是冷静地审视这些照片，然后说道："尽是些死人！我以前早就见过了。"即使是火山爆发的图片也不能引起她的注意。结果，她对科学的兴趣就像当初突然产生那样，又突然地消失了。安娜解脱后的那些天里，她有更重要的事情要做，因为她要把新发现的东西告诉她的小伙伴们。她非常详细地讲述了弗雷德是怎样在母亲身上长出来的，她还讲了爸爸是怎样从他妈妈肚子里长出来，妈妈是怎样从她妈妈的肚子里长出来的，以及仆人怎样在他们各自的母亲肚子里长出来的。同时，她也用许多问题对这些知识的真实性进行检验，因为她已经起了很大的疑心，因而需要不断的确证来驱散她的怀疑。其间，孩子们又提出了鹳鸟和天使的说法，但却是用极不相信的语调，甚至是用歌谣的方式来讲给洋娃娃听的。

总而言之，这种新的说法已经明显地站稳了脚跟，因为恐惧再也没有出现过了。

只有一次，她确信险些受到威胁。解脱后的一周，她父亲得了流感，早上没有起床。孩子们并不知道此事，所以当安娜走进父亲的卧室，意外地看到父亲躺在床上时，脸上露出奇怪的惊讶的神情，呆立在离床很远的地方，不愿走近去，明显地觉得害臊和狐疑。突然，她愣头愣脑地问爸爸："你为什么躺在床上呢？你肚子里也长了一棵幼苗吗？”

父亲自然是大笑起来，他告诉安娜，孩子从来都不是在爸爸身上生长的，其实男人并不能生孩子，只有女人才能生。于是，这孩子很快又变得友好起来，尽管表面看上去很平静，但内心却仍有疑问。几天后，安娜再次在午餐上宣布：“昨晚我做了一个诺亚方舟的梦。”父亲问她梦见什么了，安娜只是胡诌了几句。在这种情况下，我们就需要耐心地等待和注意观察。果然，几分钟后，安娜对奶奶说：“我昨晚梦见诺亚方舟，里面有许多小动物。”停了一会，她又第三次说道：“我昨晚梦到诺亚方舟，里面有许多小动物。方舟下面，有个盖子打开了，所有的小动物都掉了下去。”聪明人一听就明白了。孩子们确实有一个诺亚方舟，但开口（即盖子）却是在顶上，而不是在下面。这是一种巧妙的暗示，表示那种认为孩子从嘴里或胸口出来的说法是错误的，而她已经知道了孩子是从哪里出来——是从下面的。

几周过去了，没有发生什么特别的事情。她只做了一个梦：“我梦见了妈妈和爸爸，他们在书房里一直坐到很晚，我们小孩子也在那里。”

事实上，这不过是人人皆知的愿望，即孩子们想和父母待得一样晚的愿望。这个愿望在梦里得到了实现，或者说，它被用来掩盖了一个更重要的愿望，即晚上当父母单独待在一起时也和他们待在一起。地点自然是在书房，在那里，她曾看过那些有趣的书，满足了她对知识的渴求。换句话说，她确实是在寻求小弟弟从何而来这个重要问题的答案。如果孩子们也在书房里的话，他们就会知道答案的。

几天后，安娜做了一个噩梦，尖叫着醒了过来，大声嚷道："地震来啦！房子开始摇晃啦！"妈妈跑过去安慰她说，没有发生地震，一切都很平静，大伙都在睡觉呢。而安娜却急切地说："我想看到春天，看所有的小花怎样长出来，看田野怎样长满了野花。我想看看弗雷德，他长了一张多么可爱的小脸啊！爸爸在干什么？他说过什么吗？"妈妈告诉她，爸爸在睡觉，没说过什么。安娜于是嘲笑说："他早上可能又要生病了。"

这些意思要反过来理解才对。最后一句话并没有认真，因为她是带着挖苦的语调说的。上次父亲病了，安娜怀疑他"肚子里长了一棵幼苗"。这种挖苦意味着："他也许会在早上生出一个孩子来。"但这话并没有当真，因为爸爸不能生孩子，只有妈妈才能生，也许她明天就会生一个。可是从哪里出来呢？"爸爸在干什么？"这里无疑出现了一个棘手的问题：如果爸爸不能生小孩，他起什么作用呢？安娜急于发现所有这些问题的线索，她想知道弗雷德是怎样来到世上的，还想看到鲜花在春天是怎样从地里长出来的。所有这些愿望都隐藏在对地震的恐惧背后。

经过这段插曲后，安娜很安稳地一直睡到天亮。第二天，母亲问她昨晚怎么了，谁知她全忘了，只记得一个梦："我梦见我能变出夏天来，然后有个人把一个奇形怪状的木偶丢到厕所里。"

这个梦由两个不同的部分组成，由"然后"将二者分开。

第二部分起因于最近一个想要木偶娃娃的愿望，也就是像母亲有小弟弟一样，她也想有一个男的木偶娃娃。有个人却将木偶娃娃扔到厕所里了，而通常人们只是把别的东西扔到厕所里。推理的结果便是：孩子就像解大便那样生出来的。只要一个梦里出现几种情景，则每个情景都代表着一种复杂事物之结果的特殊变换。因此，第二部分只不过是第一部分主题的变换。我们已经知道“看到春天”，“看到花儿长出来”的含义，安娜现在梦到**她可以使夏天到来**，那就是说，她可以使花儿长出来，她自己也能造出一个小孩来，并且在梦的第二部分将这表现为与解大便相类似。现在，我们找到了利己欲望这个罪魁祸首，而这种欲望在前天晚上的谈话中却是以一种貌似无私关切的面目出现的。

几天后，一个孕妇到安娜家里来玩。孩子们似乎什么也没有注意到。但第二天，在姐姐的指导下，孩子们将爸爸废纸篓里的旧报纸拿来塞到腹部的衣服里面取乐。这种模仿的意义十分明显。当天晚上，安娜又做了一个梦：“我梦到镇上的一个女人，她有一个很胖的肚子。”从某种意义上说，梦的主要人物总是梦者本人，因此，前一天的游戏便得到了进一步的说明。

不久，安娜的举动使她母亲大为吃惊。安娜把洋娃娃放到衣服下面，然后将之头朝下慢慢地拉出来说道：“你瞧，婴儿正在出来。现在，它全部出来啦。”安娜这是在告诉母亲：我是这样设想生孩子的，你认为如何？这样对吗？这个游戏确实意味着提问，因为正如我们后来所知，这种想法仍需要得到正式的确证。

到此，对这个问题的思考远没有结束，我们从以后几周内安娜所产生的那些想法中便可明显地看出来。几天后，安娜又用她最喜欢的玩具小熊特迪重复同样的游戏。有一天，她指着玫瑰对奶奶说："你瞧，这株玫瑰正在生小孩呢。"鉴于奶奶没有完全理解她的意思，她又指着肥大的花萼说："你没有看见吗？它都长胖了。"

在一次晚饭吃桔子时，安娜抢着要了一个，并嚷道："给我一个，我要把它吃到肚子里去，这样，我就可以得到一个孩子了。"

这立刻使我们想起一个童话，讲的是那些没有孩子的女人，通过吞吃水果、鱼和诸如此类的东西，而终于怀了孕。在这里，安娜极力想知道，孩子是怎样进入母亲体内的。这里，她在继续着她的询问，而对问题问得如此细致，则是以前从未有过的。用类比的方法来解决问题，这是儿童原始的思考方式的特征。类比思维同样也在成人身上表现出来，它处于紧挨着意识下面的那个层次，而梦则将之带到意识的表层上来。精神分裂症亦具有这一特征。在德国和其他许多国家的童话里，我们可以经常发现这种幼稚的比较方式。童话似乎是童年的神话，因而其中隐含着孩子们自己编造的有关性过程的神话。童话的诗意（甚至成人也能感觉到它的魅力）并不依赖于一些古老的说法而存在于我们的无意识之中。每当那遥远的青年时代的某些生活片断再次闯入我们的生活时，我们并不需要真正意识到它，而只要其强烈的激情在心灵中投下一束反射，我们便能体验到一种奇妙而神秘的感情。

孩子是怎样进入母亲体内的，这确是个难题。由于使东西进入体内的惟一通道是嘴，因此，按理说来，母亲是吃了类似水果的东西后，肚子里才长出小孩来的。但又出现了另一个难题：既然小孩是母亲生的，可父亲起什么作用呢？将两个未知的问题联系起来，用一个去解决另一个，这便是心理系统的惯用规则。

在孩子从哪里来的这个难题中，由于他们是怎样进入母亲体内这个问题尚未搞清楚，安娜很快便确信，父亲肯定与这事有关。

父亲做什么呢？这个问题占据了安娜的整个心灵，她除此之外不再想别的东西。一天早上，她跑进父母的卧室，他们正在穿衣服，安娜跳上父亲的床，脸朝下躺着，用脚使劲扑腾，叫道："瞧，爸爸是这样做的吗？"父母大笑起来，没有回答。直到后来，他们才明白过来这种举动可能意味着什么。

取得这一最新进展后，这件事似乎就此打住，父母无论如何也找不到机会进行相应的观察了。问题停滞在这点上并不奇怪，因为这是最困难的那部分。由于儿童对精子和卵子一无所知，因而他们认为只有一种可能，即母亲必须得吃某种东西，只有这样，东西才能进入体内。可父亲起什么作用呢？安娜经常将保姆或其他未婚的人拿来比较，显然是有一定的成效的。她断定父亲的存在具有重要的意义。他到底起什么作用呢？

这种停滞持续了大约五个月。在这期间，安娜没有出现任何的恐惧或此类问题得到解决的任何迹象。随后，出现了对将来事件的第一次预感。安娜全家当时住在乡下一个近湖的村子里，在那里，孩子们可以和母亲到湖里去洗澡。由于安娜害怕走进超过膝盖的水中，因此，有一次父亲带她走进水里时，她吓得大叫起来。当晚睡觉时，安娜问母亲："爸爸是想淹死我吗？"

几天后，安娜又发作了一次。她老是挡着花匠的路，不让他通过。闹到后来，花匠和她开了个玩笑，把她举起来放到刚挖的一个坑里，安娜伤心地大哭起来，以为那人想要活埋她。

一天晚上，安娜惊叫着醒过来，母亲忙过去安慰她。安娜说是一列从头上开过的火车掉了下来。

这些事件明显表明，恐惧再次出现了。就是说，有一些障碍阻止了爱向父母的转移，因而其中大部分就转变为恐惧。不过，这次的不信任不是针对母亲，而是针对父亲。安娜确信父亲肯定知道秘密，但他绝不会泄露丝毫的痕迹。爸爸在干什么或是保守什么秘密呢？对孩子来说，这秘密似乎是很危险的什么事，因而明显地觉得爸爸可能会干坏事（这种对父亲的孩子气的恐惧在成人的精神分裂症中尤为明显，仿佛是遵循着精神分析的原则一样）。因而安娜得出一个显然是荒谬的结论，即爸爸想淹死她。

在这期间，安娜长大了些，她对父亲的兴趣具有一种不可言状的特殊色彩。语言已经无法用来表达闪耀在这孩子眼中的那种特殊而敏感的好奇心了。

也许，并非出于偶然，这时候，孩子们又开始了一种有趣的游戏。他们将一个工具棚当做医院，把两个最大的洋娃娃叫做“奶奶”，并和她们在“医院”里玩。“奶奶”们是医院里的实习医生，她们整夜都在那里。这里的“奶奶”明显使人想起前面提到过的大哥哥，很可能“奶奶”代表着母亲。因为孩子们已经商量好不要母亲，而母亲引起了安娜的不高兴则更促成了这种念头。

事情的原委是这样：花匠挖了很大一片花床，正在上面除草。安娜很快活地在那儿帮他干活，她自己显然没有意识到这种孩子气的举动会有什么影响。大约两周后，安娜看到小草发芽时，高兴极了，她跑去问母亲：“眼睛是怎么长到头上的？”

母亲告诉她说，不知道。可安娜仍继续问：上帝或者爸爸知道吗？为什么上帝和爸爸什么都知道呢？于是，母亲叫她去问父亲，他也许会告诉眼睛是怎么长到脑袋上的。几天后，家里人在一块喝完茶，父亲仍坐在桌边看报纸，安娜也待在那里。突然，她凑近父亲问：“你说，眼睛是怎么长到脑袋上的？”

父亲回答说：“它们并不是长到脑袋上的，从一开始它们就在脑袋上，是和它一块长的。”

安娜：“难道眼睛不是种在那里的吗？”

父亲：“不是的，它们就像鼻子一样，是长在脑袋上的。”

安娜：“嘴巴和耳朵也是这样长的吗？头发也是吧？”

父亲："是的，它们都是这样长的。"

安娜："头发也是？可小耗子生出来时，身上是光的呀。头发原来是在哪儿呢？它们也是靠种子长出来的吗？"

父亲："不是的。你瞧，头发是从像种子一样的小颗粒中长出来的，这种小颗粒早就在皮肤里了，没有人把它们插在那里。"

父亲现在陷入了困境。尽管安娜错误的应用，即把她碰巧从自然中拣来的种子理论巧妙地引进来，父亲还是猜到了这孩子要把话题引向何处。然而，他并不想挑明。因为孩子说话时带着少有的认真劲儿，使人不得不予以重视。

安娜显然很失望，声音里流露出不高兴："可弗雷德是怎么进到妈妈身体里的呢？又是谁把你放到你妈妈身体里的呢？他是从哪儿出来的呢？"

从这一连串的问题中，父亲选出最后一个来回答：

"嗯，你想想看，弗雷德是个男孩，男孩长成男子汉，女孩则长成妇女，而只有妇女才能生孩子。现在，你再想想弗雷德会从哪里出来呢？"

安娜高兴地笑了起来，指着自己的阴道说："他是从这里出来的吧？"

父亲："当然啦！你以前肯定想过这个问题吧？"

安娜没有理会这个问题，又问："可弗雷德是怎样进到妈妈身体里的呢？是有人把他种到里面的吗？这种子是谁种的吗？"

对这个非常明确的问题，父亲再也不能回避了，他对孩子进行了解释，安娜则非常专心地听着。他说，母亲就像土壤，父亲则像园丁。父亲提供的种子长在母亲身体里，然后就产生了婴儿。这回答使安娜相当满意，她立刻跑到母亲那里，说：“爸爸都告诉我了，我全都知道了。”可她究竟知道了些什么，她从没告诉过别人。

这些新知识第二天就派上了用场。安娜跑去对母亲高兴地说：“妈妈，爸爸告诉我，弗雷德是个小天使，他是由鹳鸟从天上带下来的。”母亲自然感到惊讶，说道：“我敢肯定，你爸爸绝不会给你讲这种事。”随后，这小家伙一边笑一边跳着跑开了。

这就是她的报复。母亲很明显地不会也不能告诉她眼睛是怎样长到脑袋上的，她甚至不知道弗雷德是怎样长到母亲的肚子里的。因而她很容易被那鹳鸟的古老传说所骗，而且，她很可能还会相信那是真的。

这孩子现在满足了，因为她已经获得了很多新知识，难题也解决了。但最大的益处还是她赢得了一种和父亲更亲密的关系，这种关系丝毫也不会影响她在智力上的独立性。而父亲则有一种不舒服的感觉，因为他将父母们严加保守的秘密告诉了一个四岁半的孩子，他并不感到心安理得。一想到安娜也许会根据她所知道的东西干出什么事来，他心里就觉得不安。如果她不谨慎地将这些知识胡乱运用一气会怎么样呢？她也许很快就教给伙伴们，或是愿意与大人们玩这种摧残儿童的可怕把戏。但事实很快就证明，这些担忧是毫无根据的。安娜不管在什么时候都从不再提及这方面的事。此外，解脱还使安娜对这个问题完全保持沉默，再也没有提出别的问题了。但是，无意识却仍使她在思考着人的创生之谜。解脱几周后，安娜讲述了这样一个梦：她在“花园里，几个花匠正站在那里对着树小便，爸爸也在小便。”

这又引出了早些时候没有解决的问题：“父亲干什么呢？”

就在这时，一个木匠到家里来修理一个衣橱，安娜站在旁边看着他选料。当天晚上，她梦到这个木匠将她的阴道划开了。

这个梦可以解释为：安娜问自己，我真会那样吗？要真那样的话，就得有人做木匠所做的那种事吗？这样的假设表明，这个问题当时在她的无意识中特别活跃。因为关于这个问题，有些东西并没有完全弄清楚。下面的事件证明，事实确实如此。

安娜再次听母亲说，孩子确实是从下面出来的。一个月后，安娜突然做了这样一个梦：“我梦见我在叔叔和婶婶的卧室里，他们俩都在床上，我把叔叔的睡衣揭开，躺在他身上并在上面撞来撞去。”

这个梦完全出乎意料之外。孩子们当时正在度几个星期的假，父亲由于生意上的事留在镇上，那天刚好来看他们。安娜对父亲特别依恋。父亲开玩笑地对她说：“今晚你愿意和我一块到镇上去吗？”安娜答道：“愿意的。那么我就可以和你一块睡觉了吧？”她一直都亲密地吊着父亲的手臂，就像母亲有时做的那样。不一会，她讲出了所做的梦。做梦的前几天，她曾到梦里提到过的那个婶婶家去做客。安娜一直盼望着这次做客，因为她相信她会遇到她的两个小表弟，她对他们表现出无法掩饰的兴趣。遗憾的是，两个表弟不在家，安娜很是失望。她突然记起那个梦，这件事表明，她现在的处境肯定与梦的内容有着某种联系。而梦所显示的内容与她和父亲的谈话之间的联系则是显而易见的。她的叔叔是一个非常老朽的绅士，孩子们只见过他很少几次。在梦里，他显然是父亲的替身。而做梦通过她上了父亲的床从而使她前一天的失望获得了补偿。这里有三个地方与梦的内容一致，因此，她便一下子想起了梦。这梦简洁地说明了安娜经常在父亲的空床上所做的游戏——摆来晃去和用腿踢打褥子。由这个游戏引出了这样的问题："父亲也是这样做的吗？"父亲关于"你可以自己睡在隔壁"的回答，使安娜非常失望。因此她便回忆起了所做的梦，这梦曾对她爱恋表弟的失望起过安抚作用。同时，这梦也是对下面这种理论的本质的说明，即"它"是发生在床上，而且是通过前面提到的有节奏的运动完成的。

以上便是到目前为止我们所做的观察。安娜现在已经五岁多了，正如我们所知，她已经知道了许多重要的有关性的知识。这种知识对其道德品质的不利影响仍有待观察。至于它所起的治疗作用，我们已经说过了。

我们不想鼓吹对小学生进行性教育和任何机械的标准解释，也不想提供任何正面的、千篇一律的有效建议。我们只能从这里所记录的真实材料中得出一个结论，那就是，我们应从儿童的角度来看待儿童，而不是像我们希望他们那样来看待他们。最后，我们不得不说：在教育方面，我们应该遵循发展的自然道路，而非死搬教条。

（2）儿童前心灵意识分析

对儿童最有影响的东西并不是来自父母的意识状态，而是来自他们的无意识背景。对于道德的家长来说（一位父亲或母亲），这里就出现了一个可怕的难题：不管我们如何努力，那些我们多少能够操纵的东西——意识及其内容，它们对于孩子们的影响，相对于那些背景中不可控制的影响来说，都显得极其软弱无力，不起作用。当我们对这些无意识过程予以应有的重视时，我们会感到极难把握道德的准绳。如果意志和有意识的努力都不起作用，我们怎样才能保护孩子，使其免受我们的影响呢？无疑，家长们依照自身的问题和冲突来分析孩子们的心理病症，将大大有助于问题的解决。作为父母，他们有义务这样做。他们在这方面的责任要求他们有义务过一种不致伤害孩子心灵的生活。一般来说，父母的行为对儿童的重要性强调得并不够，而起作用的恰恰是行动，而不是言辞。父母应该始终注意这一点，他们自身便是其孩子神经官能症的根本原因所在。

但是，我们决不能因此而夸大无意识的影响。即使它能使我们内心对原因的探求达到令人满意的效果，也不能这样做。我们不能夸大原因的重要性，原因固然存在，但精神并不是一种以固定不变的方式对某种特殊刺激物必然起反应的机械。在实践心理学中，我们不时会遇到这样的情况：在有几个孩子的家庭中，只有一个孩子会在很大程度上对父母的无意识产生反应。在这里，个体的特质起了决定性的作用。由此，受过生物学训练的心理学家便抓住有机体遗传这一事实，更倾向于将整个家族的遗传而非当时的精神原因作为说明的要求。这种立场观点，无论其总体上如何令人满意，遗憾的是与个别情况关系不大，因为它对心理治疗并没有提供什么实际的线索。撇开遗传规律不谈，在父母与儿童之间存在着心理因果关系，这同样是事实。事实上，尽管遗传的观点毫无疑问是正确的，但它却将教育人员或治疗人员在父母影响的实际意义方面的兴趣，转向带着或多或少有点宿命论的思想去崇拜人体内的遗传物质，这样，遗传便是一切。

对于父母和教育人员来说，正如将所有的责难都归咎到这个因素是一个致命的错误一样，忽视心理因果关系是一个非常重大的疏忽。在一切情况下，两种因素是同时起作用的，排斥一个，另一个也就不复存在了。

通常对儿童影响最大的是父母（也包括祖先，因为此处我们涉及的是非常古老的原罪心理现象）所未经历过的生活。为了免于粗糙和肤浅，下面且对这一说法补充一些限定：是那部分他们本来会经历到，并且没有理由不去经历的生活。说得直白一些，就是那部分他们总是逃避、而且很可能是借虚伪的谎言来加以逃避的生活。由此，便埋下了致命的病源。

因此，荣格提倡明智的自知是非常恰当的。而父母在多大程度上应受到指责则由情况的性质所定。我们绝不应该忘记，这是一个原罪问题，是一种与生活背道而驰、然而并不违反人类道德的犯罪。此外，父母还必须被看做是祖父母的孩子。

我们也不应错误地以为，儿童反应的形式或强度必须依赖于父母问题的特殊性。许多时候，这些因素不过是起一种催化剂的作用，其产生的影响可以从遗传的角度上得到更好的解释，而用心理因果关系来解释则嫌不足。

如果父母的问题总是被人为夸张地解释为道德方面的问题的话，那么，它对儿童心理的影响作用及其意义将会被严重地误解。更多的时候，我们所涉及的似乎都是某些超出我们意识判断之外的命运般的自然精神。诸如贵族后裔中的贫困化倾向；德高望重的名门望族中，其子女突然出现犯罪的行为；在商业经营中平步青云的人，其子女身上出现的那种麻木不仁或是出奇的懒惰等等。所有这些都不是因为他们存心要让后代过一种与他们相反的生活，而是由命运所作的补偿，是自然精神在起作用。它将高高在上的高贵者贬为贫民，而将卑贱者抬为君王。对此，教育和心理治疗是无能为力的。这些方法如果应用得合理，它们至多也只能鼓励儿童去完成自然精神所赋予的任务。既然父母的罪过是客观原因所致，那么孩子也不应个人来对这种罪过做出抵偿。

只有对那些家长本来能够转变过来，却由于明显的疏忽、懒惰、精神焦虑或冷酷的习俗而结果没有将其改变过来的情形，父母的影响才会成为道德问题。在这件事上，父母往往承担着重大的责任，自然是不会理会“我当时并不知道”这类辩解的。

不知道实际上也就几乎等于犯罪。

先于自我意识的“同一”心理表明，有其父便有其子。但是，他作为区别于父母的个性则很难用他与父母之间的因果关系来解释。我们倒是应当说，祖父母和曾祖父母才是孩子真正的祖先。这些祖先远比直接的、也可以说是偶然的先辈（父母）更能解释儿童的个性。同样，儿童真实的心理个性相对于父母来说，是某种新的东西。它并不能从父母的精神中获得，而是潜存于父母精神中的，有时还是完全不可见的各种集体因素（collective facts）的组合物。就其从个体上区别于人类集体精神的程度来看，不仅儿童的身体，就连儿童的心灵也是渊源于其祖先的。

儿童先于自我意识阶段的精神，并非是空洞无物的。语言能力刚刚发展，儿童的意识便随即出现。并且，这种具有瞬时内涵（momentary contents）和记忆的意识便对先前的集体内涵（collective contents）进行了细致的检查。事实证明，在还未获得自我意识的儿童身上确实存在着这些内涵。这方面最重要的证据便是三至四岁的儿童所做的梦。这些梦有许多都非常神秘，寓意深刻。如果不知道梦者是谁的话，人们立刻会以为它们是成人所做的梦。这些梦是正在退化的集体精神的最后痕迹，它通过梦来重述人类心灵中永恒的内涵。在这个阶段，会突然产生出许多儿童式的恐惧，以及各种朦胧的非孩子气的预感。这些预感在生活的以后阶段中，会由于相信人死后灵魂可以重新投胎这种迷信说法而再次出现。

在这种情况下，也会闪烁出真知灼见的火花。这就是人们常说的：小孩和傻瓜说实话。

这种至今仍与婴孩密切相连的集体精神是普遍存在的，因此，它不仅揭示了父母的背景，而且还涉及到更大的领域范围，进入了人类灵魂的善恶深处。儿童的无意识心理（psyche）确实是极为深沉而又古老的。在那希望重新回到幼年的这种渴求背后或儿童的焦虑梦背后，隐藏着对父母的极度崇敬以及对摇篮生活和淘气的童年的依恋。

原始人常常认为，儿童的灵魂是祖先灵魂的复活。因此，惩罚儿童是极其危险的。他们生怕这会激怒祖先的灵魂。这种看法不过是前面所提到的观念的更具体的表现而已。

儿童前意识心灵（preconscious soul）的无限性可以随之消失，也可以保留下来。儿童心理在成人身上所留下的残余是其最好的和最坏的品质。总之，不管我们是否意识到这一点，它们都是我们重大行为以及个人命运神秘的精神主宰（spiritus rector）。正是它们，决定了活动在人生这个棋盘上的小人物是老帅还是卒子。它们能将马虎、凶狠的父亲变成残忍的暴君，也能让呆傻、倔强的母亲变成命运女神。因为在每个单独的父亲背后，都存在着一个父亲的原始意象，而在每个转眼即逝的母亲背后则有着圣母（magna mater）的神秘影像。这些被不朽的艺术作品以及宗教的狂热教义大大强化了力量的集体精神的原型，是决定前意识心灵的主要因素。而且，这一原型，当其投射到人类祖先身上时，他们就被赋予了巨大的魔力，由此便产生了错误的神经病病因论。这在弗洛伊德那里系统化为恋母情结。这也就是为什么在神经病的后期生活中，尽管父母的形象依旧发挥着它那神力般的作用，但它却能被批评、修正，乃至缩减到与常人一样。假如父亲确实拥有这种神秘力量的话，那么，儿子很快就会将父亲除掉。或者，干脆自己就不做父亲。有德性的人竟然能够承担如此重大的责任，这到底是为了什么呢?

（3）心理异常的种类及对策

儿童的心理异常主要有五类：

第一类是**落后儿童**。落后儿童一般表现为智力缺陷，主要特征是智力低下，普遍缺乏理解力。

最明显的类型便是反应迟钝、缓慢、愚笨、呆傻的儿童。这些儿童，尽管其智力贫乏，但却具有某些非常突出的心理素质，他们能够表现出忠诚、柔情、奉献、可靠和自我牺牲的品质。此外，还有较不明显和罕见的类型，这类儿童性急、易怒，其心理无能不亚于心理缺陷型的儿童，但这种无能通常却明显地限于某些方面。

我们必须区分这些天生的、实际上不可治愈的、但又不是不可教育的类型的儿童和那些精神发展受阻碍的儿童。这种儿童的性格发育缓慢，有时缓慢得甚至觉察不到，往往需要有经验的精神病专家熟练的诊断，才能确定其是否有心理缺陷。这种儿童情绪反应常常显得很愚蠢。我们曾诊断过一个六岁的男孩，他时有狂怒发作。在发作时，他总是毁坏玩具，并以一种极其危险的方式来威胁父母和保姆。此外，他还像父母所描述的那样“拒绝说话”。他是个抚养得很好的小家伙，但疑心极大，充满坏心眼，极其固执，一点也不听话。很显然，他是个白痴，一点**不会**说话，也从来没有学过怎样说话。但他又尚未愚蠢到完全不能说话的程度。他的全部行为表现为一种神经官能症。小孩子只要表现出患有神经官能症的迹象，我们就用不着浪费过多的时间来考察他的无意识，而应从别的地方，从母亲那里开始我们的调查。因为，父母如果不是儿童神经官能症的直接原因，至少也是其中一个最重要的因素，这几乎是一成不变的。后来，我们了解到这孩子是七个女孩中惟一的男孩。他母亲是个雄心勃勃而又执拗的女人。当我们告诉她她儿子不正常时，她认为这是一种对她的侮辱。她曾故意隐瞒了这孩子的缺陷，认为他只应该是聪明的。如果他愚笨，那也只能归结为他那恶意和存心不良的顽固。自然，如果他幸运地有一个明智的母亲的话，他所学会的东西应该比现在多得多。但实际上，他什么也没学到。更糟的是，他反而成了母亲的雄心所希望塑造的那种人，即成了心狠和执拗的人。他完全被人们所误解，因而内心便自我封闭起来。出于彻底的绝望，便发展成为狂怒的发作。我们还知道另外一个十四岁男孩，其家庭环境与这个男孩差不多。他在疯病发作时，用斧头杀死了他的继父。他也是让人推得太远了。

精神发展受阻常常出现在头胎儿童或是那些其父母由于心理冲突而关系淡漠的儿童身上。它也可能是母亲妊娠期间的疾病或过度的劳累引起的，或是由于儿童头骨畸形或分娩过程中失血过多而引起的。如果这种儿童没有受到教育压力的损害，他们一般会随着时间的推移而获得相对的心理成熟，尽管这种成熟到来得迟一些时候。

第二组包括**精神病儿童**。在精神错乱的情况中，这种紊乱既可能是先天的，也可能是由创伤或疾病导致大脑部分器质性损伤而引起的。这种病例不可能治愈。偶尔这类儿童会犯罪，并在心灵中埋有习惯性犯罪的种子。

我们必须区别这类儿童和心理发展受阻的儿童，即病态自恋型儿童。这类儿童常常表现出惊人的利己主义倾向和早熟的性活动。此外，他们还不可信赖，爱撒谎，几乎完全没有人的感情和爱心。一般说来，他们是非法所生或被抱养的儿童，从未得到过亲生父母的温暖和爱抚，并且根本缺乏一些对每个儿童来说是必不可少的东西，即父母在精神上所给予的培养、关怀，特别是母爱。结果，尤其是私生子，总是处于精神的危机之中。这种危机往往总是表现在道德领域里。许多儿童能够适应其养父母，但并非都是这样。那些不能适应养父母的儿童，出于想要获得那些其亲生父母本应给予但却未给予的东西这一无意识目的，而形成了一种极端的自我中心和冷酷的利己主义观念。这些病例有些可以治愈。我们曾见过这样一个男孩，他五岁时污辱了他四岁的妹妹，九岁时试图杀死他的父亲。尽管他仍被诊断为具有不可医治的悖德狂（moral insanity），但十八岁时却变得令人满意地正常起来。如果具有这种放肆行为的病人（这类病例有时易于引起这种行为）其智能良好，而且不具有反社会动机的话，那么，这些病人是可以通过思考而放弃他们犯罪的倾向的。然而，人们的观察发现，理智抵制这种病态的力量却极其微弱。

第三组是**癫痫病儿童**。不幸的是，这种病例并不少见。真正的癫痫病发作是很容易辨认的，但被称作“轻度癫痫”的却是一种极其模糊和复杂的状态。这里没有明显的发作，只有非常特殊而且往往很难辨认的意识转换（alteration）。不过，这种意识转换在发展成严重的癫痫病精神错乱的同时，伴有恼怒、凶残、贪婪、和令人厌烦的伤感，对正义的病态狂热，利己主义以及狭窄的兴趣。在此，当然不能列举癫痫病的所有表现形式。但是为了说明其复合症状，我们想列举一个小男孩的病例。在他七岁时，他就表现得有些古怪。人们首先注意的是他总是突然失踪，尔后却发现他躺在地窖或阁楼的暗角里。要想让他解释为什么突然跑开去躲起来是不可能的。有时，他会中止正在进行的游戏，把脸埋在母亲的裙子里。最初，这种事发生的次数较少，没人留心到他的古怪行为。但当他开始在学校也这样做时，即突然离开桌子跑到老师跟前，他家里人才开始惊慌起来。但仍没有人想到他可能患有严重的疾病。有时，他会在游戏中突然停下几秒钟，甚至在讲话中也这样，而不做任何解释。显然他并不知道发生过停顿。渐渐地他形成了一种难以相处和易怒的性格。有时，他会突然发作起来。一次，他竟把剪刀用劲地向他妹妹掷去，正好刺进眼眶上方的颅骨，差点扎死了她。由于父母未曾想到过要请教精神病医生，因此他的病就未被发觉，人们只是将他作为一个坏孩子来对待。直到十二岁时，他的癫痫病第一次发作了，人们才知道他有病。费了不少周折，我们才从这个男孩那里得知，在六岁时，他就被某种不为人所知的恐惧所笼罩。当他独自一人时，他觉得某个看不见的人也在场。后来，他便能看见一个长着胡子的矮人，这个人他从未见过，然而他却能详细地描述出这个人的特征来。这个人的突然出现，吓得他跑开去藏起来。我们还很难了解为什么这个人是如此的可怕。显然，这个男孩为某种东西所困扰，这种东西对他来说是一种可怕的秘密。我们花了大量的时间才赢得了他的信任，最后他承认："这个人想让我从他那里拿走某种可怕的东西，我不能告诉你它是什么，但它挺吓人的。这个人越走越近，坚持要我拿走那个东西，我总是吓得没拿那个东西就跑开了。"说到这里，他脸色苍白，由于恐惧而开始颤抖起来。最后，当我们终于使他平静下来时，他说，这人想让我拿走一种罪恶。我们问："是什么样的罪恶呢？"这孩子站起来，怀疑地朝四周看了看，然后悄声说道："是谋杀。"正如前面提到的，他八岁时曾对妹妹有过一次粗暴的袭击。

后来，恐惧的发作仍在继续，但幻觉却有所变化。那个可怕的人再没有回来，代之出现的是一个修女的形象，即保姆之类的人。起初她的脸是遮着的，后来揭开了，露出一张苍白、死人样的脸来，带着非常骇人的表情。九岁到十二岁之间，这个影子总缠绕着他。尽管他更易发怒了，但狂怒的爆发却止住了，取而代之的是癫痫的发作开始出现。修女形象的出现清楚地表明，由长胡子的人所代表的犯罪倾向已转换成明显的疾病。

有时，这样的病例并非只是机体上的，而主要还是官能性的，因而有可能用心理疗法进行治疗。这便是我们要详细地讲述这一病例的原因。它可以对我们了解儿童心里暗中在想些什么提供一些启发。

第四组包括各类**神经病**。尽管这样的病例在儿童中并不常见，但我们至少可以发现这种病理心理发展的第一阶段。青春期过后，这种发展便会导致各种表现形式的精神分裂症。一般说来，这些儿童举止离奇，甚至古怪。他们难以被人理解，通常不易接近，而且过于敏感，自我封闭，情绪异常。他们不是麻木不仁，就是易于为最细微的琐事而大动肝火。

有这样一个十四岁的男孩，他的性活动开始得很突然，并且以一种极为不安的方式表现为某种早熟，因而扰乱了他的睡眠，使健康受到影响。这种症状开始于他去跳舞被某个女孩拒绝之后。当时，他愤怒地走开了。到家后，他试图做功课，但却由于一种不断增强的由恐惧、愤怒和失望混杂而成、不可描述的情绪的干扰而无法做下去。这种情绪越来越控制了他，最后，他冲到花园，几乎是无意识地在地上打滚。几小时后，这种情绪消失了，但性的干扰却开始了。在这个男孩的家族里，曾发现过好几例精神分裂症。这便是带有不良家族遗传儿童的典型病理情绪特征。

第五组包括**神经病儿童**。当然，单靠一个有限的文字篇幅来描述儿童神经病的所有症状和表现形式是远远不够的。

这种病从变态的捣乱行为，到确定的歇斯底里发作和状态，什么都有。这种病可以明显是机体上的，如歇斯底里的高烧，或是异常的低烧、痉挛、疼痛、消化不良等等，也可以是精神上或道德上的，以激动或沮丧、说谎、性反常和偷窃等形式表现出来。有一个四岁小女孩，从一岁起，她便患有慢性便秘。尽管各种可以想到和难以想象的治疗方法都试过了，但仍不见疗效。因为医生忽视了这个孩子生活中一个最重要的因素，即她的母亲。我们一见到她母亲，就意识到她的母亲是真正的原因。因此，我们建议对母亲进行治疗，同时劝她离开孩子，由另一个人来照顾。第二天，这种症状就消失了。我们追踪了这个病例多年，了解到这个小女孩的症状再也没有出现过。关于这个孩子，问题的解决是相当简单的。当然，如果当初不通过分析来消除那来自母亲病源的影响的话，情况就不会是这样的了。这个小女孩是最小的孩子，通常是神经病母亲的宠儿。后者将其所有的憎恶都传给了孩子，使之怀有如此强烈的焦灼、忧虑，以致难以从紧张的状态中解脱出来，这对肠胃的蠕动功能来说，是非常不利的。

我们确信，掌握儿童精神病理学及其伴随危害的实际知识，对于任何希望运用分析心理学原则的老师来说，都是极其必要的。遗憾的是，某些心理学书籍给人以这样的印象：精神分析学相当简单，只要你努力，便可以学会。没有哪个合格的分析心理学家会有如此肤浅的思想的。对于那些未掌握这门学问便轻率地试图去分析儿童心理的人，任何告诫都不过分。让教育者了解现代心理学对理解儿童心理所作的贡献无疑是有巨大的价值。但是，任何希望对儿童运用分析方法的人都必须具备他将会遇到的病理状况的全部知识。除了负责的医生外，恐怕我们还没见到过任何不懂得专门心理学知识和医学知识的人竟敢于去分析儿童的心理疾病的。

对儿童进行分析是一件极其困难、而又最伤脑筋的事。我们进行工作的条件与那些对成人进行分析的条件是截然不同的，因为儿童具有一种特殊的心理。正如儿童在胎儿期其身体是母亲的一部分一样，儿童心理在很长一段时间里也是父母心理环境的一部分。这就是为何会有这么多儿童的神经病更多地是由其父母的心理状态而非自身所引起的缘故。儿童的精神仅有极少部分是属于自己的。而就绝大多数儿童来说，其精神生活是完全依赖于父母的精神生活。这种依赖是正常的，对之进行干涉则有损儿童心理的自然成长。因此，我们可以这样理解：儿童的性早熟以及对之进行的性方面的粗俗开导对儿童和父母的关系有着灾难性的影响。如果你的分析是建立在认为父母同孩子的关系必然是性的关系这一教条上的话，那么便不可避免地会出现这种灾难性的影响。

将所谓恋母情结看做主要病因同样是不合理的。恋母情结是一种症状。正如任何对人对事物的强烈依附都可以称之为“婚姻”，以及原始人可以用性的比喻来表达几乎一切事物一样，儿童的回归趋势可以用性的术语表述为“对母亲乱伦的渴望”。但这只不过是一种比喻的说法而已。“乱伦”一词具有确定的意义，并表示一种确定的东西。一般说来，乱伦只能适用于那些心理异常而不能同正常的性对象发生性关系的成人。然而将这同样的术语运用到儿童意识发展的异常之中是极为不确切的。

这并非说性早熟不存在，但这些情况是极为特殊和不正常的。很难证明医生将病理学的概念运用到一般领域里是正确的，就像将脸红称为皮肤病，将兴奋称为疯病发作一样难以令人接受。因此，残酷并不就是虐待狂，享乐并非贪欲，古板并不一定是性压抑。

在研究人类心理的发展历史时，我们一再深刻地看到，人类心理的发展是与其意识范围的扩展相伴随的，而且每前进一步都是一个极端痛苦和艰难的成就。我们几乎可以说，对于人类，没有什么比放弃无意识更令人痛恨的了。人类对未知有着深深的恐惧，不信去问问那些曾试图介绍新思想的人们吧！即使是那些被称为成熟的人也害怕未知，那么儿童又为什么不可以对它有所犹豫呢？这种恐惧新事物的心理是原始人最显著的特点之一。就障碍本身来说，这是一种极其自然的障碍。但是，对父母的过度依赖却是不正常和病态的，因为对未知的过度恐惧本身就是病态的。所以，我们应避免做出这样片面的结论：儿童成长过程中出现犹豫不前的现象必定是由于其对父母的性依赖。这往往可能不过是以退为进而已。即使是在儿童确实表现出性症状的情况下，换句话说，就是在乱伦倾向非常明显的情况下，我们还是认为应对父母进行精神检查。通过检查，我们会发现一些惊人的事实，像父亲无意识地爱上自己的女儿，母亲无意识地玩弄自己的儿子等。父母在无意识的掩盖下，将自己成人的情感归咎于他们的孩子，而孩子们则再次无意识地扮演了强加给他们的角色。儿童当然不愿意扮演这些奇怪、不自然的角色，除非其父母的态度将这些东西无意识地加给了他们。

我们现在就叙述一个这样的例子。一个有四个孩子的家庭，其中两个女儿、两个儿子，四个孩子都患有神经病。女孩子们在青春期以前就已经表现出神经病的征兆。我们将避开不必要的细节，大致讲讲这个家庭的命运。

大女儿二十岁时爱上了一个出身良好、受过大学教育的优秀青年。但由于种种原因这桩婚姻却被推迟了。于是好像鬼使神差一般，她开始又与她父亲办公室的一个雇员好上了。她似乎很爱她的未婚夫，但和他在一起时她又很拘谨，从不让他吻她。同时她却无所顾忌地与那个雇员打得火热。她相当幼稚和孩子气。开始，她完全没有意识到自己在做什么，后来，出于一种不可言状的恐惧，她才意识到这件事。于是，她完全垮掉了。多年来，她一直处于歇斯底里的状态中。结果，她没有对任何人解释自己的行为，就断绝了与那个雇员及未婚夫的关系。

第二个女儿虽然很顺利就结婚了，但却是与一个智力比她低的男人结婚的。她性冷淡，而且没有孩子。不到一年，她又狂热地爱上了丈夫的一个朋友，并发展成为长期的爱情纠葛。

大儿子本身是一个有才气的年轻人，他在选择职业时就显露出神经质般的优柔寡断的最初迹象。最后，他决定学习化学，但没过多久，他就被一种强烈的思家情绪所控制，以致他离开学校，回到了母亲身边。在家里，他陷入一种奇怪的精神混乱状态之中，并伴随有幻觉出现。约六周后，这种状态消失了，他又决定选择医学。为了复习准备考试，他居然又远离家乡。之后不久，他订婚了。可刚一订婚，他又开始怀疑起自己所选择的正确性来。随后，他便陷入一种焦虑的状态。于是，婚约被解除了。最后，他失去了控制，不得不被关进精神病院长达数月之久。

第二个儿子患有神经衰弱性神经病，他憎恨妇女，并郑重其事地打算一辈子独身；同时，他对母亲又有着一种强烈的依恋。

通过对这家人的深入调查了解，我们发现每人的病因最终都明确无误地指向其母亲的隐私。最后，我了解到她的历史。她是一个聪颖、活泼的女人，年轻时受过相当片面狭窄而又严格的教育。由于对自己要求苛刻以及她本人坚强的性格，她终生都坚守已经形成的那些原则，不允许自己有丝毫例外。婚后不久，她结识了丈夫的一个朋友，并且明显地爱上了他。显然，她也得到了对方完全的回报。但她的原则却从未对这一可能性亮过绿灯，因而这种爱情就没有权利存在下去。所以她尽量表现得像没事一样，这种状态持续了二十多年。直到那人去世，双方对此都只字不提。而她与丈夫则维持着一种冷漠而得体的关系。后来，她便得了周期性抑郁症。

这种情况自然会给家庭带来一种压抑气氛。在这种环境里，没有什么能比这些无声的事实更能影响儿童了，它们对儿童有着一种极强的感染力。于是，女儿们无意识地模仿母亲的行为，而儿子们则像所发生的那样，通过无意识地充当恋人来获得补偿。然而，这种无意识的爱却由于他们对女人的有意疏远而补偿得过火了。

可以想象，实际上要治疗这种病是何等的困难。治疗实际上应该从母亲着手，或者确切地说，应从父母的关系着手。我们认为，让他们自觉地彻底了解这种状况及其隐含意义会收到一种良好的疗效。这种自觉的认识可以避免尴尬的气氛，有助于寻找线索以及避免将引起麻烦的对象完全忽视。总之，它不再让那令人痛苦的东西继续受到压抑。尽管这会使个人更痛苦，但他至少是为某种真实的事情而痛苦，并且这种痛苦的含义是明确的。虽然压抑对于消除意识心理中的忧虑及其所有烦恼的情绪有着明显的长处，但它又会引起一种虚幻的间接痛苦，即精神病。精神病人的痛苦是一种无意识的欺骗，它并不像真实痛苦那样具有道德价值。然而，除了能够导致精神病外，这种被压抑了的痛苦的根源还有其他影响：它还会向周围环境渗透，如果遇到儿童，还会传染给他们。精神病常常以这种方式一代传一代。儿童则由其本能地对待父母心理状态的态度而受到间接的传染：他们要么以无声的抗议来进行反抗（尽管这种抗议有时是有声的），要么便屈服于一种令人麻痹和带有强迫性的模仿之中。在这两种情况下，他们却完全不是按自己的愿望，而是根据父母的愿望被迫去行动，去感觉，去生活。父母越是“感人至深”，越少承受自己的问题（这大多数又是在“对孩子严格要求”的幌子下实现的），儿童便将不得不长时间地受害于父母不愿经历的生活，并且越是被迫去完成那些父母压抑了并保留在无意识中的东西。这并不是父母为避免对儿童产生不良影响而必须“完善”的问题。如果他们确实是“完善”的话，儿童除了精神上的自卑感外，没有别的选择，当然，除非他们选择父母自己的武器来反抗父母，即模仿他们。但这种伎俩不过是将最后的报应推迟到第三代身上而已。这些被压抑的问题以及由此而欺骗性地避开的痛苦分泌出一种暗毒，这种暗毒穿过沉默这堵厚墙以及通过欺骗自满、回避等伪善面目渗入到儿童的心灵之中。孩子们孤零零地暴露在父母的心理影响下，不得不模仿他们的自欺、虚伪、做作、怯懦、自以为是以及像吝啬老财般的自私自利。要使儿童免遭这种反常的伤害，惟一的办法是父母尽量不要以欺骗的方式，或是故意装做不知道来避免生活中所出现的心理难题，而是把它们当成自己的任务，尽可能地诚实，用光明照亮儿童心灵的各个暗角。如果儿童能够对一个理解他的人倾诉，那就再好不过了。但若由于某种原因而做不到，一般都被认为是一种恶化。但这并非就是不利，相反，它往往会有好处。因为这时，他们就会被迫在没有他人帮助的情况下，去对付那些对他们来说是最难对付的东西。忏悔对那些心地单纯、能够彻底无遗地剖露心迹的人来说，是极其有效的。但是，这样的人在豪华的客厅里是绝不会感到自在的。不管他多么轻率，谁也不会在那里听到他做出这种公开的忏悔。众所周知，忏悔也可以用来进行自我欺骗。一个人越是聪明、有文化，他对自己的欺骗就越巧妙。没有哪个有理智的人会认为自己是圣人或罪人，二者都明显的是谎言。所以，对自己的道德品质，他情愿保持一种赧颜的沉默。一方面记着自己深深的罪孽，另一方面又念念不忘自己对事物的这种可怜状态所具有的值得称道的微弱的观察力。

我们再重复一遍，这并不是父母犯不犯错误的问题（对人来说，不犯错误是不可能的），而是父母如何认识这些错误的问题。因而需要进行审查的并不是生活，而是无意识，特别是教育者的无意识，也就是指我们自己的无意识。因为我们中的每个人，不管做得是好是坏，都是旁人的教育者。由于我们人类相互在精神上有着如此紧密的联系，以至领袖领导着民众，而民众却将领袖引入歧途。

（4）神童人格

在荣格的自传中，有这样几段文字：

当我第一次访问美国时，看到铁路和公路交叉处没有路障，铁路沿线也没有设置保护性栅栏，我觉得非常惊奇。在偏远地区，铁道实际上被当作了小道。当我表示惊奇后，人们告诉我说："只有傻瓜才不知道火车以每小时 40~100 英里的速度行驶！"另一件使我感到惊奇的事是没有什么事是"禁止做"的，相反，人们只不过是"不被允许"做某事，或是被客气地请求："请不要——。"

这些印象以及诸如此类的事使我发现，在美国，市民生活诉诸于智慧，并且期望一种智慧的反应。而在欧洲，市民生活只是造就愚蠢。美国人鼓励并渴求智慧，而欧洲人则回头去看是否傻瓜也跟上来了。更糟的是，欧洲将恶意视为理所当然，并且总是在我们耳边专横霸道地叫嚷：“严禁……！”而美国却极重视人们的一般观念和愿望。

这使我情不自禁地回忆起我的学生时代以及我所见到的一些带着欧洲式偏见的老师。作为一个十二岁的学生，我并不呆滞、愚笨。但老师总是将注意力放在那些笨蛋身上，因而我觉得非常无聊。我曾有过一位和蔼的拉丁文老师，做练习时，他老让我去图书馆取书。对此差事，我求之不得，并尽可能地选择最远的路磨磨蹭蹭地取回来。尽管如此，无聊并非我最糟的经历。在布置了无数乏味的论文题后，一次，老师竟给了我们一个非常有趣的题目。我非常认真地写起来，极其细心地润色每一个句子。我把它交给了老师，高兴地自以为是写了最好或者是比较好的作文。发作文时，老师总是先讲评最好的，然后讲评较好的。所有的作文都在我的之前评论了，而最后轮到我的作文时老师却不想过多地评论。他一副要发作的样子，说了下面的话：“荣格的作文是最好的，但他写得很轻松，没有遇到任何麻烦，因而就不应该受到表扬。”“不对！”我叫道：“我从来没有像写这篇作文这么认真过。”“撒谎！”他吼道：“你看史密斯·明勒（写得最差的那个学生），他才写得最费劲；他会取得成就的，而你却不会，绝不会的，因为你终生都摆脱不了聪明的欺骗。”我不做声了。从那以后，我再也没有在德语上下过工夫。

这桩不幸事件已经过去半个世纪了。我相信，从那以后，这个学校已发生了巨大的变化，并有所改进了。但是，当时这件事占据了我的整个思想，给我留下一种苦涩的感情。以后，随着生活经验的增加，这种感情自然地被理解所代替。我最终意识到，老师的态度毕竟是建立在扶弱锄恶的高尚观念上。但是，正如这些观念所发生的那样，它们易于被抬高成经不起推敲的无情原则。因而，对善意的可悲歪曲便产生了这样的结果：人们扶弱抗恶，但同时，他们却冒着将天分高的儿童置于落后地位的危险，好像超过同伴是件可耻和不对的事一样。一般人总是不相信并怀疑其智力所不达的任何东西。他过于聪明——这就足以构成对他极不信任的理由。在保罗·布尔杰的一部小说中，他描写了一个绝妙的场面：在一个被作为完美楷模的部长家的前厅里，一对中产阶级夫妇批评一个素不相识的著名学者道："他太聪明了。他应该是秘密警察，他一脸凶相。"

荣格给我们讲述的真实故事不是一个孤立的例子，而是一类经常发生的事情。尽管扶助弱智儿童是我们的道德准则，但天资聪颖的学生却使我们面临着一项不容忽视的重要任务。不管我们的愿望多么善良，我们也不允许忽视这些被大量需要的天才儿童。即使是今天，我们在这件事上进展得仍旧十分缓慢。不久前，我们听说了这样一件事：一个在小学低年级读书的聪明女孩突然变成了坏学生。这使得其父母大为吃惊。这孩子所说的发生在学校里的事听起来非常可笑，使她父母得出这样的印象：孩子们被人像傻瓜一样地对待，被人为地弄傻了。于是，母亲为这事去见了校长，结果发现这个老师曾受过教育残疾儿童的训练，并照看过落后儿童。显然，她并不懂得教育正常儿童的基本知识。幸运的是，这种伤害被及时发现了，因而这个小女孩就被交给另一个正常老师，在他的指导下，小女孩再次变好了。

神童的问题并不简单，因为他们并非由于是个好学生而显得出人头地，有时候却正好相反。他甚至可以是以粗心大意闻名，脑袋里充满了其他东西，衣着邋遢，懒惰，心不在焉，举止不佳，自由散漫，或是给人一种昏昏欲睡的印象。仅从外部观察，是很难将神童与精神不健全儿童区分开来的。

我们也不应忘记，神童并非总是早熟的，相反，有些神童发育得相当缓慢，以致于其才能要潜伏很长一段时间才得以显露，因而其才华极难被人发现。另一方面，就老师来说，期望过高以及抱乐观的态度只能幻想一些后来被证明为零的才能。就像传记里所说的那样："如果十四岁还未观察到天才迹象的话，以后就不再可能出现了。"

有时，帮助我们判断神童的惟一方法便是在学校和家庭对儿童的个性进行仔细地观察。它能使我们了解什么是主要倾向，什么是从属反映，在神童身上，漫不经心、心不在焉以及做白日梦是一种对外界影响的防御性的表现，它可以使内心的想像过程免受干扰。但仅有活跃的幻想或特殊的兴趣并不能说明他就具有特殊才能。因为同样显著的漫无边际的幻想和异常的兴趣，也可能在神经官能症以及精神病的早期病史中出现。因此，真正表明为天才的东西应是这些幻想的性质。因为，只有它才能将天才的幻想和蠢才的幻觉区分开来，而对之进行判断的最佳标准便是幻想结构的起源、连续性、敏感性、强度及其实现的潜在可能性。我们还必须考虑这种幻想渗入儿童实际生活的程度，例如以进行系统探求的癖好以及以其他别种兴趣的形式出现的幻想。另一个重要指标便是儿童兴趣总的程度和质量。人们有时在一些有问题的儿童中惊奇地发现，他们如饥似渴、不加选择地阅读各种书籍（而且通常都是在睡觉后被禁止看书的时间里），或是具有一些非凡的实际才能。所有这些迹象只能被那些不胜其烦地探求儿童问题的人所理解，这些人并不只是满足于对一些坏的品质进行挑剔。因此，掌握一定的心理学知识（我们这里所指的是一般常识和经验）对一个老师来说是非常必要的。

神童的心理意向总是处在强烈的矛盾运动之中。这就是说，天赋很少会均匀和始终如一地影响着精神的所有方面。一般的规则是：他们的大脑或这或那总会有些部位发育不全，致使我们称之为缺陷。总之，不同部位的成熟程度有着极其明显的差异。在具有天赋的那方面，不正常的早熟可能占据优势，而在其他方面，其智力也许会低于同龄儿童的正常水平。有时，这会使人产生一种误解，以为是在与一个相当迟钝、智力低下的儿童打交道。结果就不相信他具有任何超过一般儿童的能力。或者也可能智力的早熟并不伴随相应的语言表达能力的发展，因此，这类儿童便被迫以一种似乎混乱或者令人难以理解的方式来表述他的思想。在这些情况下，只有通过对原因进行仔细的推敲和对答案进行谨慎的考察，老师才能避免做出错误的判断。但在有些情况下，天赋却表现在某些与学校课程毫不相关的才能上，某些实际的才能便是如此。

谈到这里，我们必须指出在对待数学天赋问题上人们曾一度信奉的错误观念。人们认为，逻辑抽象思维能力可以说就表现在数学上，如果谁想要其思考具有逻辑性，那么，学习数学便是最佳的训练。但是，数学天赋同在生物学上与之相关的音乐天赋一样，既不同于逻辑，也不同于理解力，尽管它像所有的哲学和科学那样都在使用着这两种东西。一个人可以有音乐天赋而不具备理解力，同样，一个白痴也可能表现出惊人的计算才能。数学上的直觉同音乐上的直觉一样，都是不可人为地获得的，因为它是一种特殊的才能。

神童所面临的不仅仅是智力上的纷扰，而且还有道德上，即感情上的纷扰。成人身上常见的耍赖、扯谎以及其他道德上的懒散极易成为神童苦恼的问题，而成人容易忽视出自情感上的道德批评就如同容易忽视或低估智力上的敏感及早熟一样。心灵的天赋并不像智力和技能天赋那样显而易见或是给人印象深刻。就像后者需要老师的特殊理解一样，这些其他方面的天赋则更需要进行训练。由于教育者口头所教的东西不再起作用，而依靠自己的那一天不可避免地要到来，因此，每一个教育者（我们在最广泛的意义上使用这个术语）应该不断地反问自己，是否在自己身上，在自己的生活里完成了自我教育，从而达到了最佳学识，以及具备了纯洁的良心。心理治疗告诉我们，最具有疗效、起决定作用的并非学识，亦非技能，而是医生的人格。教育也同样如此，它必须以自我教育为先决条件。

除智力的天赋外，还存在着心灵的天赋。尽管在这种情况下，头脑是较弱的器官，因而这些天赋极易被忽视，但这并不意味着它们不重要。其实，这种人较之具有其他天赋的人对于社会的福利有着更大的贡献，也显得更有价值。然而，就像所有的天赋一样，高天赋的心灵感受也具有两面性。为了造成具有特殊才能的印象，他们能够很巧妙地使自己适合老师，并表现出会有非凡成就的迹象（这种情况在女孩中尤其常见），可是一旦个人的影响停止，天赋便立即消失。它不过是一支热烈的插曲通过神人而戏法般地出现，就像着火的干草那样，一闪便熄灭了，事后只留下一堆失望的灰烬。

教育神童的工作要求教育工作者有很高的智力、心理、道德以及艺术等方面的能力。但实际上却很难期望哪个教师能够真正达到这一要求。如果教师要公正地对待学生中天才们的天赋，除非他自己就是某种天才。

幸运的是，许多天才似乎有一种自我保护的能力，并且一个具有天赋的儿童越是接近于天才，其创造能力（正如天才一词所暗示的）就越是表现得远远超过同龄人。我们甚至可以说，创造力就像是一个恶魔一样，对之进行训练是不必要的，而保护儿童免遭其伤害才是更必要的。伟大的天才是人类之树上最美好并且常常是最危险的果实，他们悬挂在弱小的树枝上，随时都有被折断的危险。人们往往得出这样的印象，即一个具有创造力的人格的成长是以牺牲其人类禀性为代价的。有时，在天才与其人的品质方面确实存在着矛盾，以致人们不禁要问自己：是否少一点天赋会更好一点呢？相对于道德低下，到底什么是非凡的智慧呢？没有几个天才是由于其人格上的缺点而丧失（且不说误入歧途）其价值的。天赋不具备绝对的价值，或者不如这么说，只有当人格的其余部分与天赋的发展相一致，并使这种才能被有效地利用时，它才具有完全的价值。创造力也同样易于变成有害因素，它究竟是将自己运用于好事还是坏事，仅仅取决于道德上的人格。如果一个人缺乏这种人格，没有任何老师能够替他弥补或是取代这种人格。

基于所有这些原因，我们很难说用分班的办法（像有人提出的那样）来训练特殊的天才学生是否有益处，但至少我们不愿意成为挑选天才学生的专家。虽然分班的方法对天才儿童不无益处，但我们仍得考虑这样一个事实，这些具有天赋的学生并不见得在其他方面也具有同等水平的天赋，包括感情和心理等方面。如果将他们隔离在一个特殊的班级中，神童便可能出现片面发展的危险。另一方面，在正常的班级中，尽管神童对他所擅长的那门功课感到很容易对付，但其他的课程却能够提醒他自己的不足，这就能产生一种有用又极其必需的心理影响。由于神童都具有高度优越感这种不利的心理因素，因而也相应需要有一种谦虚来补偿他们的自高自大。但是，神童常常是被惯坏了的，他们总希望人们对其另眼相看。

我们认为较好的方法便是将天才儿童与其他儿童安排在

一个普通的班级里一块进行教育，而不是将之转到一个特殊的班级里以突出其特殊地位。在进行了所有这一切之后，学校便成为广阔世界的一部分，并在小规模范围内包括所有那些儿童将来会遇到并发生关系的要素，至少某些对世界的适应是能够并且应该在学校里学会的。偶尔的冲突并不是一种灾难，只有当误解是长期的，或者儿童是非同一般的敏感，又不可能找到另外的老师来替代时，这种误解才是事关重大的。这往往会带来有利的结果，只是当问题的症结确实与老师有关时才是如此。这绝非就是规则，因为在许多情况下，老师不得不为因孩子在家中抚养所造成的堕落而苦恼。而那些不能实现自己雄心的父母则常常将这些雄心体现在其天才的孩子身上。于是，这些孩子或是被娇生惯养，或是被草率地制成一件展览品。这对他将来是极其有害的。

一种伟大的才能，特别是天才们的天赋，是很早就投下其阴影的重要因素。天才会经历一个讨厌一切的阶段，因为在他的天性中具有某种独断和难以驾驭的东西。那种所谓“被误解了的天才”是一种很值得怀疑的现象。**一般说来，那些总是寻求一种对自身的安慰性解释的人结果都是一些废物**。天才就像凤毛麟角那样罕见，是一个不能指望的幽灵。不管是否意识到这一点，天赋是从一出生便具有了的。然而才能具有一种统计学上的规律性，并不总是能有一种推动力与之相匹配。就像天才一样，才能的形式是五花八门的，由此而引起教育者所不容忽视的个体分化。因为一个分化的人格，或是一个能够分化的人格对社会具有最大的价值。

从生物学上说，天才是平庸中出现的偏离，就老子的话来说："高以下为基。"这一偏离同时也发生在同一个体的才能的高度和深度方面。由此在他身上产生出一种对立的紧张，从而锻炼及加强了其人格。正如表面平静而底部充满激流的水流一样，神童的心灵深处亦充满着激流。他的危险不仅在于对常规的偏离（不管这种偏离看起来多么有利），而更在于那种预示着冲突的内在倾向。因而，与隔离在特殊的班级里相反，个人的兴趣和老师的关照将更有利于他们的成长。有人建议在学校里设置受过训练的精神病专家，这也并不是对那种在技术上正确的东西一味崇拜的狂热的一种让步。我们认为老师对学生的理解之心比什么都重要，对它无论作多么高的评价都不显得过分。当我们回头去评价那些杰出的老师时，我们只是感激那些能够触动我们人类感情的老师们。课程是很必要的原材料，但温暖对于生长着的植物和儿童的心灵来说，却是至关重要的因素。

在其他学生中，还存在着一些有才智和天性敏感的儿童，这些才智和天性都不应使其遭受压抑和窒息，学校的课程不应离人文科学太远而成为一种过于专业化的东西。而成长起来的一代应向他们指明那些通向生活和心理的不同领域的大门。任何具有雄厚基础的文化都必须在最广泛的意义上尊重历史，我们认为这点似乎特别重要。注意现实的有用的东西固然重要，为了未来而回顾过去亦同样重要。文化意味着继续，而不是通过"进步"来割断历史。特别是对神童，作为心理卫生的措施而对之进行一种平衡教育是非常基本的。正如我们已说过的，其天才是片面的，并且几乎总是为心理其他方面的那种孩子气的不成熟的抵消。然而，童年不过是一种过去的状态而已。**正如发育中的胚胎从某种意义上揭示了我们种族发生的历史，因此，儿童的心理便重温了尼采所说的“人类早期的功课”。儿童生活在一种前理性状态中，尤其是生活在一种前科学的世界中，即一种人类祖先所生活的世界中。我们的根基便在那个世界里，每个人都是由这些根基生长起来的。成熟使之脱离根基，而不成熟则使之依赖于根基。**关于宇宙起源的知识，在那逝去和被遗弃了的过去世界和未被认知的未来世界之间架起了一座桥梁。如果没有过去留下的人类经验，我们如何能够掌握未来、同化未来呢？如果被剥夺了这种人类经验，我们就丧失了根基和远见，只会对未来将发生的各种新奇事情毫无防备，任其欺骗。一种纯技术以及实践的教育并不能抵挡这种欺骗，对于识别骗子亦毫无用处。它缺乏一种其内在的规律是历史的连续性即人类意识而非个体意识的漫长进程的文化。这种调和所有对立面的连续性也调解了那些威胁神童的冲突。

对任何新情况我们都应该谨慎地进行研究和试验，因为它最终很可能只不过是一种新的疾病而已。这就是为何没有成熟的判断，没有真正进步的原因。一个站得住脚的判断需要有坚实的立足点，反过来这立足点只能建立在对已知的正确见解上。一个不注重历史知识，割断与过去的联系的人就处在一种屈服于所有新奇事物所造成的狂热和欺骗的危险之中。将婴儿和洗澡水一齐倒掉，这便是所有改革者的悲剧。

不管怎样，那些天才的人们是自然本身挑选出来担负重任的，是高举火炬的人。

（5）人格培养：教育的终极

人们经常喜欢引用歌德在一首诗中的两句结尾：

> 人间最大的幸福
> 乃是人格之欢乐

这表达了人类的最终目标和最强烈的愿望，也就是去发展生活，使之丰富充实，这就是人格。今天，“人格培养”已经成为一种最终的教育理想。这种理想摒弃那些为这个机器时代所大量需要的标准化的“正常人”。我们这个时代被过分夸张地誉为“儿童的世纪”。没有人否认或低估儿童时期的重要性，但是，由家庭或学校里的拙劣培养所造成的严重的并且通常是终生的危害却是显而易见的。所以，对合理的教育方法的需求仍然是非常迫切的。要想根除这种愚蠢而偏执的教育方法，我们就必须严格地对待这样一个问题，即这种教育方法曾经是如何被采用的，现在为什么仍在采用。很明显，惟一的原因便是，存在着一些半瓶子醋的教育人员，他们根本不通人性，只会盲目地模仿别人的方法。任何想要教育别人的教育者，他自己必须首先得受过教育。那种至今仍然风行的鹦鹉学舌般僵死的书本教育方式，以及机械地搬用别人的方法等，对儿童和教育者本人来说，都不能算是一种教育。人们一直认为儿童的人格必须受到训练，我们很赞同这种崇高的想法。但我们却禁不住要问，这种人格的训练由谁来进行呢？父母是首先和最重要的训练者。可他们大多自己尚未成熟，而且一生都是如此，人们怎么能期望这些普通的不能胜任的父母们是有“人格”的呢？而谁又能想出一个能将“人格”的思想灌输给他们的方法呢？由此，我们自然便将希望寄托在教师以及受过训练的专业人员身上。阿弥陀佛！这些人满脑子的“心理学”，并且还在不断地往里面填塞一些怪诞的念头，诸如怎样设想儿童的构成，怎样来掌握儿童之类的东西。假如这些以教育为职业的年轻人都是受过教育的，可谁又能断言他们都是有“人格”的呢？他们大体上也受过与他们所指导的那些不幸的儿童一样的有缺陷的教育。因而，他们通常与他们所管教的儿童一样没有“人格”。我们整个教育存在的问题都在于对儿童的教育的片面性，面对教育工作者自身未曾接受过适当的教育这一状况却又同样片面地未予以重视。每一个完成了学业的人都认为自己已接受了完全的教育，也就是说，他认为自己已长大成熟了。当然，他确实应该有这种感觉，即他必须对自己的能力有坚定的信心，否则他就不能生存下去。任何怀疑或不坚定的感觉都会妨碍或伤害他，从而逐渐削弱他对自己权威的信仰，使他不能适应自己的职业生活。人们希望他在工作中干得很出色，而不是对自己的能力表示怀疑。

我们知道，这些状况并不是理想的。但是，保留地说，它们都是现有条件下最好的状况。我们不能想象他们还会变得怎样不同。我们不能对教育者抱有比家长们更大的希望。如果他们将工作做得很出色，我们就只能对此感到满足，正如我们不得不满足于那些尽了自己最大努力来抚养孩子的父母一样。

事实上，人格教育的目的并不是为了教育儿童，因为人格通常是指一个在各方面都具有抵抗能力并充满能量的精神整体——一个理想的**成人模式**。只有在像我们这样的年纪，当个体没有意识到成人生活中的问题，或者更糟的是，当他有意地避开这些问题时，人们才希望将这种理想的模式强加到儿童身上。我们怀疑当今的教育学和心理学对儿童的热情是出于这样一种不光彩的意图，即我们谈论儿童，但指的却是成人式的儿童。因为在每个成人身上都潜伏着一个儿童——一个永恒的儿童，一个正处于形成之中但却又永远不定型的东西。它不断地要求予以照顾、关心和教育，这就是人类人格中要求发展和完善的那部分。但是，当今的人离这种完善的确很远。他内心模糊地怀疑自己是否有某些缺陷，于是便开始着手研究起儿童教育来，并且狂热地献身到儿童心理学中去。他自信，在他童年和成长阶段肯定出现过某些差错，而这些差错却可以在下一代身上避免。这种想法是非常值得称道的，但却产生了这样的困难：我们无法纠正存在于孩子身上的错误，因为这些错误我们自己仍旧在犯。儿童并没有我们想象的那么笨，他们对于真假判断得极为清楚。汉斯·安徒生的那个“皇帝的新衣”的故事就揭示了这一永恒的真理。

如果我们希望改变孩子身上的某些东西，我们首先得看看它们是否能够在我们自己身上被改变。将热情当作教学法，无异于张冠李戴。也许我们尚未真正了解谁需要教育，因为令人难堪的事实却是我们本身在很多方面仍很幼稚，仍需要接受大量的教育。

总之，当我们着手训练我们孩子的人格时，我们认为出现这种疑虑是再正常不过了。人格是一粒种子，它只有通过整个人生的漫长阶段才能得以发展。一切人格都具有确定性、整体性和成熟性。但是，这三个特性不能也不应该指望在儿童身上出现，因为它们会使儿童失掉纯真，从而使发展流产，出现一些早熟的小大人。然而，我们现今的教育已经产生出了这种畸形儿，特别是当父母把为了孩子“尽其最大努力”以及“只为孩子活着”作为自己的惟一任务时，就更是如此。这种急切的想法极大地限制了父母，使之不能做任何有助于自身发展的事情。他们反复地对子女灌输他们认为是“最好的东西”，这些所谓“最好的东西”恰恰是他们自己曾忽视了的东西。孩子们就是以这种方式被驱使去完成他们的父母没有完成的事情，被强加一种他们永远无法实现的愿望。这种方法和思想只能造成教育上的畸形儿。

任何人都不能培养人格，除非他本人具有自身的人格。只有成人（而不是儿童）才能将人格当作他全部生活的直接目标而获得这一果实。人格的获得意味着整个个体的生命得到最恰当的发展。但要想预见这一过程中所需要完成的各种数不尽的事情则是不可能的。它需要整整一生的时间，包括所有社会的、生物的及精神方面的生活。人格是人的内在特性的最高实现，它是一种勇敢地面对生活的行为；是对形成个体一切因素的完全证实；是对与最自由地实现自觉相联系的一切生存条件的最佳适应。要把一个人教育到这种程度，在我们看来，似乎不是一件容易的事。它是现代人为自己规定的一个最艰巨的任务。它同时也是危险的，它就像大自然冒险地让妇女生孩子那样具有危险性。如若一个超人竟敢将一个胎儿置于瓶罐之中，让其发育成一个模式化的人，这难道不是一种亵渎，一种反叛，或者甚至是恶魔般的专横行为吗？然而就是超人也不愿意去做超越自然的任何事情。人类的一切恐惧和怪诞行为都可以在母亲的子宫之中找到孕育它的地方。正如太阳照耀着正义也照耀着非正义一样，也正如奶妈从不考虑婴孩长大后是否会变坏而一视同仁地以仁爱之心哺育可爱的天使和恶魔的子孙那样，我们亦具有这种奇怪的天性。而且，同样地在我们身上也存在着各种不可预见的种子。

人格是在我们的生命过程中由各种难以辨认或不可辨认的基质发展而来，只有我们的行为才能说明我们是谁。我们仿佛是那养育地球上的生命并带来各种奇怪、美妙和罪恶之物的太阳，我们如同那些在子宫内孕育着幸福和痛苦的母亲。起初我们并不知道在我们身上什么是善行或恶行，什么是命运，只有到了秋天才能理解春天的含义，只有到了夜晚，才能看到晨曦开始的是什么。

人格，作为我们整个生命的完全实现，是一个实现不了的理想。但实现不了并不意味着不存在这样一个理想，因为**理想仅仅是征途上的路标，而不是征途的终点**。

正如为了接受教育儿童必须得先发育一样，人格在受到培养之前也必须迅速地得到发展。但这也是危险的起点。由于我们所掌管的是一种难以预言的东西，因此，我们也就不知道怎样、朝着什么方向来发展这种人格的萌芽。人性充满了各种奇特的矛盾。我们赞美“母性的神圣”，但绝不会想到要它对一切人类中的恶人、杀人犯、危险的精神病人、白痴以及每天都在诞生的各种残疾人负责。同时，当人格得以允许自由发展时，我们又对此倍感疑虑和苦恼，说是：“如此一来，什么情况都将发生。”也许他们还会抬出一些陈旧、不堪一击的理由来反对“个人主义”。但个人主义并不是也从未是一种自然的发展，而是一种非自然的盗用，一种异想天开，一种稍加一击便暴露出其空洞虚乏的伪装。我们所指的人格则完全是另外一回事。

显然，没有任何人的人格发展是由于听人说过这是有用或有益的缘故，大自然更不会为人们的善意劝告所动。大自然的惟一动因便是因果必然性，人类天性也同样如此。没有必然性，就没有动力，人格更是如此。人格极其保守，且又麻木不仁，只有强烈的必然性才能激发它。发展中的人格不顺从任何主观意愿、命令或是任何洞察力，而只顺从无情的必然性。它需要内在或外在那种决定命运的推动力。任何其他的发展比个人主义也好不了多少。这就是为什么我们谈到人格的发展时，将之斥为“个人主义”的叫嚷只不过是一种无力的攻击而已。

用“竞选者甚众，中选者无几”这句话来描述人格的发展极为恰当。因为从基质状态的人格发展到完全的意识时，它立刻就成为一种神授的能力和咒语。它产生的第一个后果便是使单个的个体从无差异和无意识的群体中分离出来。这意味着孤独，用它来形容人格的发展相当贴切。家庭、社会以及职业都不能改变他的这种命运，无论他多么适应周围的环境，他的本性都难于更改。人格的发展是一种必须付出高昂代价的红利。但是，那些最起劲谈论人格发展的人也正是那些对其后果最不负责任的人，这些后果令弱者望而生畏。

人格的发展不单单意味着对产生的怪异或孤独的恐惧，它也意味着对我们自我存在规律的忠诚。

2. 个性的形成

（1）人生的阶段

讨论与人生发展阶段有关的问题是一项艰巨的任务，因为它意味着要展开一幅从摇篮到坟墓的心理生活的完整画卷。在这里我们只能最粗略地执行这项任务，而且大家必须理解，我们不会试图描述各个阶段中正常的心理事件。相反，我们会把自己局限于讨论某些“问题”；也就是说，讨论那些困难的、有疑问的或者模棱两可的东西；简而言之，就是讨论这样一些问题，它们的答案不止一个——不仅如此，这些答案还总是容易受到怀疑。因此，我们在头脑中必须给很多东西划上问号。而且——更糟糕的是——我们又必须无条件地接受某些东西，有时候甚至必须沉溺于推测之中。

如果心理生活只是由于表面的事件构成——在原始的水平上情况依然如此——那么我们就可以满足于坚定的经验主义了。然而，文明人的心理生活充满了问题；我们除了带着问题去思考它，简直就没有别的办法。在很大程度上，我们的心理过程是由思考、怀疑和实验组成的，这些东西对于原始人那依赖无意识和直觉的头脑来说，几乎完全是陌生的。这些问题的存在要归因于意识的增长；它们是文明送给我们的值得怀疑的礼物。正因为人背离了本能——他把自己与本能对立起来——才创造出了意识。本能是自然，它寻求自然的永久存在；而意识只能寻求文明或者对文明的否定。只要我们仍然浸没在自然当中，我们就是无意识的，我们生活在本能的安全状态之下，因为本能是没有问题的。我们身上所有属于自然的东西都会在问题面前退缩，因为问题的名字就是怀疑，不管问题在哪里占了统治地位，都会带来不确定性和不同方法并存的可能性。当几种方法似乎都有可能的时候，我们就脱离了本能的某种指导，而转入恐惧的手中。因为现在需要意识来做自然一直在为她的孩子们所做的一切——也就是，做出一个肯定的、不可置疑的、毫不含糊的决定。

这样，问题就把我们引入一种孤立无援的境地，我们为自然所抛弃，被驱赶到意识那里。没有另一条道路向我们开放；从前我们把自己托付给自然事件，现在我们被迫求助于自己作决定和解决问题。因此，每一个问题都带来拓宽意识的可能性——但是由此也带来了一种需要，就是要向幼稚的无意识和对自然的信任告别了。这种需要是一个非常重要的事实，以至于它构成了基督教当中一条基本的象征性教义。那就是纯粹的自然人的牺牲——一个无意识的、足智多谋的人的牺牲，他的悲剧生涯起源于吃了乐园中的苹果。《圣经》中人的堕落展现了意识的曙光，但却把它当作对人类的诅咒。事实上，我们起初正是用这种态度来看待每一个问题的，因为每一个问题都迫使我们需要更多意识，使我们离无意识的童年乐园越来越远。我们每一个人都愿意转身离开自己的问题；如果可能的话，根本就不提起它们，或者更好的办法是，干脆否认它们的存在。我们愿意使自己的生活简单、确定而且平稳——由于这个原因，问题就成了禁忌。我们选择肯定而不是怀疑——选择结果而不是实验——我们甚至没有看到，肯定性只能通过怀疑获得，结果只能通过实验获得。人为地否认问题并不能带来信念，相反，只能要求更广泛、更高度的意识来给予我们所需要的确定性和清晰性。

这段导言虽然比较长，但是在我们看来却完全是有必要的，它的目的是澄清我们的题目的性质。当我们必须处理某个问题时，我们会本能地拒绝尝试导向黑暗和模糊的方法。我们只想听到毫不含糊的结果，完全忘记了只有先投入黑暗再浮出黑暗这样的历险经验才能带来这些结果。但是要穿透黑暗，我们需要唤起意识所有的光明的力量，正如我们已经说过的，我们甚至必须沉溺于猜测之中。因为在处理心理生活中的问题时，我们会不断地与分属于各个知识领域的原理发生冲突。我们打搅和激怒神学家、哲学家、物理学家和教育家，我们甚至在生理学家和历史学家的领域中探索。这种过分的行为不应该归罪于我们的傲慢，而应当归因于一种情况，即人的心理是各种因素的独特的综合体，这些因素又同时构成了其他领域深入研究的特殊课题。

所以，如果我们问自己这个无法回避的问题：“为什么人会有问题，跟动物世界形成了明显的对比呢？”我们就陷入了那个解不开的思想之结，在许多个世纪中，成千上万个敏锐的头脑造成了这个结。没有意识就没有问题。因此，我们必须换一种方式来提出这个问题：意识是通过什么方式产生的呢？没有人可以确定地说出来，但是我们可以观察处于意识形成过程中的孩子。只要留心的话，每一个做家长的人都可以观察到。这就是我们所能观察到的东西：当孩子识别出某人或者某物时——当他“认识”一个人或者一样东西时——我们就感觉孩子有意识了。无疑，正因为如此，乐园中的智慧树才会结出如此致命的果实。

但是这个意义上的认识或者知道是什么呢？如果我们成功地把一个新的知觉和已经建立起来的前因后果联系起来，并且联系的方式使我们的意识同时保存了新知觉和前因后果，我们就说“知道”了某个事物。所以，“知道”是建立在心理内容的意识联系之上的。我们不能知道互不联系的内容，我们甚至不能意识到它们。如此说来，我们所能观察到的意识的第一个阶段就只是两个或更多的心理内容的联系。在这个阶段，意识只是零散的，仅限于几个联系的表象，其内容不会被记住。在生命的最初几年没有连续的记忆，这是一个事实；至多有一些记忆岛，就像无边暗夜中的孤灯或者发光物体。但是这些记忆岛跟起初那些心理内容的联系已不尽相同；它们包含着一些新的东西。这种东西就是一系列互相关联的内容，它们非常重要，正是它们构成了所谓的自我。自我——就像最初的一系列内容一样——是意识中的一个客体，由于这个原因，孩子开始总是用客观的方式称呼自己，也就是用第三人称。只是到了后来，当自我的内容本身充满了能量时（这很可能是锻炼的结果），主观感或者说“自我感”才会产生。无疑，孩子从这一时刻起就开始用第一人称称呼自己了。在这个阶段，记忆的连续性开始了。所以，从根本上讲，它是自我记忆的连续性。

在意识的儿童阶段还没有问题，还没有什么东西依赖主体，因为孩子本身仍然完全依靠父母。这就好像孩子还没有完全生出来，他还笼罩在父母的心理气氛中。按照正常的进程，心理上的出生，以及与之结伴而来的把自我和父母有意识地区别开来的过程，一般发生在青春期，这时性生活突然介入。生活的变化伴随着心理的革命。因为身体上出现的各种现象非常强调自我，它经常会毫无节制地表现自己。这个时期有时被称作“难以忍受的年龄”。

在达到这个阶段之前，个人的心理生活基本上是由冲动控制的，很少或者根本不会遇到问题。甚至当外在的限制与主观的冲动发生冲突时，这些限制也不会使个人与自己产生矛盾。他或者服从于它们或者绕过它们，与自己保持着一致。他还不了解问题所带来的内部的紧张状态。只有当外部的限制变成内部的障碍时，也就是当一种冲动与另一种冲动发生冲突时，这种状态才会产生。用心理学的术语说，那就是：如果一系列自我内容与另一系列同样强度的心理内容并列出现时，由问题引发的状态——与自己冲突的状态——就出现了。这第二个系列，由于它的能量价值，有一种与自我情结同等的功能意义；我们可以把它称为另一个或者第二个自我，在特定的情况下，它可以从第一个自我手中夺取支配权。这就带来了同自己的疏远——此种状态就预示着问题的出现。

综上所述，我们可以概括如下：由识别或者“知道”所构成的意识的第一个阶段是一种无秩序的或者说混乱的状态。第二个阶段——自我情结得到发展的阶段——是一种单一化的或者说一元化的阶段。第三个阶段意识又往前迈出了一步，它由人对自己分裂状态的认识构成；它是一个二元的阶段。

到这里，我们才进入实际的主题，也就是人生阶段的问题。首先我们必须讨论青年期。按照荣格的说法，它的大致范围是从青春期到中年，而中年大约在三十五岁和四十岁之间到来。

可能有人会问，为什么选择人生的第二阶段作为讨论的开始，难道没有什么难题与童年相联系吗？儿童复杂的心理生活对于父母、教育者和医生来说当然是一个至关重要的问题，但是在正常情况下，儿童自己没有真正的问题。只有当一个人长大了，他才会对自己产生怀疑，进而与自己产生对立。对青年阶段各种问题的起源我们都是完全熟悉的。对于大多数人来说，它是由于生活的要求粗暴地结束了童年的梦想。如果个人作好了充分的准备，那么向职业生涯的转变就可能是顺利的。但是如果他抱着与现实相矛盾的幻想不放，那就肯定要出现问题了。每个人迈出生活的这一步时都会有一些预想——有的时候这种预想是错误的。也就是说，它们也许不符合人所投入的环境。这就经常会出现期望过高、低估困难、盲目乐观或者态度消极的问题。要把造成最初的意识问题的预想都举出来，可以列一个很长的单子。

但是造成问题的并不总是主观预想与外部事实的冲突，它还可能是内部的心理骚乱。即使在外部世界一切都很顺利的时候，这种骚乱也可能存在。最常见的是性冲动打乱了心理平衡，也许同样常见的是自卑感，它产生于让人难以忍受的敏感。有时，不用做明显的努力就能够适应外部世界，甚至在这种情况下，这些内部的困难也可能存在。似乎有这样一种情况，如果年轻人必须为生存而挣扎的话，他们就免除了内部问题，而那些由于这样那样的原因很容易适应的年轻人，却遇到了性欲的问题或者产生于自卑感的冲突。

有些人自己的气质就会导致问题，他们通常是神经症患者，但是如果把存在问题与神经症混为一谈，那将是一种严重的误解。这两者之间有明显的区别，神经症患者是病人，因为他没有意识到他的问题；而一个具有困难气质的人没有病，他只是受到意识问题的折磨。

如果我们试图从青年期那几乎无法穷尽的各种问题中找出共同的根本的因素，我们就会在差不多每个例子中都遇到一个特殊的性质：一种多少有些明显的对于童年阶段意识的依赖——它对抗着我们内部和我们周围那些倾向于把我们卷入世界的强大的力量。我们身上有些东西希望我们保持儿童状态，希望仍然无意识，或者至多是意识到自我；希望排斥任何陌生的事物，或者至少使它服从于我们的意志；希望什么也不做，或者无论如何也要沉溺于我们对快乐或者权力的追逐。在这种倾向中，我们观察到某种类似物质惯性的东西，它要保持迄今为止存在着的状态。这个阶段的意识比起二元阶段的意识要狭小、自私得多，因为在后一个阶段，个人发现自己被迫承认和接受不同的、陌生的事物，并把它当作自己生命的一部分——作为一种“我的同体”。

二元阶段的根本特征正是生活视野的拓展——对这一拓展也会有抵制。肯定，这种扩展早在二元阶段之前就开始了。它始于出生的时候，当一个孩子摆脱了母亲子宫束缚的时候，从那时起，它就稳步地增长，直到达到儿童阶段的某个临界点，这时由于问题的困扰，个人开始与它斗争。

从某种意义上讲，心理学告诉我们，心理中没有什么东西是陈旧的，没有什么东西会真正地、肯定地消亡。如果有人借助退回过去来回避新鲜的陌生的东西，那么他就会陷入神经症的状况，如果有人只接受新东西而背离过去的话，结果也是一样。惟一的区别是，一个人疏远了过去，另一个人疏远了未来。从原则上讲，两个人在做着同样的事，他们都在拯救一种狭隘的意识状态。可供选择的出路是利用二元阶段存在于对立之中的紧张来粉碎它，并借此建立一种更广泛、更高层的意识。

如果能在人生的第二个阶段产生结果，那将是很理想的——但是障碍就在这里。一方面，自然对更高层次的意识毫不在意；实际上情形正相反。另一方面，社会也不认为心理的这种本领有很重要的价值；社会总是把奖励给予成就而不是人格——大多数时候，后者只有在人去世后才会受到表彰。既然情况如此，似乎就必须用一种特殊的方法来克服这个困难：我们被迫把自己局限在力所能及的事物上，并使某些才能突出出来，因为只有这样，一个有能力的个人才能找到他的社会存在。

成就、有用性以及诸如此类的东西是我们的理想，它们似乎能把我们引出各种问题的困扰。在我们扩展和巩固自己心理存在的历险活动中，它们好像是我们的北斗星——它们可以帮助我们在世界里扎下根，但是它们不能引导我们获得我们称为文化的那种更广泛的意识。不管怎么说，在青年阶段，这个过程是正常的，在任何情况下，它都比仅仅在问题堆中摇摆颠簸要好得多。

所以，这个两难问题经常用以下的方式解决：过去给予我们的一切东西都要适应未来的可能性和要求。我们把自己局限于力所能及的事情，这就意味着放弃其他的一切潜力。一个人失去了一部分宝贵的过去，另一个人失去了一部分宝贵的未来。每个人都可以想起一些朋友或者同学，他们曾经是有前途有理想的年轻人，可是几年以后再遇到的时候，他们似乎变得索然无味了，被限制在一个狭窄的模子里面。这些人就是上述解决方法的典型例子。

然而人生的严肃问题永远不会完全解决。如果它们什么时候看起来似乎完全解决了，那么这就是失落了某种东西的征兆。一个问题的意义和目的并不在于它的解决，而在于我们不停地努力解决它。单是这一点就能防止我们变得愚蠢和僵化。对青年时期的各种问题的解决方法，即把自己局限在力所能及的范围之内，也是一样的：在更深层的意义上，它只是暂时有效的而不是持久有效的。当然，为了在社会上给自己赢得一席之地，并且改变自己的天性使它多少更适应这种存在，从任何意义上来说都是非常重要的成就。它不仅是与外界的斗争，还是与自己的斗争，可以与儿童捍卫自我的斗争相提并论。我们必须承认，这场斗争几乎是难以观察到的，因为它在黑暗中进行；但是当我们看见有人多年以后还顽固地死守着幼稚的幻想、成见和自私的习惯时，我们就能够意识到形成它们消耗了多少能量。那些在青年时期引导我们走向生活的理想、信念、主导思想和态度也是一样——我们为它们而斗争、吃苦并且获得胜利；它们与我们自身的存在长成一体，我们似乎也变成了它们，因此我们把延续它们当成一种快乐，看做一件理所当然的事情，就像孩子面对世界表现自我，全然不顾自己一样——有时甚至故意刁难自己。

我们离中年生活越近，就越能成功地巩固自己的个人观点和社会地位，似乎也就越像找到了正确的途径、正确的理想和行为的原则。因为如此，我们就把它们当成了永恒有效的东西，把一成不变地固守着它们当作了一种美德。我们完全忽视了一个基本事实，就是赢得那些社会所赞赏的成就，其代价是人格的萎缩。生活中许多——太多太多——也应该体验的方面，却躺在尘封的记忆的杂物间里。有时候，它们甚至是在灰烬包裹之中燃烧的煤炭。

统计数字显示，在四十岁左右的男人当中，精神抑郁症的发病率有所增加。在女性当中，神经症性质的困难则通常出现得更早一些。我们可以看出，在人生的这个阶段——三十五岁和四十岁之间——正酝酿着人的心理的一个显著变化。起初这并不是一个有意识的惊人的变化，而是出现一些似乎来源于无意识的变化的间接标志。它经常表现得像是一个人性格的缓慢变化。还有一种情况，就是某些在童年时期就已经消失的特征又出现了；或者，一些倾向和兴趣逐渐减弱，出现另一些来取而代之。经常发生的情况是，那些一直都被接受的信念和原则——特别是那些道德原则——开始巩固起来，越来越严格，直到五十岁，到达一个不宽容的狂热阶段。那时就仿佛这些原则的存在受到了威胁，因此必须要突出强调它们。

青春之酒并不会随着年龄的增长而越来越清澈，它经常会越来越浑浊。以上提到的所有表现，在片面的人们身上都可以看得最清楚，它们或早或迟总会出现。在我们看来，它们的出现经常被一个事实延误，就是这个人的父母还健在，那样他的青年时期就好像过分延长了。我们在一些父亲长寿的男病人身上特别清楚地看到了这一点。父亲的死亡导致了匆匆而至的——几乎是灾难性的——成熟。

有一个虔诚的教会执事，他从四十岁开始，在道德和宗教问题上逐渐表现出不宽容的态度，最后达到了令人难以忍受的程度。同时，他的脾气也明显地越来越糟糕。终于，他变成了一个纯粹的阴暗猥琐的“教会支柱”。就这样，他活到了四十五岁。一天夜里，他突然从床上坐起来，对他的妻子说：“现在我终于明白了！其实，我只是一个地道的流氓。”这种自我意识很快就有了结果，他过起了放纵的生活，挥霍了自己的一大部分财产，就这样度过了晚年。显然，他是一个可爱的人，能够达到两个极端！

在成年时期经常出现的神经症的骚扰都有一个共同的特征，那就是它们表现出一种企图，企图把青年的心理气质带过所谓谨慎年代的门坎。谁不知道那些多愁善感的老先生们呢，他们天天拿学生时代的事情炒冷饭，只有对英雄的青年时代的回忆才能煽起他们生活的火焰——其余时候，他们就只能陷于不可救药的麻木的市侩主义。肯定，他们通常有一样优点：他们没有神经症，只是令人生厌或者俗不可耐；低估这个优点是错误的。而神经症患者是另外一种人，当前的事情没有一件是他喜欢的，因此他也从来不会欣赏过去。

正如神经症患者从前不能逃脱童年一样，他现在离不开他的青年。他在老年将至的灰色念头面前退缩，而且他感到这种前景无法忍受，于是他拼命地往后看。正如一个幼稚的人在未知的世界和人的存在面前退缩一样，成年人在人生的后半部分面前退缩，就仿佛有未知的危险的任务在等待他们去完成；或者好像他受到了牺牲和损失的威胁，而这种牺牲和损失是他所不愿意接受的；或者又好像他迄今为止的生活在他看来是这样的美丽和珍贵，以致他不能离开它。

也许这归根到底是对死亡的恐惧？我们认为那不大可能，因为在这个时期死亡通常还离得很远，因此一般被看做是抽象的东西。经验向我们表明，这种转变中所有困难的基础和原因都可以从心理那深刻而特殊的变化中找到。为了说明它的特征，我们必须用太阳每天的运行来作个比方。

> 早晨，太阳从无意识的夜海中升起，俯视着宽广明亮的大地。随着它在天空中的位置越来越高，它面前的大地也稳步地扩展开来。它自身的升高造成了它的活动领域的扩展，在这个过程中，太阳将发现自己的意义，它会把升到可能的最高点——从而最广泛地散播它的恩泽——当作自己的目标。带着这种信念，太阳追随着到达至高点的无法预见的轨道。无法预见是因为它的旅程是独特的、个人的，而且它的顶点无法预先计算。在正午的钟声敲响的时候，下降开始了。而下降意味着上午曾经珍视的所有理想和价值观的逆转。太阳陷入了与自己的矛盾当中，仿佛它不应当再发射光线，而是应当吸收光线。光和热都逐渐减少，直至最终彻底消失。

幸运的是，我们人不是朝升西落的太阳，因为如果那样的话就会对我们的文化价值观很不利。但是我们身上有一种类似太阳的东西，所以，我们说人生的早晨或春天，或者人生的下午或秋天，这并不仅仅是一种多愁善感的陈词滥调。我们是在表达一种生理学上的真理，甚至是一种心理学上的事实；因为正午后的逆转连身体的特征也改变了。特别是在南方民族身上，人们可以观察到，年纪较大的妇女声音变得粗哑深沉，长出毛茸茸的髭须，面部表情僵硬，以及出现一些其他男性的特征。另一方面，男性的体征则由于出现女性特征而有所减弱，例如肥胖以及表情变得柔和等。

在民族学的文献中，有一篇关于一位印第安武士首领的有趣的记载，他中年的时候，伟大的神灵出现在他的梦中。这位神灵对他宣布，从此以后，他必须坐在妇女和孩子中间，穿女人的衣服，吃女人的食品。他服从了这个梦，也没有丧失威信。这个梦幻真实地表达了心理在人生的正午所发生的剧变——也就是生命走向衰弱的开始。人的价值观、甚至他的身体都倾向于经过一次逆转走向它的反面。

我们也许可以把男性和女性以及它们的心理成分比作贮藏在一个特别仓库里的两种物质，在生命的前半部分对它们的使用是不均衡的。一个男人大量地消耗他的男性物质，只剩下少量的女性物质，现在他必须使用它了。对于女人来说，情况正相反，她使没有得到利用的男性物质活跃起来。

这种转变在心理领域比在生理领域的分量更大。我们设想一下：一个四五十岁的男人不再做生意，他的妻子掌权当家，开起一家小店，而他有时尽点干杂活的义务；这种情况其实很少发生。倒有许多妇女是在四十岁以后才觉醒过来，发现自己的社会责任和社会意识。在现代的商业生活中——特别是在美国——四十多岁或者再晚一点发生精神崩溃的情况极为普遍。如果我们仔细研究一下这些受害者，就可以看出真正崩溃了的东西是男性的生活方式，迄今为止它一直支撑着局面；现在剩下的只是一个女性化的男人了。相反，我们可以观察到，在同样的商业圈里，女性在生命的后半部分获得了一种不同寻常的男子气和敏锐性，它们把柔弱的感情推到一旁。这个逆转经常伴随着各种婚姻的灾难，因为不难想象，当丈夫发现了自己柔弱的感情而妻子发现了自己敏锐的头脑时，会发生什么事情。

最糟糕的是，有知识有教养的人甚至在不知道有这种转变的可能性的情况下，产生了这些倾向。他们毫无准备地登上了人生后半部分的旅程。也许应该有专门为四十岁的人办的大学，让他们为今后的生活及其要求做好准备，就像普通的大学把关于世界和生活的知识介绍给年轻人一样。我们毫无准备地迈入生活的午后；更糟糕的是，我们迈出这一步的时候怀着一种错误的预想，以为我们的真理和理想会像以前那样为我们服务。但是我们不能按照生命上午的程序来度过生命的下午——因为上午伟大的东西到晚上将变得渺小，上午真实的东西到晚上将变为谎言。荣格在他的工作中治疗了太多年龄较大的病人，太经常地窥见了他们灵魂中的密室，所以他认为不会再为这个基本的事实所动了。

走向衰老的人们应该知道，他们的生命不是在攀登和扩展，相反，一种残酷无情的内在过程迫使生活进行收缩。对于年轻人来说，过分专注于自我几乎是一种罪恶——而且肯定是一种危险；但是对于衰老的人来说，认真地关注自己是一种责任和必要。在把光芒洒向大地之后，太阳又把光芒收敛回来，以便照亮自我。老年人也应该这样做，但是许多老年人却宁愿成为疑病症患者、吝啬鬼、教条主义者、逝去的和永恒的青春的歌颂者——这些都是自我关注的可悲的替代品，也是一种错觉的必然结果，那就是指导生命后半部分的原则仍是生命前半部分的原则。

刚才我们说过，我们没有专门为四十岁的人开办的学校，这也不尽真实。过去，我们的宗教一直是这样的学校，但是今天，又有多少人这样看待宗教呢？我们的老人当中又有多少真正在这种学校里学习过，为生命的后半部分、衰老、死亡和永恒做好了准备呢？

如果长寿对于人所属的物种没有意义的话，人肯定不会活到七八十岁。所以，人生的下午必然有它自己的重要性，不可能只是生命上午的可怜的附属物。无疑，上午的意义在于个人的发展，在于我们在外部世界树立牢固的地位，在于我们种族的繁衍和对于我们孩子的照顾。很明显这是自然的目标。但是当这一目标已经达到——甚至超过——之后，难道还应该超出所有的理性和理智，继续稳步地追求挣钱、扩大征服领域和扩展生活吗？如果一个人把上午的法则——也就是自然的目标——带到下午，那么他就肯定必须为此付出损伤灵魂的代价，就像一个抱着童年的自我不放的青年人必须为这个错误付出社会失败的代价一样。

在原始部落里我们观察到，老人几乎永远是秘密和律法的守护者，而部落的文化传统正是通过这些秘密和律法来表现的。对于我们来说情况又是如何呢？我们的老人的智慧在哪里呢——他们宝贵的秘密和洞察力在哪里呢？我们的老人大部分都在和年轻人竞争。在美国，父亲做儿子的兄弟、母亲——如果可能的话——做女儿的妹妹，这几乎是一种理想。

我们不知道这种混乱多大程度上是对以前过分强调年龄尊严的反动，在多大程度上归咎于错误的理想。这种理想毫无疑问地存在着，抱着这种理想的人，他们的目标在后面，而不是在前面，所以他们总是努力地转过身去。对这些人我们必须承认，除了生命的前半部分那些众所周知的目标，的确很难看出生命的后半部分还能给我们提供什么目标。扩展生命、有用、效率、在社会上露出头角、精明地引导儿女缔结合适的婚姻并取得好的职位——这些还不算足够的目标吗？不幸的是，有很多人认为这些目标远远不够，因为他们只是把老年的到来看做生命的萎缩，把自己从前的理想看做褪色的磨损的东西。当然，如果这些人以前就把生命的酒杯注满了，并且把它一饮而尽，那么他们现在对于所有事情的感受就会大不相同；如果他们无所保留，一切可以着火的东西都已燃尽，他们就会非常欢迎老年的这份平静。但是我们不能忘记，只有很少数的人是生活的艺术家；生活的艺术是最为杰出和罕见的艺术。有谁能以优雅的风度饮尽这杯酒呢？

因此，对于许多人来说，生活中有太多未曾经历的空白——有时他们即使用尽了全部的意志也不能实现某些潜在的可能性；正因为如此，当他们靠近老年的门槛时，还怀着种种没得到满足的要求，这些要求必然使他们回头后顾。

对这些人来说，回头后顾是特别致命的，所以对未来的期盼和目标成为不可或缺的。由于这个原因，所有伟大的宗教都许诺有一种彼岸的生活，它就使得凡人们有可能带着与前半生同样的坚定和目标度过后半生。对于今天的人来说，生命的扩展和达到顶峰是可信的目标，而死后的彼岸生活这个观点是可疑的或者不能相信的。然而，只有当生存变得太不幸以至我们希望它结束时，或者只有当我们确信太阳是带着升上顶点时的那种坚定在努力下沉——“以便照耀远方的种族”时，生命的结束，也就是死亡，才会被当作一个目标来接受。但是在今天，信仰成了一种非常困难的艺术，以至于人们，特别是受过教育的人们，几乎没有办法找到通往信仰的途径。

我们观察到，一种受到引导的生活与毫无目的的生活相比，通常会更好、更富足、更健康；顺着生活的潮流走比逆着生活的潮流走要更好。在心理医生看来，一个不肯告别生活的老人就像一个不能拥抱生活的年轻人一样虚弱和病态。事实上，在许多病例中，一种人和另一种人身上存在的是同样的幼稚和贪婪、同样的恐惧、同样的固执和任性。我们确信把死亡当作一个为之奋斗的目标是卫生的——如果我们能够用这个词的话；在死亡面前退缩是不健康、不正常的，它剥夺了生命后半部分的目标。因此我们认为宗教对于彼岸人生的宣讲符合心理卫生的观点。如果我们住在一所房子里，我们知道它两个星期之内就会倒塌，那么我们所有重要的功能都会受到这一想法的损害；如果情况相反，我感到自己很安全，我就可以用一种正常的舒适的方式住在里面。所以，从心理治疗的角度看，理想的方法是把死亡仅仅当作一个过渡——当作生活过程的一部分，而生活过程的广阔性和延续性是我们所无法了解的。

大部分人都不知道为什么身体需要盐，但尽管事实如此，每个人都出于本能的需要而摄取盐。心理上的事物也是一样。从难以记忆的远古时代起，就有一大部分人感到有必要信仰生命的延续性。所以，对治疗的需要不会把我们领到歧路上去，而是引导我们走在前人踩出的大道中间。因此，我们对于生命意义的想法是正确的，尽管我们并不理解我们的思想。

我们曾经理解过我们的思想吗？我们仅仅理解只作为一个公式的思想，它所能产出的只是我们投入到里面的东西，除此别无他物。这就是知识的活动方式。但是在这种思想之外，还有一种用原始意象来进行的思想——它所用的象征比有史可查的人类更古老，从最久远的时代就根深蒂固地存在于人的心里，它们永恒地生存着，历尽千秋万代，至今仍然是人类心理的基础。只有当我们与这些象征和谐相处的时候，我们才有可能度过最完满的人生；智慧是对它们的回报。这不是一个信仰或者知识的问题，而是我们的思想同无意识的原始意象和谐一致的问题。这些意象是我们一切意识思想的源泉，这些原始意象之一就是死后的彼岸生活的观念。科学与这些象征是无法用同一标准衡量的。它们是想象力不可缺少的条件；它们是基本的数据——科学不能随意否定它们存在的权利和根据。科学只能把它们当作给定的事实来讨论，就如同它探索一种功能，例如甲状腺的功能一样。在 19 世纪之前，甲状腺被看做一种没有用处的器官，仅仅因为人们不了解它。今天如果我们把原始意象说成是毫无意义的东西，那我们就同样目光短浅。在我们看来，这些意象就像一些心理器官，我们用最小心翼翼的方式来对待它们。有些时候，我们必须对一个年龄较大的病人说：“你对上帝或者不朽的观念退化了，因此你的心理代谢出了问题。”古代的 athanasias pharmakon，即长生不死药，比我们所想象的要深奥得多，有意义得多。

说到这里，我们想再用片刻的时间回到太阳的比喻上去。人生一百八十度的弧线可以分为四个部分。第一个四分之一在东方，它是童年——在那种状态下我们是别人的问题，但是还没有意识到自己的问题。意识问题充满了第二个和第三个四分之一；而到了最后一个——极端衰老的年纪——我们又下降到那种不担心我们的意识状态的情况下，我们重新变成了别人的问题。肯定，童年和极端衰老是截然不同的，可是它们有一个共同点：就是沉浸在无意识的心理事件当中。因为一个儿童的精神是从无意识中产生的，所以他的心理过程——虽然不太容易接近——不像一个老人的心理过程那么难以观察。老人又重新投入无意识当中，并且在其中逐渐消失。童年和老年是没有意识问题的人生阶段，正因为如此，我们在这里没有考虑它们。

（2）心灵成长的模式

荣格博士在观察许多人和研究他们的梦后（他估计自己曾解释过至少八万个梦），他发现所有梦与做梦者不同程度的生活有关。大致上，他还发现它们似乎随着一个安排或模式行事。荣格称这模式为“个性化的过程”，因为梦每晚产生不同的景象和意念，如果我们不细心地观察，就会觉察不出任何模式。但如果我们观察一个人的梦有好几年之久，而且研究它们的前因后果，就会看到某些内容浮现、失踪，然后再次出现。许多人甚至三番五次梦到同样的人物、风景或环境；如果我们从整体来观察，会看到它们缓慢而可知觉地改变；如果做梦者的意识态度受到适切的梦解析和它们的象征内容的影响，这些改变就会加速。

因此，我们的梦生活产生一个曲折的模式，在此模式中，个体的要素或趋势逐渐可见，然后失去踪影，不久又再重现。如果我们花一段长时间来观察这个曲折的设计，就可以观察到一种调节，或指导方向的隐藏趋势在运作，产生一种缓慢不可知的心灵发展过程——个性化的过程。

逐渐地，一种较开放、较成熟的人格会出现，渐渐变得有效力，甚至别人也可以看到。其实，我们经常谈到“阻止发展”，表示我们假设每个个体这种生长和成熟的过程是可能的。虽然这种心灵发展不能借着权力意志的意识力量所完成，却会不知不觉地和自然地发生，这在梦中通常以树作象征，它缓慢、强而有力、无意识地生长，符合这确定的模式。

在我们的心灵系统中，产生调节效能的组织中心，似乎是种“核子的分子”。我们也可以称之为发明者、组织者和梦意象的泉源，荣格则称这中心为“自己”，并描述它是整个心灵的总体，和组织整体心灵一小部分的“自我”做一区别。

从每个年代来看，人类曾本能地注意到这种内在中心的存在，希腊人称之为人的内在“魔鬼”。在埃及，则把它形容为“附魂”的概念，而罗马人把它当作与生俱来的“天赋”来崇敬。在更原始的社会，它通常被当作一个保护的神灵，在动物或物神中具体表现出来。

仍旧住在拉布拉多（北美洲东北部之一半岛）半岛森林的拿柏印第安人，以异常纯洁、未经破坏的形式表现出来。这些单纯朴素的人种都以打猎为生，每个家庭彼此独立，老死不相往来，而且每个家庭距离实在很远，以致大家不可能涉入部落的习俗，或集体宗教信仰和典礼中。在其一生的孤独岁月里，拿柏的猎人要依靠自己内在的呼声和潜意识行事；他没有宗教的导师，指导他该信什么教，而且没有祭仪、宴会或习俗帮助他。在他基本的人生观中，人类的灵魂只不过是个“内在朋友”，他称之为“我的朋友”，意指“伟大的人”。他寄住在人心之中，而且不朽，在死亡那一刻，或稍早前，他会离开个体，然后投胎，变成另一种生物。

那些对他们的梦多加注意，竭力找寻它们的意义，以及试验它们的真实性的拿柏人，可以与“伟大的人”作更深入的联系和接触。他喜欢这些人，赐给他们更多更好的梦，因此每个拿柏人的主要责任，是照着梦所给予他的指示，然后以艺术的手法，给予它们的内容以永恒的形式。撒谎和不忠实，驱使那“伟大的人”远离个人内在的心灵；他会被慷慨大方、爱怜人或动物的心灵所吸引，而且赋予这种心灵以生命。梦赋予拿柏人找寻他生活方式的完整能力，不仅是内在世界，而且是外在的自然世界。它们帮助他预知气候，赋予他们在打猎时有价值的指引，他的生命全都依梦而定。我提到这些非常原始的人，因为他们没有被我们文明的观念所污染，对荣格所谓的“自己”的本质，仍旧有自然的洞察力。

“自己”可以被界定为内在指引的要素，它与有意识的人格不同，因为人格只能透过调查个人本身的梦，才可以理解。这表示“自己”是引起人格不断扩张和成熟的调节中心。但这较大、较接近心灵整体的一面，起先只不过现出一种天生的可能性，它可以轻微地浮现，或者可以在个体一生中作比较完整的发展。至于能发展到什么程度，则要看自我是否愿意聆听“自己”的信息，就像拿柏人已注意到，人善于接纳“伟大的人”的暗示，得到较好和较有帮助的梦。我们可以补充说明，善于接纳他的人，比忽视他的人更易把握“伟大的人”，而且他在前者的心中，显得更为真实。这种人同时会成为一个更完美的人。

似乎自我并非天生地随着个人恣意的冲突而产生，而是帮助制造真正的整体——整个心灵。自我把整个系统弄得畅顺起来，让它变得有意识，因而可以被识别。举例来说，如果我有种艺术天才，但我的自我并没有意识到，那有等于没有，这禀赋可说没有存在。只有在自我注意到它时，才可以使它成为实际。天生但隐藏起来的心灵全体，与可以充分了解和活生生的整体并不一样。

我们可以用以下的方式来说明：山松的种子，以潜在的形式，包含整棵未来的树。但每棵种子在特定的时间掉落在一个特定的地点上，这个地点有许多特别的因素，诸如沙和石的品质、斜坡地，和暴露在太阳和风中。潜在种子内的松子全体会对环境起反应：回避石块，而倾向阳光，结果树的生长已形成。因此，个别的松慢慢地长出，构成整体的条件，它进入实际的领域。没有那棵活生生的树，松的意念只是个可能性，或抽象观念。个别的人实现这些奇特的事，就是个性化过程的目的。

从某个观点来看，这个过程独自在人类和潜意识中进行，借着这个过程，人类从天生的个性中超越出来。严格来说，只有当个体对个性化有所警觉，以及有意识地和它结合，个性化的过程才是实际的。我们不知道松树有没有警觉到它自己的生长，也不知道它有没有享受到，或受到塑造而引起不同的变化之苦，但人类确实可以有意识地参与自己的发展，他甚至经常感觉在做决定时可以主动地和它合作。以狭义的字眼来说，这种合作属于个性化的过程。

不过，人类经验到某些并没有包含在我们这个松树暗喻内的事情，个性化不仅只是整体的天生起源和外在的宿命行动之间所达成的协议。它主观的经验传达的感情，使一些“超个人”的力量主动地以一种创造的方式加以干扰。我们有时感到潜意识被引向与秘密的意图相一致，好像有些东西看着我，我们并不了解那些东西，但那些东西了解我们——也许是“伟大人物”在我们心里，他以梦的方式，把他的意见告诉我们。

但这种心灵核心有创造力的积极面，只有当自我放弃所有的意图和欲求的希望，以及努力争取较深刻的存在、较基本的形式时才能开始活动。自我必须在没有更进一步的意图或目的之下留心地聆听，以及热切于成长的内在刺激。

生活在文明社会的人，比较难了解为了使人格发展，必须放弃追求功利主义的道理。有次荣格博士遇到一个老妇人，她一生都没什么大成就，不过她和一个难以取悦的丈夫相处得不错，婚姻可说美满，而且人格发展得颇成熟。她曾向荣格博士埋怨过，说她一生都没什么“建树”。于是荣格博士告诉她一个有关中国哲人庄子的故事。她马上了解个中道理，感到安心不少。这个故事是这样的：

有一个姓石的木匠到齐国去，经过曲辕，看见一株作为社稷的大栎树。这木匠对很羡慕这株大栎树的弟子说：“它是没用的散木。用它做船会沉，用它做棺椁会很快腐烂，用它做器具会很快毁坏，可说是一株不材的树木。正是因为没有一点用处，它才能这样长寿。”

木匠回家以后，夜里梦见栎树说：“你将要用什么东西和我相比呢？你要把我比作有用的文木吗？那柤、梨、橘、柚等果实的树木，果实熟了就要遭受敲打、摘下，大枝被折断，小枝被扭烂，这都是因为它们有用而苦了自己一生。所以不能享尽天赋的寿命，而中道夭折，这是它们自己招来的打击。一切有用的东西没有不是这样子。我求做到无用的地步很久了，曾有好几次几乎被砍伐而死，现在才得到，对我自己来说正是大用。假如我有用还能生长得这么大吗？而且你和我都是物，为什么要互相利用呢？你是将要死的散人，又如何能够知道散木呢？”

那木匠明显地了解他的梦，他完全看出完成一个人的命运，就是最大的成就，而我们功利主义的观念却在面对潜意识心灵的需求时让步。如果我们以心理学的语言翻译这个暗喻，那么，栎树就象征个性化的过程给我们短视的自我一场教训。

庄子的故事中，社稷是人们拜祭土地神的地方。社稷的象征指出一个事实：为了令个性化的过程成为事实，我们必须有意识地向潜意识的能力投降，不该自以为是，而且不应以为常理就是真理。我们必须聆听，以学习内在全体——“自己”——希望我们在某种特殊的情况下做事。

我们的态度必须和上述的山松一样：当它生长受到石块的阻碍时，并不因而光火，而且也没有想办法克服这困难，只是感到自己该多长向左边或右边，向斜坡或离开它，像那棵树一样，我们应该让步给这几乎是无法感知，但有强而有力支配权的冲动——这冲动来自对独特、有创造力的“自己完成”的刺激。在这过程中，我们必须三番两次地设法求得，和找寻一些谁也不晓得的东西，那些指导的线索或刺激，并非源自自我，而是心灵的全体：“自己”。

此外，对某个正在发展的人投以鬼祟的眼光是无济于事的，因为我们每人都有个“自己完成”的独特职责。虽然许多人类的问题相似，但绝非相等；所有松树都非常相像，但没有一株是全然相同的。由于这些相同和相异的因素，想扼要说明个性化过程的无限变化，可说是十分困难。事实上，每个人都有些不同的事和只属于他个人的事要做。

（3）个性化的方式

荣格第一次正式使用“个性化过程”这个词是在1921年，他在《心理类型学》一书中对此明确定义。不过这并不是他有关个性化问题的最早论述。早在1902年他发表《论所谓神秘现象的心理学和现象学》一文时，这种观点便已初显端倪。

荣格认为，个性化的特点就是把精神的各种非自我方面——如阴影、人格面具、阿尼玛、阿尼姆斯，以及在人格中不占主导地位的态度和功能类型等等——加以强化、区分和整合，使之成为意识的过程。在这一过程中，最关键的一点是对各部分有关情结的整合，使它们成为一个在心理上不可分的整体。所以，“个性化意味着成为一个单一的、同质的存在。就‘个性’包含着我们心灵深处的、最终的和无与伦比的独特性而言，它也含有成为一个人自己的自性这个意思，所以我们可以把个性化解释为达到个性或自性的实现。”

可见，实现个性化过程的第一个步骤是要把理性的意识与非理性的无意识整合为一个人格的整体，使人处于一种和谐平衡的状态之中。而这种整合的力量正是“自性”。

“自性”是一个非常重要的概念，它的提出表明，荣格的心理学不是一般意义上的“自我心理学”，而是“自性心理学”。1928 年，荣格在《自我与无意识》一文中指出，“自我”只是“我”的意识中心，“自性”则是包括无意识在内的整个心理主体。人在婴儿时期便有了“自性”。随着年龄的增长，智慧的演进，“自性”便上升为“自我”。荣格曾说过，他的生活历程便是“自性”觉悟的过程，觉悟到意识，觉悟到认识自己。所以荣格认为，“自性”是一个超验概念，是可经验的又是不可经验的，或尚未经验的。它是人的本质，是真实的存在。同时，“自性”的深处连接着普遍的存在，因此人可以通过个性化大彻大悟。

根据荣格的理论，个性化过程实现的第二个步骤要分为两步，第一步在人的前半生，第二步在人的后半生。

在人的前半生中，童年和少年时期受制于父母或成长的环境。当“自我”出现之后，人生便要受到经验和精神对外部现实适应情况的限制。例如，人在儿童时期的个性化总是体现在游戏中；学生时代则通过学业成功来实现；到了青年时个性化又表现为对事业的追求，对家庭幸福生活的建设与憧憬。在这一时期中，为了实现目标，人们往往注重发挥自己理性的、意识的力量，扩充自己的经验，使自己的心理努力适应外部现实。这时，某一种态度类型或功能类型往往占据着主导地位，使他们成为具有鲜明而独特性格的人。

生活中，我们常说年轻人“血气方刚”、“年轻好胜”，实际上，这正是年轻人逐步适应外界环境，实现个性化的过程。人在这一阶段中，难免会遇到种种阻力、困难，甚至挫折。如果意志力坚强，自信而坚定地继续前进，他便会成功——即较好地完成个性化；如果面对困境一筹莫展，陷入自暴自弃或自怨自艾的境地，他便很容易患上精神疾病。在这一过程中，许多具有内向性格特征的人甚至会染上外向的气质。所以荣格说，“人的前半生应是外向型的。”

在人生的后半期，首先会出现中年期心理危机，这时人的心理发展便会暂时停止，或转向一个新的方向。从此，人的心理活动开始专注于哲学问题或精神问题——如人的价值，创造性活动，如何寻求人生的意义，以及在文学、艺术、宗教等活动中寄予某种精神寄托等等。

随着个性化的发展，那些原来隐匿于外显性格之下的，不占支配地位的态度类型和功能类型开始表现出来，人格也随之发生或多或少的改变。这时，人开始意识到无意识中的非理性因素，并极力在现实生活中将一切好的、坏的，男性的、女性的特征充分表现出来。人的个性化实现得越多，获得的自我认识便越多，“自知之明”（self knowledge）也便发展得越完善。在荣格看来，人只有对自己的本性有了真正全面的了解和认识，才能获得自性实现或个性化。

今天，人们对“更年期”这个词并不陌生，它更多是从生理角度来描绘人的心理及情绪变化的，而人对自我的重新认识则是从自身的角度开始。在后一种情况下，人的经历和所处的社会位置直接影响着他的个性化过程。一个白手起家，经历了千辛万苦而事业有成的中年人，与一个从小养尊处优、一帆风顺的中年人，面对同样的变故时，心境绝不会相同。如何调适自己的精神世界适应现实生活，便成为摆在每一个中年人面前的现实问题。

实现个性化过程的第三个步骤是把无意识的原型内容转化为意识内容，也就是说，人们要正确认识显现在自己生活中的阴影、人格面具、阿尼玛、阿尼姆斯、智慧老人、母亲及自性等原型。这种认识往往通过梦、幻想以及某种神秘的体验来实现。

随着个性的发展，人逐渐能够自觉地让这些无意识的、非理性的因素进入意识。与此同时，人也不能放弃理性和意识，而是要在自己的精神世界中逐步将意识与无意识整合为一个统一的整体，进而更全面地认识人的本质，具有健康的人格。否则，个体的原型内容得不到适当的表现和发展，或者总是受到压抑，它们就会以原始的、野蛮的、自我毁灭的或攻击的方式发泄出来。这时，个体的外在行为表现就会明显反常，变得不像他自己。例如，一个原本性格开朗的人会突然变得沉默寡言，一个原本谨小慎微、不善言辞的人却可能突然粗犷豪放、滔滔不绝。可见，正确对待原型内容是人个性化过程中至关重要的一环。

3. 个性的完善

在荣格看来，我们的社会越来越重视理性的意识，却将非理性的无意识深深地压抑着，所以一个人要完全实现自己的个性化或自我实现是不可能的。至于个性化能达到什么程度，则因人而异。

荣格认为，只有在健康的环境和教育影响下，人格才能得到健康的发展。否则，不健康的环境和教育影响必定会造成畸形的人格，产生大量的神经症患者。因此，心理治疗的目的就是要努力提高患者的水平，使患者无意识深处的原型内容得到充分表露，成为意识到的东西。进而在自觉意识的指导下，使意识与无意识达到完满的和谐状态，使人格系统充分达到个性化。

显然，荣格的个性化正是一个心理健康者所要达到的目的。对于那些有心理疾病的人，心理治疗学家的任务便是帮助他正视自己的无意识，实现人格的统一。但在荣格看来，要达到这种统一，除了治疗者的帮助外，环境和教育的作用也是不容忽视的。

同许多伟大的心理学家一样，荣格十分注重环境对人格发展的影响。他对大量社会环境因素做了认真的分析，识别出那些在他看来确实阻碍和扭曲着人格健康发展的因素，也验证了那些有利于人的先天素质和人格平衡的因素，还特别指出了家庭、学校以及无意识的教育功能对个性的形成和完善的影响。

（1）家庭教育

正如我们前面讨论“早期人格开发”问题时已经提到的那样，荣格在心理治疗中发现，许多儿童身上表现出来的各种心理问题，几乎都与他们的父母或关系密切的其他家庭成员有关。由此，荣格开始注意家庭对个性形成的影响。

父母在儿童意识的成熟和发展中扮演着重要角色，荣格并不否认这一点。然而关于家庭对儿童性格发展的影响，他却提出了一些全新的观点。他认为，儿童在生命的初始还没有完全的独立性，所以，他们的精神完全反映着父母的精神，而父母的精神失调，必然会影响到儿童的精神世界。荣格指出，要想治疗儿童的心理疾病，就必须了解他们父母的心理状态，注意他们的心理问题、生活方式、所要实现的理想和抱负，还要注意他们所形成的家庭气氛以及对子女的教育方法等等。这些通常会对儿童的心理发展产生直接而深刻的影响。

那么，父母应如何施加有益的影响，帮助儿童形成健康人格呢？荣格认为，最主要一点是家长要把握好教育子女时态度上的分寸，如果过分亲近和溺爱，容易使儿童产生依赖心理，阻碍其个性化的发展，造成他们缺乏独立性，延迟人格的成熟；反之，过分地疏远或漠不关心也会使儿童人格畸形发展。此外，在家庭教育中，父母还应注意不要把自己的精神发展方向强加给儿童，也不应为了某种心理上的补偿置子女的要求与反抗不顾，强迫儿童去发展那些他们不感兴趣，或强烈反感的精神内容。这样做会导致儿童人格发展的不平衡，阻碍其心理的健康发展。

一般说来，父母对子女的影响各不相同。男孩从母亲的影响中找到自己阿尼玛原型的发展方向，从父亲那里接受着阴影原型的影响。女孩的情况刚好相反。可见，无论父亲或母亲，都同时影响着儿童人格面具的形成。

（2）学校教育

儿童入学之后，学校教育便在儿童个性形成中起着主要作用。正如前文提到的，荣格在校读书期间，曾有过许多不愉快的经历，所以他认为，学校里的教师、教育环境等极大地影响着儿童人格的发展。

在荣格看来，教师对学生人格发展的影响，与对学生智力发展和知识积累的影响同样重要。因而，教师对学生的教育也应包括心理学的内容。而对于那些将成为教师的人来说，最重要的一点莫过于使他们认清自己的个性。否则，他们会在步入教室时将自己的情结和烦恼投射给学生。一名有心理问题的教师，会对学生造成极大的伤害。

对儿童来说，学校是他们接触到的第一个大世界，所以，他们常常会把对父母的意象投射到教师身上，认为教师也会像父母那样对待他。这种情况教师该如何对待呢？“教师应该采用个体的方法……如果教师与儿童有良好的人际关系，那么，无论教学方法是否是最新式的都无关紧要。成功并不依赖于教学方法，学校生活的最终目的也不是用知识来灌输儿童的头脑，而是使他们成为真正的男人和女人。”

此外，荣格还注意到，教师的言行总是在无意识地影响着儿童的心理。因此他认为，教师应该注意到自己所扮演的角色，并意识到自己应该通过自身的个性来影响儿童。后者的作用是与实际教学同等重要的。

可见，教师将对儿童的精神发展和人格的个性化发挥极大影响，这种影响有时甚至会超过父母带给他们的家庭影响。教师的任务是使学生身上无意识的东西成为意识的东西。所以，荣格认为，学校教育应该努力使儿童摆脱对家庭的无意识认同，逐步恰当地意识到自己的本性，以促使他的人格健康发展和早日成熟。从这点出发，荣格主张学校开设心理卫生学课。他同时还强调，教师要在教育过程中不断地发展和完善自己的人格，要从对学生的教育中反思自己的人格，拓展自己的自觉意识领域。只有这样，教育者和受教育者才能在意识与无意识的交流中都得到健康的发展。

（3）无意识教育

一般来说，这种教育可以分为三种：

a. 榜样教育

这种教育完全可以通过无意识来进行，因而它是教育中最早的、而且也许是最有效的形式。法国人类学家列维—布留尔将之称为神秘参与。由于榜样的无意识教育依赖于一种最古老的心理特征，因此，它能够在其他直接的方法都行不通的地方起作用，如在精神错乱中。为了避免精神病患者堕落，我们不得不让他们进行工作；而向他们提出劝告或是试图命令他们干什么，在多数情况下是毫无作用的。但是，如果让他们与一组工人待在一起的话，他们最终会由于受到其他人行为的影响而开始独立工作。在前面的分析中，所有的教育都依赖于心理同一性这一基本的事实，在一切情况下，决定性的因素是这种榜样的自动感染作用。这一点极其重要，因为即使是有意识教育的最佳方法，在某些场合下也会由于坏榜样的作用而变得完全无效。

b. 集体教育

集体教育，并不是指整体教育（如同在学校所进行的那样），而是根据规则、原则及方法而进行的教育。由于人们认为这三者对大多数个体来说至少是适用并且有效的，因而他们必然具有集体性。特别是在那些已经学会了如何使用它们的人手中，它们更被认为是极其有效的工具。我们可以肯定，这种教育除了能够产生出已经包含在其前提里的东西外，便不再具有其他任何意义。它培养的那些个体将为一些总的原则、规则及方法所塑造。

在学生个体屈从于这些教育影响的集体性之后，他自然就形成了一种与另一个体极其相似的性格。而这另一个体虽然本身原来是极不相同的，但仍以相同的方式屈服于这些教育影响的集体性。如果很多个体都具有这种程度的屈从，那么这种屈从便导致了一致。这种具有屈从性的人数越多，则对那些迄今为止仍成功地抵制住集体教育的人所具有的榜样的无意识压力就越大。由于集体的榜样通过无意识的心理感染从而施加一种强制性的影响，因此，它最终会对那只具一般个性的人有一种决定性的影响，如果还没有使他们完全垮下去的话。假如这种训练切实可行，我们则理应期望群体的适应性能产生出良好的结果来。但另一方面，一种过分理想主义的性格模式对一个杰出的人则可能带来灾难性的后果。将他教育成一个优秀的公民和一个有用的社会成员肯定是一个很高的理想目标。但是一旦超越出某种一致的水平，集体的准则得靠牺牲个体的独特性来维护的话，那么你就会得到这样一种类型的人：虽然他是教育规则、原则和方法上的一个完美典型，并且能够很好地适应在其受过教育的领域里出现的一切情况和问题，但是在所有那些必须得做出个人判断而不能求助于规则的事物面前，他会显得惊恐不安。

集体教育确实是必要的，而且也是不能被任何其他东西所取代的。生活在一个集体世界里，我们就像需要一种共同语言一样需要集体的准则。不论我们多么希望使那较有价值的个体免于窒息，我们都没有理由为了追求个性的发展而牺牲集体教育的原则。我们必须记住，个体的特性并非在所有情况下都是宝贵的财富，即便对他本人来说也是如此。当我们对抵制集体教育的那类儿童进行考察时，通常会发现这些儿童遭受着不论是先天的还是后天的各种精神变态的折磨，他们中也包括那些被宠坏的以及道德败坏的儿童。实际上，如果把他们放到正常儿童的行列中，他们中的许多人都能够自己解救自己，而且能够使自己避免由其个性所造成的不良影响。我们根本不赞成这样的观点，即认为人从根本上来说是善的，其恶不过是对善的误解而已。相反，我们认为，有许多人其遗传特性是如此糟糕地结合在一起，以致他们如果能抑制其个人癖好的话，那么对社会及其本人则要有益得多。因此，我们可以明确地宣称：从根本上来说，集体教育具有毋庸置疑的价值，并且对大多数人也是完全必要的。但是，我们决不能把集体教育当作教育的最高原则，因为还有相当数量的儿童仍然需要第三种形式的教育，即个体教育。

c. 个体教育

要运用这种方法进行教育，那么所有的原则、规则以及制度都必须服从于培养学生的特殊个性这一目的。然而，这一目的与追求同一水平和一致性的集体教育目标恰好背道而驰。所有那些成功地抵制这种（集体）教育的儿童都需要予以个别的注意。在这些儿童中，我们自然可以找出两种截然不同的类型来。首先是那些由于病理上的智力衰退而不可教育的儿童，他们一般属于智力缺陷的那一类。而另外一些儿童，他们非但不是不可教育的，而且还显示出一些特殊的才能，尽管这些才能还具有独特或是片面的性质。其最常见的一种表现便是不能理解任何以抽象数字表达的数学。基于这种原因，程度较高的数学课在学校里应作为任意选修的课目，因为它与逻辑思维的发展没有任何联系。对这些学生来说，数学不仅没有任何意义，而且还是一种毫无必要的痛苦来源。实际上，数学是隐含着一定的智力才能，但这并不是说每个人都具备这种才能，都能获得这种才能。对那些不具备这种才能的人来说，数学只能像死记硬背一大堆杂乱无章、毫无意义的单词那样学习。这些人也许在其他方面有较高的才能，也许已经具备逻辑思维的能力，或是能够通过直接的逻辑训练获得这种能力。

当然，严格说来，缺乏数学能力并不能被看做是一种个性特征，但它却明确地表明，学校里的一门课程对一个小学生的心理特征有着怎样的恶劣影响。同样，在小学生的心理特性要求独立自主时，某个被普遍接受的教学原则也许会被证明是毫无用处或是极其有害的。我们经常会发现，不仅特殊的规则，而且教育范围内的所有机构都遇到了难以克服的矛盾。在这种情况下，我们通常不得不对付那些所谓的神经病儿童。教师最初倾向于将原因归结为儿童自己的病态性格，然而更细致的调查则表明：儿童来自特殊的家庭环境这一点就足以解释其心理失调。这些儿童已经从家里获得了一种使之不能适应集体生活的观念。

当然，改变家庭气氛远不属教师职业范围内的事，尽管一些好的建议往往在父母身上创造出奇迹来。然而，问题一般得从儿童身上来解决，这就是说，要找出特别适合儿童特殊心理状态的方法，以便产生出有效的影响。诚如我们已经说过的那样，对儿童家庭生活的了解是必不可缺的，尽管在找出了一种症状的原因之后我们就了解了不少的东西，但仍有更多的东西尚待了解。我们需要了解的第二种东西便是外界因素在儿童的精神里产生了怎样的作用。这些情况，我们可以通过他本人及其父母的叙述来对他的心理活动进行一番透彻的调查而获得。在某些情况下，这些东西就足以说明许多问题。

如果我们意识到儿童是由无意识状态逐渐发展到有意识状态中的，那么我们就能理解，为什么所有周围环境的影响，或者至少这些影响中最基本和最长久的影响实际上都是无意识的。生活中的第一印象是最强烈和最深刻的，即使它们都是无意识的，也许正是由于这一原因才会如此的。因为只要它们是无意识的，都是无法改变的。如果我们试图作出一种改变，就必须将这些无意识的东西提升到意识中来，从而改变它们。如果通过对个体的家庭环境及其心理活动过程进行详细的调查，便能向我们提供有效地改变他的手段的话，那么上述过程就没有必要了。但是如果这些材料并不充分，就有必要做深入的调查。这种调查就像做外科手术一样，如果没有足够的技术设备，就会带来危险的后果。在什么时候和什么部位进行这种手术则需要相当的医学经验。遗憾的是，外行们总是低估这种干预所产生的危险。将无意识的内容提升到表层上来，就相当于人为地制造了一种与精神变态极其相似的状态。大多数的心理疾病（那些直接的器官性疾病除外），都是由于不能抵挡对无意识内容的侵犯而造成的一种精神分裂。因此，我们必须了解我们应该在什么地方进行干预，才能避免损伤的危险。即使没有来自这方面的危险，我们也不能避免来自其他方面的危险。

因此，我们认为，必须采取这种果断的措施，即无意识的分析至少应该在一个接受过精神病治疗法和心理学方面充分训练的医生的控制和指导下进行。

那么，以何种方式将无意识内容引入到意识中来呢？正如你会意识到的那样，要想在一个有限的文字篇幅里将所有可能引入的方式都叙述出来几乎是不可能的。最佳和最实用但却又最困难的方法，更是对梦进行分析和解释。（虽然在本书的前文中我们对梦及其分析方法已经有所提及，而且我们在本书的最后一部分还会专门介绍“析梦法”，但是在这里我们为了充分解释“以何种方式将无意识内容引入到意识中来”这一问题时，仍不得不涉及其分析方法。）毫无疑问，梦是无意识心理活动的产物。未经我们的设想和帮助从而在睡眠中产生的梦从我们内在的视觉面前晃过，也许突然会以微弱的意识残迹飘入到我们清醒的状态中来。也许正是其古怪、通常是不合理及不可理解的特性，促使人们将之误认为可靠的信息来源。我们试图对梦进行的理解确实很难用得上任何已知的计算和测量方面的科学方法。此时，我们的处境与一个正在辨认失传的文字的考古学家极其相似。当然，如果无意识内容的确存在的话，梦则是向我们传递有关信息的最佳途径。在当今首次揭示这种可能性的伟大荣誉应归于弗洛伊德。尽管在过去的时代，梦的神秘性深深地吸引了人们，人们对之的兴趣也并非都是纯粹的迷信。达尔迪斯的阿提米多洛斯（公元 2 世纪）的释梦著作，就其性质来说，是一份不可轻视的科学文献。我们也不能将由弗勒维斯·约瑟夫斯（生于公元 37 年）记录的厄森兹派的释梦斥之为毫无价值。虽然古代的医生也曾给予梦极大的关注，如果不是弗洛伊德，科学就不可能如此之快地回到将梦作为信息来源这点上。即使是今天，关于这个问题仍旧是众说纷纭。事实上，许多医学生理学家仍然拒绝对梦进行分析，这既是由于这种方法对他们来说太难以确定、太随意和太困难了，也是由于他们认为无需借助无意识。对此，我们持相反的观点。大量的经验使我们认识到，在所有的疑难病例中，病人的梦对于精神病学家来说有着不可估量的价值。它既是信息的来源，又是治疗的手段。

现在谈谈梦的分析这个争论极大的问题。我们所采取的分析方式与考古学家辨认象形文字的方式并无两样，首先，我们得收集梦者本人所提供的有关梦的意象的一切可能获得的材料；其次，我们得排除任何依赖于特定理论假设的引述，因为这些引述几乎都使解释具有主观倾向性。之后，我们不仅要询问做梦前一天所发生的事，而且还要询问梦者在做梦前几天及前几周的情结、设想和意图。当然，对梦者周围环境及性格的或多或少的熟悉也是一个非常必要的前提条件。如果我们想了解梦的意义，就必须极其认真地做好这种准备工作。我们丝毫不相信那些不假思索就作出的或是用固有理论编造出来的对梦的解释。我们必须注意，不能将任何理论假设强加于梦。事实上，为了避免任何可能的偏见，将梦看做毫无意义则是最有益的。对梦的解释也许会带来完全意想不到的结果，有时还会暴露出一些令人极不愉快的东西；对这些东西的议论如果能够事先预知的话，我们将不惜以任何代价来避免。我们还可能获得一些最初是模糊不清、晦涩难懂的结果，因为我们的意识水平未能触及到意识的秘密。在这种情况下，采取观望的态度远比做出一种勉强的解释更为恰当。在这种工作中，我们只好容忍大量的问题存在着。

当我们收集到所有这些材料时，梦的某些部分就变得逐渐清晰起来。在明显的毫无意义的混乱意象中，我们便开始看到一些梦的原体的微弱之光——起初仅仅是不连贯的句子，之后便显示出越来越多的前后联系。也许最好我们能举出几个在医疗控制下进行个体教育的梦例。

首先，我们必须让读者对梦者的个性有几分了解，因为没有这种了解，读者将很难使自己进入到梦的特殊气氛中去。

有些梦纯粹具有诗意般的性质，因而要对其进行理解必须通过它们以一个整体来转达的情绪。梦者是一个刚过二十岁的青年，外貌上仍是孩子气十足，在言谈举止中甚至还有一丝女孩子气。其谈吐显露出他受过良好的教育和培养。他聪明，具有明显的理智和审美爱好。他的唯美主义倾向相当显著，我们很快就注意到了其高雅的情趣以及对一切形式艺术的非凡鉴赏力。他的感情细腻、柔和，满怀青春期那种典型的激情，但却有些娇气。在他身上，看不到半点青年人的气质。与他的年龄相比，他无疑是显得太年轻了。这是发育落后的一个明显例子。他由于同性恋而找荣格博士正是与上面这一点相一致的。

> “我正在一个充满神秘气氛、光线昏暗的空旷大教堂里。有人告诉我，这就是劳第斯大教堂。教堂中间有一口很深的井，里面一片漆黑，我必须得下到里面去。”

这个梦显然是一种很清楚的情感表达。梦者对梦的解释如下：“劳第斯是一处神秘的治疗泉。我自然记得昨天打算到你这儿来看病，寻求一种治疗方法。据说在劳第斯有这样一口能治病的井，但下到里面令人很不舒服。这井一直都是这么深。”

那么，这个梦能告诉我们些什么呢？表面看来，它似乎很清楚明了，我们也许会满足于将之解释为把前一天情感诗意化的结果。但是我们决不能就此止住。因为经验告诉我们，梦要深刻得多，并且有着更重要的含义。我们几乎可以假设，梦者是带有强烈的诗意情绪来找医生的，他将治疗看做好像是在一座令人毛骨悚然、充满神秘幽光的教堂里进行的一种神圣宗教行为一样。但事实却并非如此。这个病人求助于医生仅仅是因为那件不愉快的事情，即没有任何浪漫的诗意色彩的同性恋。总之，如果我们要找出梦的来源的直接原因，便不能从他前一天的情绪中看出为什么他的梦会如此地充满诗意。但是我们可以猜测，也许正是那促使他找我治疗的不具任何诗意的事件的刺激才使他做了这个梦。我们甚至可以假设：他的梦带有如此强烈的诗意正是因为他前一天情绪中没有任何诗意造成的。这就像一个人白天饿得头昏眼花，而在夜里则梦到佳肴一样。可以肯定，对于治疗及其令人不愉快过程的思考在他梦里又重新出现，但却诗意般地美化了。这与梦者活跃的美感和情感上的要求十分融洽地吻合在一起。他不加丝毫抵抗就被拖入到这一诱人的景象中去，尽管那口井又深又黑，且寒气逼人。梦境中的某些东西在他醒后仍会持续，一直停留到他为这一既不令人愉快也没有诗意的事情来找我们的那天早晨。或许这一单调的事实会受到梦境中那明亮的金色余晖的影响。

也许这就是梦之目的所在？从我们的经验来看，这并不是不可能的，因为绝大多数的梦都是补偿性的。为了保持心理平衡，梦总是强调另一方面。但情绪的补偿并非梦境的惟一目的，梦同时还提供一种精神矫正的作用。当然，病人对自己将要接受的治疗并不十分了解，然而梦却以诗的比喻在他面前展现出一幅描述治疗性质的图画。假如我们追随他的联想并注意那个大教堂的意象，这一点很快就变得明朗起来。

他说："大教堂使我想起了科隆大教堂，甚至在我还是个孩子时就被它迷住了。我还记得母亲第一次给我讲述它的情景，并且还记得每当我看到一个村镇教堂就问它是不是科隆大教堂，我曾想当一个像那样的教堂里的牧师。"

在这些联想中，病人描述了他童年时期一段非常重要的经历。就像所有这类病例一样，他与母亲有着一种特殊的亲密关系。我们并不想由此了解一种特别友好或是紧张的意识关系，而是想了解存在于神秘关系中的某些东西。这种神秘关系也许仅仅在个性发育落后的情况下，即幼稚病的情况下才能有意识地进行自我表达。发展中的人格自然要脱离这样一种无意识的幼稚束缚。因为在无意识状态中（我们也可以说在精神胚胎状态中），发展远不如抑制容易。因此，本能便抓住第一次机会用别的东西来代替母亲。如果这个东西要成为真正的母亲替代物，它必须在某种程度上与她相似。这就是病人的全部情况。他孩提时对科隆大教堂这一象征物的渴望是与他无意识里需要寻找一个母亲替代物的迫切需要相符合的。在幼稚束缚（the infantile bond）受到损害威胁的情况下，这种无意识的需要变得更为强烈了。于是，其幼稚的想象便对大教堂发生了极大的兴趣。因为从总的意义上来说，教堂就是母亲。我们不仅说母亲教堂，而且还说教堂子宫。在所谓圣洁之泉的仪式中，洗礼盆就被称呼为“神泉之纯洁子宫”。我们自然会认为，一个男人在子宫进入其想象之前就已经明白地了解其含义，而一个不了解其含义的儿童则不可能受这些含义的影响。那么，这样的相似物便不会以意识心理的方式进行活动，而是以另外一种完全不同的方式进行活动。

教堂是一种代替对父母的纯粹自然的或“肉体的”联系的更高精神。结果它把个体从一种无意识的自然关系中解放出来。严格地说，这种关系根本不是一种关系，而仅仅是一种不完全的无意识同一性状态。正因为它是无意识的，它便具有强大的惰性，对任何心理的发展都有较大的阻碍。很难说这种状态与动物心灵的基本区别是什么。然而，绝不是基督教教会的那种特殊权利使个体脱离自身那种最初的动物般的状态成为可能。教会只不过是可能像人类自身一样古老的本能抗争的最新方式（尤其是在西方），这种本能抗争是以各种极不相同的形式在那些以任何方式生存下来、并且仍未退化的各种原始人中发现的一种抗争。这里是指风俗或加入成人的仪式。年轻人到了青春期，就进入了“男人的圈子”或是到别的地方担任圣职，从而有意识的与家庭疏远了。同时，他也被引入神秘的宗教。他不仅以这种方式被引入一种全新的关系中，而且还以一种更新和变化了的个性进入到一个崭新的世界里，就如同一个重新诞生的人一样。这种引入通常伴随着各种折磨，有时还包括割礼等诸如此类的东西。这些习俗无疑是非常古老的，它们几乎已经成为不自觉的机械动作，以致在没有外界强迫的情况下，它们也能自觉地持续下去，就跟德国学生中的“洗礼”或是美国学生联谊会中更加狂乱放肆的入会礼一样。它们以一种原始意象的形式镌刻在无意识里。这种原始意象就是圣·奥古斯丁所说的原型。

当他孩提时，母亲对他讲了有关科隆大教堂的事情后，这种原始意象便被唤醒了过来。但是苦于没有得到教士的指导而使之进一步发展下去，因而这孩子仍在母亲的掌握之中。然而渴望一个男人指导的情绪继续在他心中滋长，从而导致其同性恋倾向——一种完全可以避免的错误发展，如果有个男人来指导其幼稚的幻想的话。这种同性恋倾向自然在历史上有过无数的先例。在古希腊，同性恋和教育实际上是一个同义词。在某些原始公社里亦是如此。由此看来，青春期的同性恋仅仅是对在其他方面强烈需要男性进行指导的一种误解而已。

由此，根据这个梦，治疗对病人的意义在于：达到其同性恋的真正目的，即使他进入成人的世界。我们在此被迫对这些乏味而冗长的细节进行讨论，是为了更恰当地理解这个梦。梦被浓缩成几个生动的比喻，从而勾勒出一幅图画，它对梦者本人的想象力、感情和理解力所起的作用要比任何已知的说教有效得多。因而病人对治疗的准备比完全接受医学治疗和教学准则要充分和明智得多。基于此种原因，我们认为梦不仅是一个有价值的信息来源，而且还是教育和治疗的一种极其有效的手段。

现在我们来讲病人的第二个梦：

> “我在一个雄伟的哥特式建筑的大教堂里，祭坛上站着个牧师，我和朋友站在他面前，手里握着一尊日式象牙雕像，像是要接受洗礼。突然，一个年长的妇人出现了，她从我朋友的手指上取下那只象征友爱的戒指，把它戴在自己手上。我的朋友担心这会使他受到某种束缚。这时，出现了美妙的风琴声。”

遗憾的是，我们不可能在一个简短的讲座里详细叙述这一巧妙构成的梦的全部细节。在此，我们只是简短地叙述一下那些继续和补充前一天的梦的要点。第二个梦恰好与第一个梦联系起来：梦者又是在教堂里，即正在举行加入成人的仪式。但是又加进了一个新的人物——牧师。我们注意到，他并没有在前一个梦里出现过。这个梦表明：他同性恋的无意识意图已经达到了，由此便可开始一种全新的发展。实际上的加入成人仪式——洗礼现在可以开始了。此梦的象征确证了我们前面所分析的，那便是造成这种过渡和心理转变的并非基督教会的特权，而是在这教会后面存在着一个在某种条件下能够强迫进行这种过渡和转变的原始意象。

根据这个梦，进行洗礼的是一个小型的日式象牙雕像。对此，病人说道："它是一个怪诞的小型人体模型，它使我想到了男性生殖器。你一定会觉得奇怪，要进行洗礼的竟是这种东西。但对犹太教来说，割礼毕竟也是一种洗礼。这必定与我的同性恋有关，因为那个一起与我站在祭坛前的朋友是一个我曾与之发生过性关系的人。我们彼此相爱，那个象征友爱的戒指显然代表了我们之间的关系。"

我们知道，戒指一般来说象征着一种联系或关系，如结婚戒指。因此，我们很自然地将这种场合下出现的这只表示爱的戒指看做是同性恋的象征，并且梦者与其朋友同时出现这一事实也说明了这一点。

所以，同性恋便是我们要治疗的病。梦者从一种相对幼稚状态被引入成人状态是通过在牧师主持下进行的一种割礼形式。这恰好与我们对前一梦的分析相一致。至此，在原始意象的帮助下，这种发展符合逻辑且前后一致。但这时出现了一个干扰因素，一个年长的妇人夺去了那只象征爱的戒指，换句话说，她使自己接近了那种尚是同性恋的关系，因而使得梦者害怕自己卷入一种带有责任的新关系中。由于戒指现在是在一个女人手中，那么一种未经选择的婚姻便约定了，也就是说，同性恋关系已经转变成为异性恋关系，但却是一种特殊的异性恋关系，因其对象为一年长妇人。“她是我母亲的一个朋友”，病人说道，“我非常喜欢她，事实上，她像母亲那样待我。”由此谈话，我们便可知道梦里所发生的事：由于成人加入仪式，同性恋关系被割断，而代之以异性恋关系，即与其母亲相似的女人之间的一种柏拉图式的友谊。尽管这个女人与其母亲相似，但毕竟不是其母亲。因此，与她的这种关系标志着超越母亲、迈向男性的一步，因而同时也是对其青春期同性恋的部分否定。

对这种新关系的恐惧很容易理解。首先，它是由于这个女人与其母亲的相似而自然引起的一种恐惧（我们能够证明，同性恋的消除使他完全退回到母亲那里）。其次，它是对成人异性恋中新的未知的因素及其可能带来的义务（如婚姻等）的恐惧。事实上，我们在此所涉及的并非是倒退，而是一种为扩散开去的音乐声所证实的进步。病人爱好音乐，对庄严的风琴音乐尤其敏感。因此，音乐对他意味着一种极其肯定的情感。在这种情况下，音乐为梦构成了一个优美的结尾，而梦又为第二天早晨留下一种美好、神圣的情感。

如果你们仔细想一下直到现在病人只找我们看过一次病这一事实（况且这次治疗中，讨论与回忆的内容几乎相等），那么，你们无疑会同意我们的观点，即认为这两次梦都做了令人惊讶的预言。它们以一种意识心理根本无法理解的、极其怪诞的方式来显示这个病人的情况。同时，它们又给平庸的医学造成一种与梦者心理特性极其符合的假象，因而能够将其审美、智慧以及宗教的兴趣提高到一个充分准备就绪的状态。对于治疗，不能想象比这更好的条件了。从这些梦的意义中，我们几乎认为，病人已进入到一种接受就医和渴望治愈的最佳状态，他准备彻底抛弃自己身上的孩子气而成为一个成熟的人。然而事实却并非如此。在他的意识里充满了踌躇和抵制，而且随着治疗的深入，他不断地显露出敌意和顽固，随时准备溜回其先前的幼稚状态中去。因而，这些梦和他的意识行为是绝对对立的。它们沿着进步的路线前进，并站在教育者一边。在我们看来，这些梦向我们清楚地表明了梦的特殊作用，即补偿作用。无意识的进步与意识的倒退正好形成一种对立，它们保持着天平的平衡，而教育者则打破了这种平衡，使之倾向进步的一方。梦就是以这种方式给予我们在教育上的努力以有力的支持，同时又对病人内心的幻觉世界进行了最深刻的揭示。因而病人的意识态度逐渐地变得易于理解和接受新的影响了。

从上面我们可以推断：如果所有的梦都以这种方式表现的话，那么它们便是通向个人内心世界最深处秘密的最佳途径。迄今为止，只要梦得到解释，这一基本原则便是成立的。但最大的困难却是如何对之进行解释，这不仅需要丰富的经验和相当的技巧，而且还需要广泛的知识。用一般的理论或是用某个事先定好了的假设去解释梦，不仅是徒劳的，而且极其错误和有害。通过劝说的高明技巧，或通过所谓梦幻机构（dream-mechanism），像转换、变形、取代等诸如此类的东西的随意运用，梦几乎可以被解释为任何意思。在人们首次试图译解象形文字时，亦同样使用过这种主观臆断的做法。在试图理解一个梦之前，我们应该始终对自己说：“这个梦可以是任何意思。”这并非需要采取与意识态度截然相反的观点，而只要与之保持平行便行了，这与其补偿作用是完全一致的。此外，有些梦根本无法解释，惟一的办法便是胡乱地进行猜测。总之，到目前为止，还没有发现什么释梦的诀窍，也没有找到任何正确的方法和令人满足的理论。弗洛伊德的假设认为，所有的梦都是性和其他心理上不能满足的愿望的伪装完成，对此，我们是不能确证的。因此，我们必须把此假设的运用以及建立在其基础之上的方法看做是主观的偏见。我们认为，由于梦之大量的非理性和个体性，要建立一种为众人所接受的理论也许是完全不可能的。我们为什么要认为科学所研究的都是那些不具例外的东西呢？科学性的思维是我们用于理解世界的惟一智能。将梦更多地看做艺术作品而非仅仅是科学家的观察数据更为好些。前者似乎会使我们得出更好的结果，因为它更接近梦的基本性质。而且，它毕竟是使我们注意到无意识补偿，从而克服意识态度的片面和不足的主要之点。只要教育的其他方法仍然有效和适用，我们便无须无意识的帮助。实际上，如果我们用无意识的分析方法来代替已得到证实的意识方法，这便是一个不可饶恕的错误。这种无意识的方法应该严格控制在那些其他方法已不适用的情况下进行使用，并且只能由专家或是在专家的控制和指导下使用。

由这种病理学研究和方法得出的一般结果并非只具有教育方面的学术意义，它们同时也极有实际意义。因为在某些情况下，它们可以赋予教育者一种不具备这种知识便不可获得的洞察力。

（4）人际关系与个性

正常的人际关系是个体心理健康发展的必要条件。荣格认为，只有在人际关系正常的情况下，无意识内容的“投射”才会出现；也只有在出现了“投射”之后，人格的整合才有可能实现。可见，人际关系对个性的形成、对个性化过程都是至关重要的。在荣格看来，成年人人际关系的基础依赖于他童年时期与人交往的经验。对于儿童来说，他最初建立起的人际关系是与养育者的关系。这样一来，养育者对待他的态度，给予他的物质满足、情感抚慰，帮助他解除烦恼、痛苦的言行、方式等，会深深印在他的心灵世界中。当然，任何人都无法满足婴幼儿的所有需要，一些无能为力或未尽人意的地方，同样也会留存在儿童的精神世界里。因而，在儿童的生活中必然会存在这样那样的问题，这些问题在儿童成年后便会不自觉地通过日常生活投射到他的朋友、爱人、同事以及孩子身上。他会以母亲照顾他的方式来照顾他人，也会以父亲施加给他的权威影响别人。

童年时期的影响会在儿童心中永久地铭刻下“母亲原型”或“父亲原型”。无论是男人还是女人，在他的无意识深处都不可避免地留有父母带来的积极或消极的影响，而其中最重要的一点在于，父母哪一方施加的影响更大。儿童在个性上总是倾向于对他影响较多的那个人。

随着儿童的成长，他交往的范围和对象扩大了，在人群中他会凭借直觉、兴趣等寻找自己的交往伙伴。因此，良好的人际关系总是由相互吸引开始的。用荣格的话说，这种相互吸引应叫作“积极的心理投射”。没有这种心理投射，交往双方会不愿在一起消磨时光，更不愿貌合神离地在一起工作，解决问题。荣格用集体无意识中的“英雄原型”来说明这种积极的人际吸引。他认为，人际吸引的原因可能在于个体心理发展的不完善（imperfection）。他说：“人际关系并非基于分化和完善，因为分化和完善只是强调了差异或者引发出相反的结果；相反，人际关系是基于心理不完善，基于孱弱无助或需要支持——这是依赖性的根源和动力。心理完善者无需他人的帮助；而弱者则需要，因为他需要别人的支持，而不愿使自己被迫处于劣势的境地。”正因为如此，各国人民认同的英雄形象才会不尽相同。

个体通过交往与他人建立了人际关系，但这种关系并非一成不变的，“个体对他人的意象会根据经验而发生改变”。经过长时间的接触与交往，个体在他人身上可能会发现一些吸引自己、令自己神往的东西，也可能发现一些令他厌恶或失望的东西。如果是前者，双方的关系会向前迈进；如果是后者，就可能出现人际危机。当人际关系向积极一面发展时，交往双方的感情和关心就会得到加强，异性间甚至会由此而产生爱情。

当然，人际关系的发展并非完全依赖于相互的喜恶。有时人们会意识到这样一个问题，即自己与他人之间的关系只是部分投射，即“人无完人”，只要交往双方能在某些方面达成一种平衡或和谐，他们之间的人际关系也会得到加强。例如，两个性格迥异的人可能在平时关系淡然，但这并不等于他们不能合作共事。因为在人们意识到“部分投射”之后，便会自然产生一种谦卑感，或是产生一种“退行”（regression）机制来调节人际关系中出现的对立。这样，人们相互之间的情感联系便会很容易建立起来。

谈及人际关系，就不可能不涉及友谊。按照荣格的人格类型理论，外向型的人特别喜欢社交，他们注意的中心往往是客体，所以外向型的人容易与人发生联系，并保持友谊。而内向的人比较关注自我和内在的精神世界，很少与人主动交往，也不易赢得友谊。

荣格的这一看法引起了许多研究者的争论。有人发现朋友之间的心理类型总是相同的；有人则通过研究表明，尽管内向的人表面看来不喜欢社交，但他们也喜欢保持友谊；还有人认为，无论外向还是内向，人与人之间的友谊更多的时候要受环境、心境等内在、外在因素的制约。

关于友谊，荣格还曾提出，某一种态度类型的人往往不喜欢具有相反态度类型的人。这一观点后来也招致了许多研究者的批评。以泰勒为首的一些心理学家在他们的研究中指出，同一态度类型和不同态度的人之间同样可以建立友谊关系。事实也确实如此，可见，荣格的学说并非十分完善。

荣格的人格学说非常注重个性化，而人际交往又被他视为提高个性化的最有效手段。他认为，真正健康的人际关系有助于个性化的完成；反过来，如果一个依赖性很强的人总是期望别人补偿自己的缺陷，那就会阻碍个性化的实现。

总之，荣格认为，良好的人际关系有助于个体实现独立人格，消除相互间的依赖，形成良好的个性。所以，一个心理健康的人应该是一名具有良好人际关系的人。

四、心理的治疗

作为一名精神病学医生，荣格提出了许多极有价值的理论。这固然与他渊博的学识、广泛而深入的思考相关，但另一方面，作为一名有着丰富临床经验的医生，医疗实践在他的学说中也占有相当重要的地位。正是通过大量的心理治疗活动，他才建立起自己的理论体系。

心理治疗（psychotherapy）又叫精神治疗，是指用心理学方法对精神，或者说对心理进行治疗。对心理治疗的界定最终难免导致将精神治疗与精神分析混为一谈。

事实上，“精神分析”是弗洛伊德创造的名词，他用这个词来表达自己在心理治疗中所使用的一种区别于传统治疗的解释方法，即用被压抑的冲动来解释心理症状的方法。而阿德勒则把它用作权力意志的术语，用它将精神病症描述成个体对自卑心理提供补偿的一种企图。与弗洛伊德和阿德勒有所区别，荣格选择了“分析心理学”这一表述，以此来阐述自己的心理治疗观和治疗方法。

1. 目　标

今天人们普遍认为神经症是功能性的心理紊乱状态，可以通过心理的方法来治疗。但是当我们涉及到神经症的形成和治疗的基本原则的问题时，所有的共识便不复存在，所以我们必须承认，我们对于神经症的性质和治疗的原则还没有完全令人满意的概念。有两种思潮或说学派确实受到了特殊的关注，但是它们的理论绝没有穷尽我们这个时代所发表的无数分歧的观点。弗洛伊德用性的原因对神经症所作的解释，以及他认为心理事件起源于童年的快乐及其满足的观点，得到了广泛的赞同。阿德勒在大西洋两岸受到的赞许并不比弗洛伊德少，我们由此可以得出同一推论。不可否认，权力欲起源于自卑感，为数众多的人用权力欲来解释他们的麻烦，得到了满意的答案。同样不可否认的是，这种观点还解释了一些在弗洛伊德体系中没有得到相应解释的实际心理事件。集体心理以及社会因素的力量是阿德勒观点的基础，恰恰是它们要求形成这样一种理论，对此不需详细阐明，已经足够明显了。

荣格认为，忽视弗洛伊德和阿德勒观点中的真理成分，将是一个不可原谅的错误，但是把它们当中任何一个奉为惟一的真理，同样是一个不可原谅的错误。两种观点中的真理都是与心理事实相对应的。有一些实际病例主要依靠这两种理论之一得到了最好的描述和解释。对这两位调查者我们都不能指责他们犯了错误；相反，我们试图尽可能地应用两种假设，因为我们完全接受它们的相对正确性。如果我们从没遇到一些事实，迫使我们修改弗洛伊德的理论，那么我们肯定从来不会想到要同他分道扬镳；我们与阿德勒的观点的关系也是如此。

当今，如果说我们在某个领域中应该谦虚谨慎，并认为几种看似对立的观点都有正确性的话，那么这个领域就是应用心理学；因为我们离完全了解那个最具挑战性的科学研究领域——人类心理——还差得很远。就目前而言，我们只有一些多少比较可信的观点，它们之间互不相容。因此，当我们试图说明我们的总体观点时，我们希望自己不会被误解。我们不是在推荐一条新的真理，更不是在预告终极真理。我们只能说，我们在尝试着揭示对我们来说模糊晦涩的心理事实，或者说我们在努力克服治疗中的困难。

我们要从最后这个问题开始说起，因为恰恰是在这里，我们发现了最迫切需要修改的东西。众所周知，一个人可以很长时间地接受一种不完备的理论，但却不能长时间地接受一种不完备的治疗方法。几乎每个人，包括靠原始手段的巫师和靠祈祷为人治病的信徒，都能取得心理治疗的成功。但是心理医生从他的成功当中只能学到很少的东西，甚至毫无收获。这些成功只能巩固他的错误，而在另一方面，他的失败却是无价的经验，因为它们不仅打开了通向更深层真理的道路，而且逼迫他改变自己的观点和方法。

在治疗年龄较大的病人——也就是说超过四十岁的人时，我们遇到了最大的困难。在处理较为年轻的病人时，我们发现弗洛伊德和阿德勒那些熟悉的观点通常比较适用，因为它们提供了一种治疗方法，能够使病人达到一定程度的适应性和正常化，而且显然没有留下让人烦恼的后遗症。根据我们的经验，在年龄较大的人身上情况往往并非如此。在我们看来，心理的因素在人生的过程中会发生非常显著的变化——变化的程度相当大，以至于我们能够区别出生命中上午的心理学和下午的心理学。作为一条规律，年轻人的生活特点是总体的展开倾向和对具体目标的追求；如果他得了神经症的话，他的病因可以追溯到他的犹豫不决或者在责任面前的退缩。但是年龄较大的人的生活特点是力量的衰退、对以往成就的肯定以及进一步发展的结束。他的神经症主要是因为他仍然执于已经不合时宜的青年人的生活态度。正如年轻的神经症患者惧怕生活那样，年老的神经症患者在死亡面前退缩。对年轻人来说属于正常目标，对于老年人来说就不可避免地变成了导致神经症的障碍。对于年轻的神经症患者来说，他对父母的依赖本来是一个正常的发展阶段，但是由于他面对世界迟疑不定，这种依赖就不可避免地变成了生活有害的乱伦关系。必须记住，不管抵制、压抑、移情、“导向性虚构”等等现象表现得多么相似，它们在年轻人身上是一种意义，在老年人身上却完全是另一种意义。无疑应该对治疗的目的作出修改，来适应这种现实。因此，我们认为病人的年龄是一个至关重要的标记。

但是即使在青年阶段内，也有一些我们应该注意的各种标记。所以，在我们看来，如果用弗洛伊德的观点去治疗一个采用阿德勒心理学的病人——一个具有幼儿期的自我表现欲的失败者，那就是一个技术上的失误。相反，如果把阿德勒的观点强加于一个成功者——他的动机可以用快乐原则来理解，这也是一个严重的错误。在可疑的病例中，病人的抵制可以作为有价值的路标牌。我们倾向于在开始时认真地对待那些根深蒂固的抵制，虽然这也许听起来很奇怪。因为我们确信，医生对病人所需要的东西并不见得比病人自己的心理构造更了解，病人本人可能对于这种心理构造完全是无意识的。考虑到今天的这种情况，医生的谦虚态度就更是非常适宜的了。我们不仅没有一种普遍适用的心理学，而且由于心理构造的差异是数不尽的，或多或少地存在着一些个性心理，它们无法归入任何一种一般性的理论。

众所周知，在心理构造的问题上，我们按照早已经被许多研究人性的学生所怀疑的两种典型差异，假设出两种不同的基本倾向——内向型和外向型。我们也把这两种倾向，以及某种心理功能对于其他心理功能的支配，当作重要的标记。个人生活的巨大差异性需要我们不断地修改理论，这些修改常常是医生无意识地做出的，它们在原则上可能与医生的理论完全不符。

当我们讨论心理构造的问题时，我们必须指出，有些人的倾向基本上是精神的，而另一些人的倾向则基本上是物质的。我们不应该认为这种倾向是偶然获得的或者来源于误解。这些倾向表现为根深蒂固的激情，任何的批评或者劝说都不能把它们消除；在有些病例中，一种表面上直言不讳的唯物主义态度却来源于对宗教倾向的否定。今天人们更了解的是相反的例子，尽管它们出现的频率并不比别的更高。在我们看来，这些倾向也是标记，不应该忽视它们。

当我们使用标记这个词的时候，它的意思似乎与在一般医疗术语中的意思相同，是指定了这种或者那种治疗方法。也许应该如此，但是心理治疗肯定还没有达到这种确定的程度——因为这个原因，我们的标记不幸只是对片面性的一种警戒。

人的心理是高度模糊的。在每一个病例中我们都必须考虑一个问题，即一种倾向或称特性是独立地存在着，还是仅仅作为其对立面的补偿而存在。我们尽可能让纯粹的经验来决定治疗的目标。这也许看起来很奇怪，因为人们一般认为医生应该有一个目标。但是在我们看来，医生最好不要有太固定的目标，在心理治疗当中尤其如此。他对病人所需要的东西并不比病人的本能和生存意志了解得更多。与清醒的意志和善意的理性相比，本能和其他神秘的无意识因素对人生中的重大决策的影响要大得多。在一个人穿着合适的鞋可能在另一个人会夹脚；没有一个生活的处方适用于所有的人。我们每一个人都有自己的生活模式——一种无法决定的模式，任何其他模式都不能代替它。

当然，以上这些考虑不应该妨碍我们做出各种努力来使病人的生活正常合理。如果收到了满意的效果，我们就照此做下去；如果还不够，那么医生就必须用病人的无意识所提供的数据作为指导，不管这样做的结果是更好还是更坏。在这里，我们必须把本能作为我们的向导，医生所选择的道路与其说是治疗的问题，不如说是发展病人自身已有的创造潜力的问题。

我们想说的东西的起点正是治疗停止、发展开始的这一点。我们对心理治疗的贡献就局限于理性的治疗无法产生令人满意的效果的病例当中。我们手头的临床资料有一种特殊的性质：新病例只占极少数。我们的病人大部分已经经过了某种形式的心理治疗，通常只取得了部分的效果或者是否定的结果。我们的病例中约有三分之一的人并没有临床上可以认定的神经症症状，他们的痛苦来自生活的无意义和空虚。然而，我们认为，这种现象完全可以描述为我们这个时代的普遍的神经症。我们的病人中足有三分之二已经过了中年。

用理性的方法来治疗这类特殊的病人是很难的，因为他们大多数是具有较强的能力和社会适应性的个人，对于他们来说，正常化毫无意义。至于正常的人，我们对他们更是束手无策，因为我们没有现成的人生哲学可以向他们提供。在我们的大多数病例中，意识资源已经用尽了；描述这种情形有常用的表达方法是：“我陷入困境了。”主要是这个事实迫使我们寻找潜在的可能性。因为当病人问我们“你有什么建议？我该怎么办？”的时候，我们不知道该怎样回答，我们并不比他们知之更多。我们只知道一件事情：当我们的意识认为没有前进的路了，我们“陷入困境了”，这时我们的无意识就会对这种令人难以忍受的僵局作出反应。

这种僵局作为一种心理事件，在人类的进化史上反复出现，以至成了许多童话和神话的主题。我们听到过“芝麻开门”或者某种动物帮助我们找到秘密通道的故事。我们也许可以这样理解它们：在时间的进程中，“陷入困境”是一个典型的事件，它引起了典型的反应和补偿。因此，我们可以怀着一定程度的肯定来期待某些类似的东西作为无意识的反应出现，比如在梦中。

所以，在这些情况下，我们的注意力更多地集中在梦上。这不是因为我们相信自己总是需要梦来拯救我们，也不是因为我们有一种神秘的关于梦的理论，能告诉我们所有东西是怎样形成的，我们关注梦只是因为它本身的复杂性。我们不知道还能到哪里去寻求帮助，因此我们就尝试在梦中寻找答案，它们至少给我们提供一些指向这个或那个的意象，这总是聊胜于无。

我们和读者一样，对梦的解释有一种偏见，认为它是含糊不清和独断专横的典范。但是另一方面，我们知道如果长时间地、彻底地思考一个梦的话——如果我们时时记挂着它并反复思索的话——我们几乎总能从其中得到一些东西。当然我们并不能吹嘘这种东西的科学性或者把它理性，但它的确是一个实际的和重要的暗示，它向病人表明无意识在把他引向哪个方向。至于我们对梦的研究能否产生为科学所证实的结果，我们甚至不可能给予这个问题以头等的重要性；如果我们这样做的话，那就是在追求一个纯粹个人的目标，因此也是一个自恋性的目标。我们必须满足于一个事实，即释梦的结果对病人有意义，并能重新起动他的生活。我们对自己释梦的正确与否只有一个标准——这个标准就是它是否有效果。

初梦的内容是无限多样的——我们指的是病人在治疗开

始的时候给我们讲述的那些梦。在许多病例中，它们直接指向过去，并使人回忆起忘记和失落的东西。片面性恰恰是由于这些失落而产生的，这导致了僵局以及接踵而至的定向力障碍。用心理学的术语说，片面性会引起力比多突然消失。我们以前的所有活动都变得毫无趣味，甚至毫无意义，而且我们为之奋斗的目标也失去了价值。这在一个人身上也许是转瞬即逝的情绪，在另一个人身上却可能成为慢性的状况。在这些病例中，人格发展的其他可能性常常隐藏在过去的某处，谁也不了解它们，甚至连病人自己也不了解它们。但是梦可以揭示它的线索，在另外一些病例中，病指向现在的事实，比如婚姻或者社会地位，它们并没有被有意识地作为问题和冲突的源泉。

这些可能性都在理性解释的范围之内，要对这些初梦做出真实可信的解释并不困难。正如经常发生的那样，当梦不再指向任何实实在在的东西时——特别是当它们表现出一种对未来的先知先觉时，真正的困难就开始了。我们的意思并不是说这样的梦一定带有预言性，但是它们的确是在期待着或者“窥伺”着。这样的梦包含着可能性的蛛丝马迹，因此无法对外行解释得真实可信。它们甚至对我们自己也经常不太真实可信，这时我们就会对病人说：“我不相信它，但是按照这个线索继续说吧。”正如我们前面说过的，刺激作用是惟一的标准，我们完全没有必要理解为什么会发生这种作用。对于包含着有时难以置信地奇怪和令人迷惑的神话意象的梦，情况就更是如此。这些梦中包含着类似“无意识的形而上学”的东西，它们表达的是尚未分化的心理活动，其中经常隐藏着意识思想的萌芽。

在一个“正常”病人的很长的初梦中，他姐姐的孩子的疾病扮演了一个重要的角色。她是一个两岁的小女孩。不久以前，这位姐姐确实因为疾病失去了一个男孩，但是除此之外她的孩子一个也没有生病。刚开始，梦中那个病孩子的意象让他困惑不解——毫无疑问是因为它不符合事实。因为做梦者和他的姐姐并没有直接的紧密的联系，他在这个梦中找不到属于他个人的东西。然后，他突然意识到，两年以前他开始研究神灵学，而这又把他引向了心理学。这个孩子显然代表他对心理事物的兴趣。从理论方面看，这个梦中意象可以意味着任何东西，又可以什么含义也没有。因此我们不妨想一想，一个事物或者事实的本身是否有内在的意义呢？我们只能肯定，总是人在那里解释，也就是试图赋予事实以意义。这就是心理学的要旨所在。这个梦给做梦者留下了一个新鲜有趣的印象，即研究神灵学可能有某种病态的东西。这种想法切中要害。关键是这一点：释梦有效果，不管我们怎样解释这种效果。对于做梦者来说，这种想法包含着一种批评，它带来一种态度的变化。通过这些细微的变化，事物又开始运动起来，僵局被打破了。

在评论这个例子时，我们可以用一种修辞的手法说，那个梦意味着做梦者对神灵学的研究有些病态的东西。从这个意义上我们也可以谈到“无意识的形而上学”，如果那个梦给做梦者带来了那个想法的话。但是我们要走得更远；我们不仅给病人一个机会，使他看到这个梦让他想起了什么，我们也允许自己这样做。我们把自己的猜想和意见告诉他，以便对他有益。如果我们这样做的时候打开了通向“暗示”的大门，我们也不会感到遗憾；因为大家都知道，我们只能接受那些早已与我们不谋而合的暗示。如果一个人偶尔在这种猜谜的过程中走上歧路的话，那也不会有什么坏处。心理迟早会抛弃这个错误，就像一个有机体排除一个异体一样。我们不必试图证实我们对梦的分析是正确的，这是我们所办不到的事情，但是我们必须帮助病人发现有什么东西能够激发他——我们几乎是不自觉地说出实际情况来的。

对于我们来说，尽可能多地了解原始的心理学、神学、考古学和比较宗教显得特别重要，因为这些领域向我们提供了无价的可以类比的东西，我们可以用它们来丰富病人的联想。把它们综合起来运用，我们就能够发现表面无关紧要的东西其实充满了意义，并大大增强梦的效果。因此，对于那些在生活的个人方面和理性方面尽了最大的努力却仍然没有找到意义和满足的人来说，进入直接经验的领域是极富刺激性的。通过这种途径，那些平常而又普通的东西也改变了平庸的面目，甚至会获得某种新的光彩。因为这一切全在于我们怎样看待事物，而不在于它们本身如何。在生活中，哪怕最微不足道的事情，只要它有意义，也比最重大然而没有意义的东西有价值。

我们并不认为自己低估了这项工作的冒险性。这就仿佛一个人在半空中搭建一座桥梁。实际上，人们甚至可能认为——经常有人这样认为——按照这种步骤去做，医生和病人是在一同沉溺于纯粹的幻想之中。我们并没有把这当作一种责难，相反我们倒是认为它说到了点子上。我们甚至努力地让病人进入他的幻想。说实话，我们对幻想的评价颇高。在我们看来，它实际上是男性精神中属于母性的创造力的一面。当一切都说过做过了之后，我们还是永远无法抵挡幻想。确实存在着一些无价值的、不充分的、病态的和令人不满的幻想，任何一个有常识的人都能很快地识别它们毫无益处的本质；但这当然不能否定创造性幻想的价值。人类所有的作品都来源于创造性的幻想，那么我们又有什么权利贬低想象力呢？在事物的正常发展过程中，幻想是不容易走上歧途的，因为幻想太深刻了，与人类和动物本能的主根联系也太密切了。它总是能够用一些惊人的方法来纠正自己。想象力的创造性活动把人从“仅此而已”的束缚中解脱出来，并释放出人们的游戏精神。正如席勒所说：“人只有在游戏时才是完全的人。”

我们的目标是造成一种心理状态，在这种状态下，病人可以开始凭自己的本能来进行实验——这是一种流动的、发展的、变化的状态，其中不再有任何东西是永久固定的和僵化麻木的。当然，我们只有通过说明它的一般原则才能在这里介绍我们的技术。在处理一个梦或者一种幻想时，我们订了一条规则，就是永远不要超出对病人有效果的意义；在每个病例中我们只是尽量使病人意识到这种意义，这样他也就能了解这种意义的超乎个人的联系。这很重要，因为如果有些较为普遍的事情发生在一个人的身上，而他以为这只是他个人的独特经验，那么他的想法就显然是错误的，亦即太个人化了，有把他排斥在人类社会之外的危险。我们不仅需要有当今的、个人的意识，还需要有一种超乎个人的、向历史的延续感开放的意识。这也许听起来太遥远了，但是经验表明，很多神经症正是由于这样的事实引起的：人们出于对理性启蒙的幼稚的激情，故意对自己的宗教冲动视而不见。宗教倾向是心理生活的一个因素，对它的重要性怎样估计都不会过高。恰恰由于这种宗教观，历史的延续感才成为不可或缺的。

只要我们帮助病人在他的梦中找到有效的因素，只要我们努力地向他表明他的象征的一般意义，那么从心理学的角度看，他就仍然处于孩童的状态。在这个阶段，他依赖自己的梦，并总在问自己他的下一个梦会不会给他新的启示。不仅如此，他还依赖我们对他的梦产生的想法以及我们通过自己的知识来增加他的洞察力的能力。所以他仍然处于一种不太理想的被动状况下，一切都是不确实的、值得怀疑的；他和我们都不知道旅途的终点在哪里。这通常比在埃及式的黑暗中探索好不了多少。在这种状况下，我们不能期待非常明显的效果，因为不确定性太强了。而且我们时时冒着一种风险，就是我们白天织就的一切，到了夜间就被拆掉了。危险在于什么都没有发生；什么都不能保持它的形状。在这种情况下，经常发生这样的事情，病人做了一个异常富于色彩或者特别奇怪的梦，他们说：“你知道吗，如果我是个画家我会把它画成一幅画的。”或者病人的梦涉及照片、油画、素描或带插图的手稿，也许是电影。

我们对这些暗示作了实际的考虑，我们督促病人们在遇到这种情况时，就把梦中的或者幻想中的东西画出来。通常我们会遭到反对：“我又不是画家。”对此我们一般回答说，现代艺术家也不是画家——正因为如此现代艺术才是绝对自由的——再说这里也不涉及美的问题，而仅仅是画中所带有的病态。最近我们从一个才华出众的肖像画家的病例中看到了自己的画法与“艺术”之间的毫无关系；她不得不用孩子般的努力重新开始，简直令人可怜——说实语，好像她的手从来没有拿过画笔似的。画我们眼前的东西与画我们从自己内心看到的东西完全是两码事。

于是，我们的许多社会地位较高的病人开始画画。我们完全可以理解，每个人都会把这看成是根本没用的艺术尝试。然而，必须记住，我们所讨论的不是一群还需要证明自己对社会有用的人，而是一群从自己对社会的价值中再也找不到意义的人，一群遇到了个人生活的意义这个深刻而危险的问题的人。成为群体之中的一员，只有对尚未达到那个阶段的人才有意义和魅力，对那些早已经有过这种满足和经验的人则是平淡无奇的。那些以培养群体为自豪的“教育家”们总是否定个人生活的重要性。但是其余的人迟早会被迫发现自己生活的意义。

尽管病人们时不时地创作出一些颇具艺术美的作品，可以拿到现代“美术”展览上去展出，但我们从来不按照严肃艺术的标准，把它们看做是毫无价值的东西。它们没有任何艺术价值，这一点甚至很重要，因为否则的话他们就会把自己想象成艺术家，这就会毁了这种做法的良好效果。这不是一个艺术问题——或者说这不应该是一个艺术问题——而是超出了纯粹艺术的东西：可以把它称作对病人个人生活的效果。从社会的角度来看，个人生活的意义并不重要，甚至可以忽略，但是在这里却被赋予了最高的价值。正是为了它的缘故，病人挣扎着要给不可表达的东西以某种形式，不管这个形式是多么粗糙和幼稚。

但是到了某一个发展阶段时，我们为什么要鼓励病人用画笔、铅笔或钢笔来自我表达呢？在此我们的目的与处理梦的时候是一样的：我们希望产生效果。在前面描述过的幼稚状况下，病人保持着一种被动的状态；但是现在他开始扮演一个主动的角色。首先，他把出现在他幻想中的东西画到纸上，这样就把它提升到有意识的行为的地位。他不仅谈论它，而且要对它做点什么。从心理学的角度讲，每周同医生进行两次有趣的谈话是一回事——这种谈话的结果是悬在半空中的；一次挣扎好几个小时，最终用难以掌握的画笔和颜料画出表面毫无意义的作品来又是另一回事。如果他的幻想确实对他没有意义的话，把它画出来的努力就会太令人厌倦，他也就不会再做第二次了。但是既然他的幻想似乎并非完全没有意义，那么他让自己为之忙碌便会增加幻想对他的效果。不仅如此，给意象以可见的形式这种努力还可以加强对它的全面研究，因此用这种方式可以完全体验它的效果。绘画的训练给幻想一种现实的因素，并由此赋予它更大的重力和更强的驱动力。实际上这些粗糙的图画确实能产生效果，我们必须承认，它们的效果是难以描述的。当一个病人有一两次通过画一幅象征性的图画把自己从痛苦的精神状态中解脱出来后，每当他的情况不好时，他就会求助于这种解脱方式。这样他就赢得了一种无价之宝，可以称之为一种独立性的增强，是向着心理成熟迈出的一步。通过这种方法，病人可以使自己创造性地独立——如果我们可以这样叫它的话。他不再依赖于他的梦或者医生的知识，他可以通过画画给自己的内心体验一个形式，由于他画的是积极的幻想——正是这些幻想激发了他。他内心的积极因素其实就是他自己，但这并不是从前那个错误意义上的他自己，因为那时他把个人的自我误认为是自性；这是新的意义上的他自己，因为他的自我现在表现为被内心的生命力所激励的东西了。在他的一系列绘画当中，他尽可能全面地展示他内心的活动，最终只是发现，那就是永恒未知、永恒陌生的东西——是精神生活隐秘的基础。

我们不可能向你们描绘出这些发现在多大程度上改变了病人的立场和价值观，以及它们怎样转移了人格的重心。这就好比自我是地球，它突然发现太阳（或者说自性）是行星运行轨道的中心，同时也是地球运行轨道的中心。

但是我们不是一向都知道事实如此吗？我们相信自己一向都知道。然而我们的头脑可能知道一样东西，而我们身上的另一个人却全然不知，那么我们可能就这样活着，好像我们实际上不知道一样。大部分病人都知道较深刻的真理，但却没有按照真理生活。他们为什么不按照真理生活呢？因为有一种偏向性，使我们都把自我置于生活的中心——这种偏向性来源于对意识的过高估计。

对一个尚未适应社会和取得成功的年轻人来说，尽可能有效地塑造自己的意识是极其重要的——也就是说，要培养意志。除非他是个天才，否则他甚至不会相信自己内心当中与意志不一致的任何积极的东西。他肯定会感觉自己是一个具有意志力的人，会心安理得地贬低自己内心的所有其他东西，或者认为它服从于意志——因为离开了这一错觉，他就几乎无法适应社会。

对于一个已经进入后半生的病人来说就不是这样，他不再需要培养有意识的意志，但是为了理解个人生活的意义，他必须学会体验自己内心存在。对社会有用已经不是他的目标，尽管他并不怀疑它的吸引力。他完全知道自己的创造性活动对社会没有重要性，因此他只把它当作一种自我发展、造福自己的途径。同样，这一活动使他逐渐从病态的依赖感中解脱出来，他由此赢得了内心的坚强和对自己的新的信任。反过来，最后这些成就又把病人的社会存在向前推进了。因为一个内心健全的自信的人与一个同自己的无意识不能和好相处的人相比，前者能够更好地完成他的社会任务。

我们有意地避免用理论把文章压得沉甸甸的，正因为很多东西肯定还是模糊的、未加解释的。但是为了病人们的绘画能够被理解，我们至少应该提及几点理论。这些图画的共同特点是原始的象征主义，它在画的轮廓和色彩上都很明显。颜色的深浓近乎原始，而且经常表现出一种古老的特质。这个特点指向创造性力量的本质，正是它们造就了这些图画。它们是人类进化过程中非理性的、象征主义的潮流，而且它们非常古老，以至于很容易在考古学和比较宗教的领域得到与它们相似的东西。因此我们可以毫不勉强地认为，这些图画主要来源于精神生活的领域，我们称之为集体无意识。我们用这个术语来指存在于所有人当中的无意识心理活动，它不仅在今天产生了象征性的图画，而且在过去也是所有类似作品的源泉。这些图画来源于自然的需要，又反过来满足自然的需要。就好像通过这些图画，我们能够表达可以追溯到原始的过去的那一部分心理，并使它与今天的意识和解，由此缓解了它对后者那令人不安的影响。

我们不仅需要绘出这些图画，除此之外，我们还需要对它们进行知识的和感情的理解；必须使它们与意识结合、易于理解，并可以从道德上接受。我们必须把它们置于解释的过程中。

事实上，我们是处于一个全新的领域，我们首先需要的就是使经验成熟起来。我们还不知道自己正在探测一个多深的深渊。正如以上所说，我们认为这是一个重新定位的问题，因为许多病人所认为的决定性图画都指向这个方向。这个过程将产生一个新的平衡中心，就好像自我转入了一条围绕它旋转的轨道。一开始这个过程的目标可能还比较模糊。我们只能评论它对意识人格的重要作用。这个变化增强了病人对生活的感受，使生活得以继续进行，从这个事实看来，我们必须作出一个结论，即这种特殊的目的性是它本身所固有的。我们也许可以把这称为一种新的幻觉——但是幻觉是什么呢？我们凭借什么标准来断定一个东西是幻觉呢？心理之中真的存在着一种我们可以称之为“幻觉”的东西吗？我们愿意称作幻觉的东西也许对心理来说是生活中最重要的因素——就像氧气对于有机体一样不可或缺——是一种最重要的心理真实。可以推测，心理不会用我们所划定的真实范围去麻烦自己，因此，我们比较聪明的办法就是说：一切活动都是真实的。

一个想探索心理的人不应该把它混同于意识，不然他就会蒙上自己的眼睛，看不到想探索的目标。甚至要想认识心理，他也必须了解它与意识的不同。很可能我们称作幻觉的东西对心理却是真实的：正因为如此，我们不能把心理真实看做是与意识真实相对应的东西。对于心理学家来说，没有什么比传教士的观点更愚蠢了，他们宣称“可怜的异教徒”的众神都是幻觉。但不幸的是，我们还在沿着这条教条主义的道路蹒跚而行，就仿佛我们称之为真实的东西不是同样充满了幻想一样。在精神生活中，就像在我们所有的经验中一样，所有的活动都是真实的，不管人给它们起什么样的名字。要理解这些事件具有真实性——对我们来说那才是真正重要的事，而不是试图给它们起一个名字来代替另一个名字。对于心理来说，精神就是精神，即使把它称作性欲也是一样。

我们必须重申一下，加给上述过程的各种技术术语及其变化形式永远都无法触及这个过程的实质。就像生活本身一样，它无法被意识的理性概念完全理解。正是因为病人们感到了这个真理的全部力量，他们才转向了象征的表达方法。在表现和解释这些象征的过程中，他们发现了比理性的解释更有效、更能满足他们需要的东西。

2. 与弗洛伊德的区别

荣格的分析心理学尽管与弗洛伊德精神分析学存在着千丝万缕的联系和共同之处，但两人在分析原则、分析方法和基本观点上仍有许多分歧。反映在心理治疗中也是如此。

就心理治疗的着眼点来看，弗洛伊德的精神分析学强调的是“还原”，即追溯患者的症状或梦在童年时代的性起因。他注重的是人性中恶的一面。在弗洛伊德看来，精神性神经症是人们各种失调力量相互作用的结果，是作为自我和压制一切的情感因素之间互不侵害的精神冲突的结果。它与个体的性欲和生活方式有关，与植物神经系统以及个体的身体素质有关，并且具有不同的阶段。所以弗洛伊德将理论的重点放在对真实创伤的还原和对尚未满足的性欲望的研究上。

弗洛伊德认为，那些随着年龄的增长，机体与心理也同步成长，最后成功地步入了成人社会的人是正常的。而那些在成年后（或青春期），心理发展仍未达到性成熟标准的人便是精神病人。由于种种原因，他们的正常心理发展过程受到阻碍或者压抑而陷于停滞，在某一个点上形成了一个情绪。

一般情况下，病人受到压抑的力比多无处表达，积蓄着。当这种积蓄达到一定量时，便会以“异常”的方式宣泄出来，形成了精神病人的外部行为表现。这时，就需要精神医生通过种种分析手段（如催眠、析梦等）来解开病人心理上的情结，使这种积蓄的心理能量安全释放，从而让病人的心理继续健康发展，最终达到性成熟，成功地步入成人社会。

与弗洛伊德注重人性中恶的一面相反，荣格的分析心理学强调探索人格中健康的一面，强调寻找人格中值得保留的东西。他采用的是一种综合心理建构原则。在荣格看来，每个人正常的心理与人格都有两个动力源：意识和无意识。对正常人来说，虽然存在着内向、外向的划分，但两者毕竟是相对平衡的。而对于精神病人来说，这种平衡已经被打碎了，他们中的一类过多地受限于意识到的外部现实而疏远了无意识，最终成为失去生活意义的人——即癔病患者。另一类则过多地疏远外部世界，割断了与所有人的联系，为内心的情感体验所强迫，成为了精神分裂症患者。但在人的一生中，心理平衡始终是个动力过程，心理能始终要在意识与无意识之间保持一定的张力。而人格类型是可以改变的，所以荣格认为，两种类型的精神疾病也是可以治愈的。

另外，从发展的观点来看，人的前半生总是要努力适应外部世界，力争在社会上站稳脚跟，因而他在意识方面发展很快，外向占据着优势。到了后半生，他已经获得了成就、地位、权力、财富和爱人，就应该注意多与无意识保持联系，不要让内向偏废。这样，他才会感到生命的意义和价值，同时也能坦然面对死亡。所以荣格主张，在施行心理治疗时要依据病人的年龄、经历等来“对症下药”，不可全部还原成过去的生活经历或童年时期的性创伤。

荣格与弗洛伊德在心理治疗问题上的第二个分歧点在于分析方法的不同。

弗洛伊德在治疗中广泛使用的是“自由联想法”，即要求病人重新回忆起童年时期所经历的情感冲突，并说出目前在意识中所呈现出的一切想法。而荣格则强调要集中精力对付出现在眼前的问题，也就是说要采用“即时”的方法。只有当回忆过去有助于更好地了解现在时，他才采用与过去建立联系的分析方法。所以治疗中荣格更多的时候不是医生，而是一名教师。他总是尽力教会病人做自我分析，以减少其看病的次数。

“自由联想法”是弗洛伊德的主要贡献之一。他将联想法则应用于无意识的研究和心理治疗，赋予它新的理解和含义。自由联想越不自觉，就越确定地冲击被抑制的记忆，这时，不自觉的观念就会转变为自觉观念。而医生应尽可能的被动，不提供任何解释，只是找出病人和症状之间的因果联系。正是从弗洛伊德的自由联想理论中，人们才意识到病人的合作对于治疗成功非常重要。

“自由联想法”是以无意识来展示记忆的连贯性和整体性的，对这一点荣格十分认同。一段时间里，“自由联想法”是荣格心理治疗中的一项标准化技术。到了 1929 年，荣格不能容忍“自由联想法”的种种不完善，提出了一种“自由联想法的延伸”的方法。

“联想由情结决定，即病因可以在自由联想中得以揭示”，这是荣格对弗洛伊德观点提出质疑的根本点。根据荣格的理解，每当外表上的因果经验被暗示出来时，人们便会面临原先被情结群集的精神冲动，而对第一个原因则永远不可能得出确定的结论。正如荣格所看到的，与原初观念相联系的回答已经被情结所群集，因此有理由把原初观念看做是情结的一种标志或象征。

弗洛伊德总是将一切困难和问题全部归咎于病人过去尚未固定下来和尚未被控制的经验，所以他在治疗中仍然会受到症状、观念和创伤记忆的限制。这样，他就无法揭示观念的意义和无意识精神的发展方向。这令荣格深感遗憾。由此，他想到从预期目标和象征内容的角度来研究联想可能会更为有效。随着临床经验的逐渐丰富，他发现精神具有自发性、自主性和目标定向性的特点，这使他茅塞顿开，独具特色的治疗方法即“综合建构法”就这样形成了。

荣格与弗洛伊德在心理治疗上的区别之三在于对“力比多”（意为“心理能”）的不同看法。

在弗洛伊德看来，力比多是一种本能的性动机力量，决定着人的行为。而荣格则把力比多视为一般的生命力，它有多种含义，有时表现为食欲、游戏，有时表现为性欲，有时则表现为情绪的欲望、生活的意志等等，性欲不过是其中一部分而已。在荣格看来，力比多的表现形式可以是实在的，也可以是潜在的。只要条件适当，这些能量可以被随时激发出来。

荣格对于力比多的观点在他早期著作《力比多的变形与象征》中得到充分表述。力比多问题上的分歧也是他与弗洛伊德产生分歧的根本原因。

荣格与弗洛伊德关于心理治疗的第四个区别是对于“抵抗”问题的不同看法。弗洛伊德主张在分析治疗期间应努力排除病人的“抵抗”。他认为，“抵抗”是由于“创伤”和“自我”不相容所致，在正常情况下，“抵抗”能产生对外界的某种适当调节，但在神经病中，精神冲突被迫进入无意识，调节成为一种不可及的企图。所以他主张削弱，最好是消除病人的“抵抗”，即把情感总量和与其有关的创伤相分离，与此同时将情感移置到一个本身并不矛盾的观念上。这样，“抵抗”就会消失。

荣格则坚持应重视病人的“抵抗”。他也认识到“抵抗”是由自我不相容和意识不相容的内容分裂所引起的，但他不同意弗洛伊德将“抵抗”归结于自然力以及支配这些力的规律。他主张对人的精神现象综合研究，不赞成把总的经验剖析成它的组成因素。所以，他认为“抵抗”不仅不应消除，分析者还应通过它来了解病人所承受的心理压力，进而挖掘出它在病人心理发展中的作用。

两人分歧的最后一点表现在对待病人决定的态度上。弗洛伊德认为病人在接受心理治疗期间情绪发展不稳定，不易作出诸如结婚、调换工作等重大决定。而这在荣格看来却不是什么大事，他从不以此来限制病人的自由。

事实上，无论荣格还是弗洛伊德，在心理治疗上均为一代宗师，都在一定的时期将心理学的理论和实践发展到了一个顶峰，所以无论他们的分歧或者区别如何，我们都应该有所接受和继承他们的理论。

3. 方　法

关于心理治疗的方法，荣格自己归纳为四种——也称为“心理治疗的四个阶段”，即精神宣泄、解释、教育和个性化。但在此之前，荣格还使用过其他一些心理治疗的方法，如联想测试法、析梦法、转移法等，正是因为有了这些方法作为基础和铺垫，才有了后来著名的“四阶段”心理治疗法。所以，我们在这里将荣格的诸多心理治疗方法按其内在逻辑重新进行归纳和编排，便于读者学习和理解。

（1）联想测试法

在伦敦举办的一次主题为“分析心理学的理论和实践”的系列讲座上，荣格曾着重剖析了他关于“联想测试法”的构想和实践经验，下面我们就以对话体的形式来展示他的有关思想：

主席（J·A·哈德菲尔德医生）：

女士们，先生们，主持上次讲演的主席已经把荣格教授介绍给你们了，而且是用最富赞扬的言辞把他介绍给你们的，但我想，所有出席了讲演的人都决不会认为那样的赞颂有什么过分的地方。昨晚，荣格教授谈到了人类的心理功能诸如情感、思维、直觉和感觉，我有这样一种印象，与荣格教授告诉我们的相反，似乎所有这些功能在他心里都被区分得一清二楚。我还有一种预感，即：在他心里，这些功能都以幽默感为轴心而相互联接起来。任何概念所具有的真理性都不会使我如此折服，除非这些概念的提出者能够将其视为幽默的主题，而这，正是荣格教授昨晚所做的事。一个人对他所研究的课题过于严肃，常常泄露出他对他正竭力张扬的真理的焦灼与无把握。

荣格教授：

女士们，先生们，昨天我们研讨了意识的诸功能。今天我想在此基础上与诸位探讨一下心理治疗的方法问题，我先谈**语词的联想测试法**（word-association tests）。对你们中的很多人来说，这种方法显得过时了，但既然人们还在运用它，我就不得不有所涉及。

备一张写有一百个单词的表——我在重复众所周知的东西。你告诉受试人，要他在听到和理解了刺激单词后尽可能快地对进入他心中的第一个单词作出反应。当你确信受试人懂得你的意思后，就开始做实验。你用一个秒表记下每次反应所用的时间。在你念完一百个单词后，你就做其他的实验。你把那刺激单词再念一遍，让受试人重复他先前的回答。由于记忆在一些地方的失灵，他第二次作出的回答不准确或者错误。这些错误意义重大。

这个实验最初并未考虑到它目前的运用，而是被专门用来研究心理联想的。这当然完全是一种空想。靠如此原始的手段，人们对什么也无法进行研究。但是，当实验失败时，当受试者出错时，你却能学到别的一些东西。你问一个连孩子都能回答的简易单词，而一个智力很高的人却不能回答。这是为什么呢？因为那个单词击中了我称之为情结的东西，这情结是一种经常隐匿的、以特定的情调或痛苦的情调为特征的心理内容的团集物。这个单词有如一枚炮弹，能穿透厚厚的人格伪装层打进暗层之中。例如，当你说“购买”、“钱”这类单词时，那些具有“金钱情结”（money complex）的人就会被击中。

我们有大约十二个或多一点干扰范畴，我将略加提示，好使你们对它们的实践价值有所了解。反应时间的延长在实践上最为重要。靠计算受试者反应时间的平均数，你可以判断某一反应的时间是否过长。另外一些主要的干扰是：不遵照指示，反应多于一个词；在重现单词时有误；用表情、笑、手脚或身体动作、咳嗽、口吃以及诸如此类的行为作出反应；只有“是”或“不”作答的不充分的反应；不对刺激单词的真正意思作出反应；对相同单词的习惯性运用；使用外语——这在英国还无大的危险，尽管这对于我们是非常令人生厌的事；当记忆在重复实验中失灵时所发生的缺陷；完全缺乏反应。

所有这些反应都不受意志的控制。不管你遵不遵守实验的规则，你都暴露了自己，因为有人知道你为什么不愿这样做。如果你试之以罪犯，罪犯可能抗拒，而这是决定性的，因为有人知道他何以要抗拒。如果他让步了，那就无异于处死自己。在苏黎世时，每当有棘手的犯案，法院就把我找去；我是他们求助的最后一根稻草。

联想测试的结果可用一个图表（图一）来加以说明。柱子的高度表示受试人的实际反应时间。打圆点的水平线表示平均反应时间。亮柱是没有干扰迹象的反应。暗柱表示反应有干扰，在反应 7、8、9、10 中，你看到的是连续的一串干扰：在反应 7 上的是一个很关键的刺激单词，而受试者一点也没有注意到，其后的三个反应时间由于一心想对那个刺激单词作出某种反应而延长了。受试者对于他具有某种情结这个事实完全没有意识到。反应 13 所显示的是一个孤立的干扰，而在反应 16—20 中，又出现了连续的一串干扰。其中最强的干扰是反应 18 和 19。在这个特定的例子中，我们要通过无意识情绪的致敏作用与所谓的对敏感的强化作用（intensification of sensitiveness）打交道：当一个紧要的刺激单词引起不可遏止的情绪反应时，当下一个紧要的单词正好出现在这复发性的情绪反应范围内时，那么，假如在前的反应是一连串无关痛痒的联想，这时的反应便容易产生比人们期待的更为强烈的效果。这就叫做复发性情绪的敏感效应（the sensitizing effect of a perseverating emotion）。

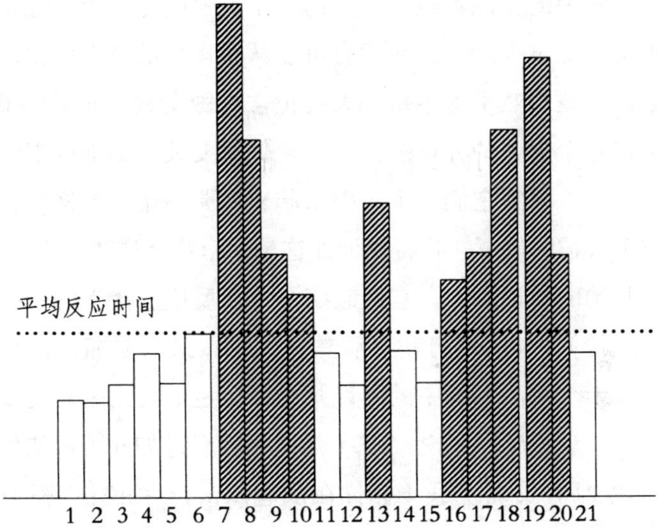

图一　联想测试

作为刺激的词

7　刀

13 矛

16 打

18 尖

19 瓶子

在处理犯罪案件时，我们可以利用敏感效应，这样来安排紧要的单词：将其安置到按推测可能出现复发性情绪的地方。为了增强紧要刺激单词的效果，这是可以做到的。找一个嫌疑犯当受试者，给出的紧要单词应是那些与罪行有直接关联的词语。

图一中的受试者是一个大约三十五岁的正派人，他是我的正常的受试人之一。在我有可能从病理性的材料中得出结论之前，我当然不得不拿一大批正常人做实验。如果你想知道干扰这个男人的究竟是些什么，你只要读一读那些引起干扰的单词，并将它们一个个串联起来就明白了。这样你会得到一个有趣的故事。我将告诉你这是一个什么样的故事。

开始的单词是刀，它引起四个干扰反应。接下的干扰是矛（或枪），其后是打，再后是尖锐的，最后是瓶。这只是连续五十个刺激单词中的少许几个，但足够我用来对受试者把事情和盘托出。我说："我不知道你曾有过如此不愉快的经历。"他盯着我说："我不懂你在谈些什么。"我说："你明白，你曾喝醉过酒，有过一桩以刀伤人的不愉快的纠葛。"他说："你是怎么知道的？"随后他供出了整个事情。他出身于一户受人尊敬的家庭，这家庭单纯而且很正派。他曾出过国，有一天因喝醉酒与人发生争吵，便拔刀刺伤对方，结果蹲了一年班房。这是一件他不想提起的重大秘密，因为这会给他的生活罩上阴影。他家乡或周围的人都不知道此事，而我是碰巧发现这一秘密的惟一的人。我在苏黎世的研究班上也做过这些实验。那些想说真话的人当然是受欢迎的。然而，我总是要他们提供他们认识而我却不认识的某个人的材料，我向他们说明怎样去破解这个人的故事。这是一件很有趣的工作；人们有时会作出卓越的发现。

我再举一个例子。多年前，当我还是一个年轻医生时，一位研究犯罪学的老教授问起这个实验，他表示不相信。我说："不相信吗？如果愿意的话，你不妨亲自试试。"他把我邀到他的家，我们开始了实验。我才念完十个单词，他就不耐烦了，他说："你能用这十个词做些什么？什么也做不出！"我告诉他，靠十来个单词是不要想有什么结果的；他应该听完一百个单词，这样我们才能发现某些东西。他说："你能用这些词做些什么？"我说："只能做一点，但我能告诉你某些事情。近来你为钱的事发愁，你的钱快告罄了。你担心死于心脏病。你一定在法国念过书，你在那里有过一段恋情，它常常袭上你的心头，当一个人怀有死亡的念头时，旧时的甜蜜回忆就会萦绕心间。"他问："你是怎么知道的？"其实，连小孩子都能看得出。他是一个七十二岁的老人，他由心脏（heart）想到了病痛（pain）——担心会死于心脏病。他由死亡（death）联想到死（to die）——一种自然的反应。他由钱（money）联想到太少（too little）——一种很常见的反应。随后的联想更令我吃惊。对付款（to pay）这个词，他在拖延了很长时间后说了一个法文单词"播种者"（la Semeuse），尽管我与他的谈话一直用的是德语。"播种者"是法国钱币上有名的人物形象。那么这个老人究竟为什么要说这个法文词呢？当听到念接吻（kiss）一词时，反应时间较长，他的眼睛亮了一下并说了美（Beautiful）这个单词，于是我就有了整个故事的梗概。如果不是与一种特殊的情感相联系，他是决不会使用法文的，所以我们必须探究他的动机何在。是不是他在法郎上有所损失？但那些日子却未听说有通货膨胀与货币贬值的传闻。线索不可能在这方面。我拿不准这事有关金钱还是有关爱情，但当他听到接吻并作出说美字的反应后，我就明白了那原来是爱情。他不是那种上了岁数才去法国的人，他一定在巴黎做学生，念法律，很可能就住在索邦区。余下的工作是把整个故事连缀起来，而这是比较容易的事。

但偶尔你会碰上一桩真正的悲剧。图二是一个大约三十岁妇女的测试情况。她住在诊所里，被诊断为压抑性精神分裂症。医生对她的诊断很不妙。我把她置于我的护理之下，对她持一种特殊的情感态度。我感到我完全不同意那个可悲的预测，因为精神分裂症在我看来只是一个相对的概念。我认为我们所有的人都是相对意义上的疯人，只是这位妇女更特别一些罢了，我不能把对于她的诊断当作定论接受下来。在当时那些日子里，人们对此还鲜有了解。当然，我查看了她的病历，但并未发现病因。于是我让她接受联想测试，最后我获得了很特别的发现。第一次干扰是由单词天使（angel）引起的，而单词固执（obstinate）则完全没有引起反应。随后引起干扰的词有邪恶（evil）、富裕（rich）、钱（money）、亲爱的（dear）、结婚（to marry）。这女人的丈夫是一位既有钱又有地位的人，她显然生活得满不错。我曾询问过她的丈夫，他所能告诉我的——与其妻一样——是：压抑状态大约是在她最大的孩子（一个四岁大的女孩）死了两个月之后出现的。此外便一无所获。联想测试使我碰到很多令人大惑不解的反应，我不能把它们联缀起来。你会常常陷入这类情形，尤其是在你不经常作那类诊断的时候。你得先向测试者问一

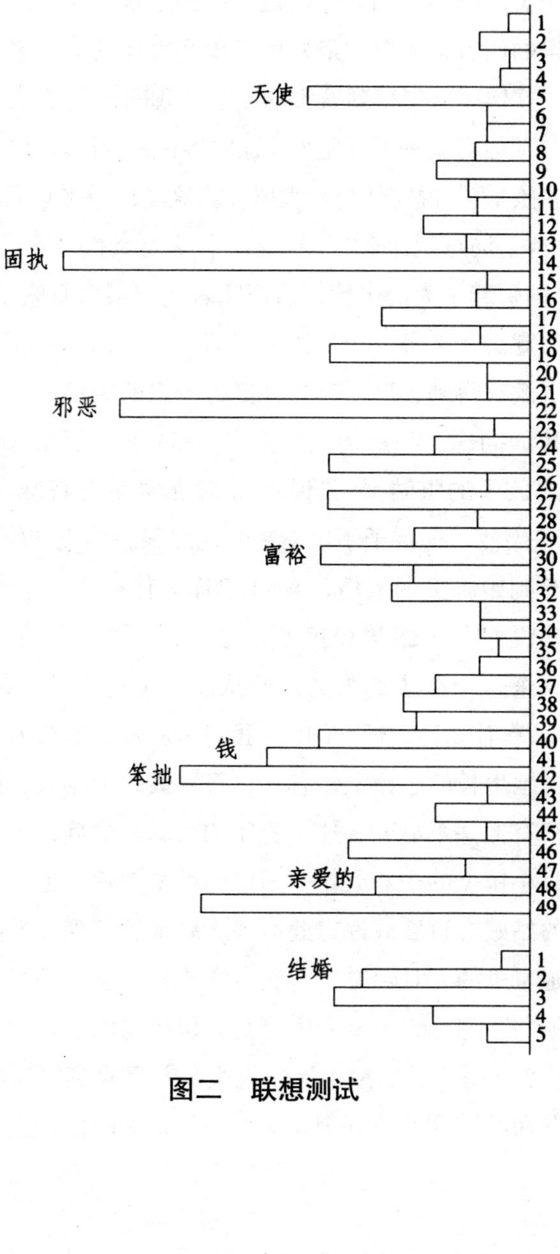
天使
固执
邪恶
富裕
钱
笨拙
亲爱的
结婚
1
2
3
4
5
6
7
8
9
10
11
12
13
14
15
16
17
18
19
20
21
22
23
24
25
26
27
28
29
30
31
32
33
34
35
36
37
38
39
40
41
42
43
44
45
46
47
48
49
1
2
3
4
5

图二　联想测试

些不相关的语词。如果你就最强烈的干扰直接提问，你将得到错误的回答，所以你最好用较少伤害性的词语来开始你的提问，这样就可望得到诚实的回答。我问："那么**天使**呢？这个词对于你有某种意义吧？"她回答说："当然，那意味着我失去的孩子。"说完便号啕大哭。当这场风暴平息后，我又问："**固执**这个词意是什么？"她说："什么意义也没有。"但我说："这个词引起了大的干扰，这意味着它与某事有联系。"我猜不透究竟是什么事。于是我便问**邪恶**这个词，但我从她嘴里什么也没有得到。这里有一种极为否定的表情，表示她拒绝回答我的问题。我继而问到**蓝色**（blue），她说："那是我那失去的孩子的眼睛。"我说："你对那眼睛有特殊印象吗？"她说："当然，这孩子刚生下来时，那眼睛多么蓝啊！"这时我注意到她脸上的表情，我问："你为什么变得不安起来？"她回答说："她的眼睛和我丈夫的并不一样。"事情终于清楚了，原来这个孩子的眼睛与她从前一个情人的相像。我问："那男人有什么使你烦恼的？"我终于从她心里探出了秘密。

在她生长的小镇上，有一位很有钱的青年人。而她的家庭虽富有但并不显要。这个青年的家庭是贵族，很有钱，他本人是小镇上的中心人物，姑娘们都梦想嫁给他。她是一个标致的姑娘，自度或许有此运气。后来她发现并无联姻的可能，她家里的人对她说："你为什么老想他呢？他是一个有钱人，他并不想你，某某先生倒是一位不错的人，为什么不嫁给他呢？"她于是嫁给了这位先生，并且直到打家乡来的一位故友在她结婚的第五个年头上访问她的时候，她一直过得很幸福。当她的丈夫走出房间后，这位朋友对她说：“你已经给那位先生（指镇上那位青年）造成痛苦了。”她说：“什么？我使他痛苦？”这位朋友回答说：“你难道不知道他爱着你？不知道你嫁给别人后他的失望么？”朋友的这番话使她激动万分。但她还压抑住了。两星期后，她给两岁大的儿子和四岁大的女儿洗澡。镇上的水——不是在瑞士——并非无可怀疑，事实上这水染上了伤寒。她注意到小女孩在吮吸一块海绵。但她并没有加以制止，而当小男孩闹着要水喝时，她给了他可能受到感染的水。结果小女孩得伤寒死了，小男孩被救活了。她得到她想得到的东西——或者她内心里的魔鬼所想得到的东西——否认她的婚姻以便嫁给别的男人。结果她犯了谋害罪。她不知道自己犯了罪：她只是把事实告诉了我而没有得出这样的结论：她应该对孩子的死负责，因为她明知道水受到病毒的感染、有危险。我面对着这样的选择：是把她犯罪的真相告诉她呢，还是应当保持缄默？（当然，这只是一个告诉她的问题，并不存在以犯罪诉讼相威胁。）我想，如果把真相告诉她，她的病情可能恶化，但不管怎么说医生对她的预告本来就不妙，相反，如果她认识到她所做过的事，也许还有好转的机会。因此我下决心坦率地把这话告诉她：“是你杀害了自己的孩子。”开始她勃然大怒，后来正视了现实。三个星期后，我们允许她出院，而她再也没有回来过。我暗中查访她十五年，她的病从未复发过。那种压抑在心理上是适合她的：她是一个谋杀犯，在别的情况下，她本应受到死刑惩罚。她被送进了疯人院而不是监狱。通过让她的良心承担起巨大的重负，我实际上把她从另一种惩罚——疯狂中救了出来。因为，假如一个人接受了自己的罪孽，他就能带着这罪孽生活下去。而如果一个人不能接受它，他就得为不可避免的种种后果而备受痛苦折磨。

埃利克·B·斯特劳斯医生：

荣格教授说语词的联想测试是一种手段，人们可以凭借它对个人无意识的内容加以探寻。在他的例证中，病人所暴露的东西无疑是意识中的东西而不是无意识中的东西。的确，如果一个人想探寻到无意识的内容，他就得进一步使病人在异常反应中自由地联想。当荣格教授很聪睿地设想那个不幸事件的故事时，我正想到由“刀”这个单词所引起的联想。这无疑是在病人的有意识心灵中进行的，相反，如果“刀”引起的是无意识联想，我们就能够（如果我们有弗洛伊德的思想）假定它与一种无意识阉割情结（castration complex）或诸如此类的东西相联系。我并不是说一定会如此，但我不理解，荣格教授说联想测试是一种手段，它通向病人的无意识，他这样说指的是什么。在今晚他所给出的例子中，联想测试这种手段无疑是通向意识或弗洛伊德所说的“前意识”（preconscious）的。

荣格教授：

如果你能仔细倾听我所讲的就好了。我说过，无意识的东西是非常相对的。如果我对某事没有意识，那我只是相对地缺乏意识而已；我可能知道它的其他方面。个人无意识的内容在某些方面完全是可以意识到的，但在一个**特定方面**或在一个**特定时刻**，你却不知道它们的存在。

如何才能确定一个东西是有意识的还是无意识的？你只需询问别人。我们并无确定某种东西是有意识的还是无意识的其他标准。你问："你知道你是否有某种犹豫吗？"回答说："不，我不犹豫；我知道，我有与别人相同的反应时间。""你对那使你烦恼的某事有意识吗？""不，我没有意识。""你不记得你对'刀'这个单词所作的回答吗？""一点也不记得。"这种对事实的无知是非常普遍的现象。当被问到我是否知道某人时，我可能说不知道，因为我记不起他了，我意识不到我认识他；但当人们提醒说我在两年前见过他，他就是做过某事的某某先生时，我就会回答说："我当然知道他。"我知道他但又不知道他。个人无意识的全部内容都是相对意义上的无意识，甚至阉割情结与乱伦情结也是如此。在某些方面它们可被完全了解，尽管在别的方面它们是无意识的。我们对某事进行意识时，是有相对性的；这种相对性在癔病中尤为明显。你可以经常发现，那些似乎是无意识的东西仅仅对医生才是如此，而对护士和亲属来说则可能不是无意识。

在柏林一家有名的诊所里，我见过一起有趣的案例：脊髓复合肿瘤。因为这是一位很有名的神经病学专家作出的诊断，我惊诧得几乎颤栗了，但我要看看病历，那是一个很标准的病历。我询问症状是什么时候开始的，结果了解到那是在一个晚上，那时这个妇人的独生子结婚离开了她。这女人是个寡妇，她显然很爱自己的儿子，我说："这不是什么肿瘤，而是一种可以立即加以验证的普通的癔病。"我的这番话使教授大为吃惊，也许他认为我知识浅薄或者不圆滑或者强以为知，我只得告退出来。但有人在街上追上我，原来是护士，她说："我得谢谢你，因为你说那是癔病。我一直这么认为。"

埃利克·格兰姆·豪医生：

我可以回到斯特劳斯医生的问题上来吗？斯特劳斯医生使用了"无意识"一词，但我从荣格教授那里了解到并没有这种东西，有的只是相对的无意识，而这种无意识又有赖于意识的相对程度。根据弗洛伊德派的看法，确有某处、某物、某个实体被称为无意识，而在荣格教授看来，就我对他的理解，是没有这种东西的。荣格教授在联系的流动媒介中游移，而弗洛伊德则处在无联系的实体的静止媒介中。说得清楚些，弗洛伊德是三维的（three-dimensional），而荣格在其整个心理学中都是四维的（four-dimensional）。我倒要因此批评（如果可以的话）荣格的整个图式体系，因为他给你的是一个四维体系的三维表现，某种具有动态功能东西的静态表现，除非对这个体系加以解释，否则你会把它与弗洛伊德的概念、术语混淆起来，你会搞不懂它。我坚持认为必须对这些术语加以澄清。

荣格教授：

但愿格兰姆·豪医生更谨慎一些就好了。你是对的，但你不应该说这样的话。正如我解释过的那样，我力图从最温和的设想开始。正好是你把事情弄糟了，你谈到四维一词，你告诉我，我们所有的人对这样的单词都会有一个较长的反应时间。你说得完全正确，每个人都可能受骗，因为我们在自己的领域里只是些初学者。我同意你的看法，即：要使心理学成为一种有生命的东西而不致融入静止的实体，那是非常困难的。当你把时间因素引入三维体系时，你自然就会使用第四维的概念来作表述。而当你谈到动力和过程的时候，你是需要时间因素的，而这样一来，你就在和世界的所有成见作对，因为你已经使用了“四维的”一词。这是一个不应提到的、有忌讳的词。它有其历史，对这样的词我们应特别小心。你愈是深入地研究心理状态，在使用术语上你就得愈加小心，因为术语是在历史中形成并带有偏见的。你愈是渗入心理学的基本问题，你就愈加面临那些带有偏见的哲学概念、宗教观念、道德观念。因此，我们在把握某些东西时须特别小心。

斯特劳斯医生：

用联想测试作罪行侦缉与用它来发现无意识过失，这无疑是有区别的。罪犯意识得到他的罪行并且意识得到他害怕罪行被发现。而神经病人则无论前者还是后者都意识不到。相同的方法能否运用于这两种很不相同的情形？

主席（赖特医生）：

那位妇女对她的罪行并没有意识，尽管她任随孩子吮吸那块海绵。

荣格教授：

我将用实践来说明其间的区别。图三是联想测试过程中的呼吸示意图。你看到的共有四组，每组由七次呼吸组成，这是在给出刺激单词后记录下来的。图表显示的是在给出平淡与尖锐两类刺激单词后受试者们的呼吸示意图。

“A”是在听到平常的刺激单词后所作的呼吸。听到单词后的第一次呼吸受到影响，而以后的呼吸则比较正常。

在“B”中，给出的是一个尖锐的刺激单词，呼吸量受到明显影响，有时还不到正常呼吸量的一半。

“C”表示的是与情结有关的刺激单词所引起的呼吸行为，这情结是受试人意识得到的。第一次呼吸差不多是正常的，只是后来你才发现呼吸受到某种限制。

“D”同样表示的是与情结有关的刺激单词所引起的呼吸行为，但受试者对此情结却没有意识。在这种情形中，第一次呼吸特别怪，而以后各次也明显低于正常呼吸。

这些图表非常清楚地说明了对情结有意识和无意识之间的反应差别。例如在“C”中，受试者对情结有所意识。刺激单词打中了受试者的情结，于是出现了深呼吸。但当刺激单词打中的是无意识情结时，呼吸量则受到限制，如“D”中的I所示。这时由于胸部出现痉挛，呼吸非常非常微弱。

用这种方法，就能取得表明有意识反应与无意识反应在心理学上不同的经验证据。

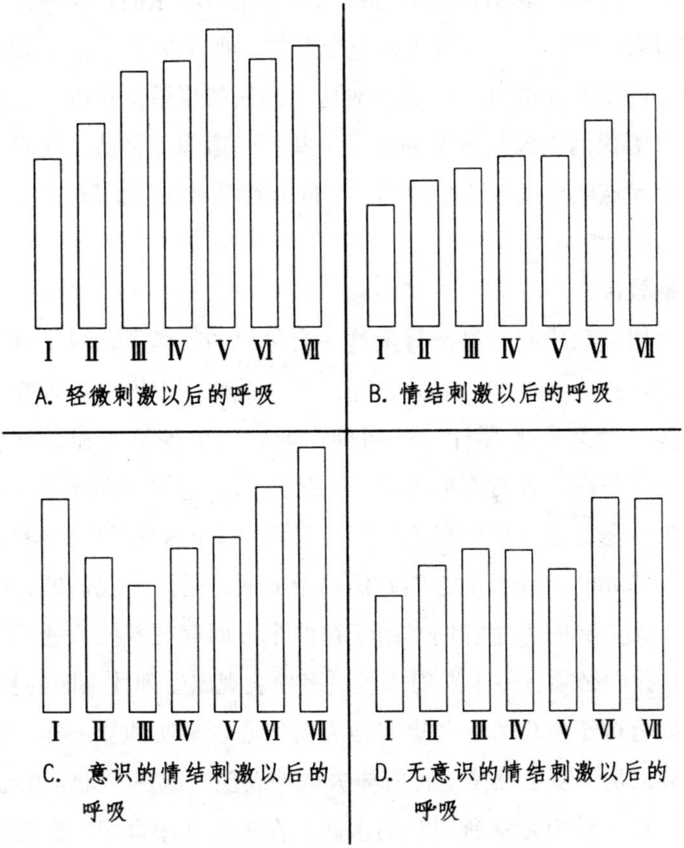

图三 联想测试：呼吸

威尔弗雷德·R·拜恩医生：

您在身体与心灵的远古形式之间作了一种类比。这纯粹是一种类比呢，还是两者之间确有比较密切的联系？昨晚你说了一些话，表明你认为思维与大脑是有联系的，而最近在《英国医学杂志》上刊载了一个案例，那是你对一个生理失常者的梦所作的分析。假如对这个病例的报道是正确的，那它将给我们以极其重要的启发，我不知道你是否认为在身体与心灵这两种远古残余的形式之间有着某种密切的联系。

荣格教授：

你又在挑起心身平行论这一有争议的问题了，对于这个问题，我一无所知，因为它超出了人的认识限度。正如昨天我所力图解释的那样，这两种东西——生理事实和心理事实——是以一种特有的方式一同出现的。它们一起发生，我以为只是对于我们的思维它们才是两个不同的东西，而实际上并非如此。我们把它们看做两个方面，是因为我们的思维根本无力同时思考它们。由于这两个方面存在着统一的可能性，我们必须有待于发现那些更多地表现出生理性一面的梦，正如有待于发现另一些更多地表现出心理事实的梦一样。你提到的那个梦显然是一种机体失调的表现。这些“机体表现”在古代文献中是众所周知的东西。在古代和中世纪，医生们常常用梦来作诊断。我并未对你提到的那位病人作体检。我仅仅听了他的经历和他的梦，然后说出我对这个梦的看法。这方面的病例我还遇到过，比如一位年轻姑娘身上发生的进行性肌肉萎缩（progressive muscular atrophy）。我询问她做的梦，她说她曾做过两个色彩绚丽的梦。一位懂得一点心理学的同僚认为这姑娘患的可能是一种癔病。她的病确有癔病所具有的一些征兆，而是否为进行性肌肉萎缩也仍有疑问；但根据她的梦，我断定她患的是机能性疾病，而结果证实了我的判断。这是一种机体障碍，她的梦确与机体状况相关联。根据我对心身相统一的看法，事情本该如此，如果不是这样，那反而不可思议了。

拜恩医生：

可否在后面讲梦的时候再谈这个问题？

荣格教授：

恐怕我不能详述，这太特殊了。这的确是一桩特殊的经验，而描述这一经验是非常困难的。我不可能简略地描述我用以判断这一类梦的标准。你也许记得，你提到的那个梦中有一条很小的柱牙象。如果我解释柱牙象在机体方面真正意味着什么以及我为什么要把这个梦看做是一种机体征兆，可能会引起争议，你会指责我在宣扬可怕的蒙昧主义。这些东西确实是暧昧不明的。我不得不按基本心灵说话，这种心灵是按原型模式来思维的。在我谈到原型模式时，知道这些东西的人会懂得我的意思，但如果你不懂，你就会想："这家伙一定疯了，因为他竟然谈柱牙象以及它与蛇、马的区别。"为了你们能够理解我所说的，也许我得先用两年的时间给你们开象征学（symbology）的课。

这是一个不小的麻烦：在人们对这些东西的一般了解与我多年对它们的研究之间有一道很深的鸿沟。假如我必须在医学界听众面前谈及此点，我还得谈到法国人雅勒（Janet）的“思维水平”，所以，我倒不如去说中国话。比如，我得说，“思维水平”在某一情况下降到了“意念中心即印度瑜伽的卡克拉”的水准，即降到了肚脐处。我们欧洲人并不是地球上惟一的居民。我们欧洲只是亚洲的一个半岛，亚洲大陆有着古老的文明，那里的居民按照内省心理学的原则训练他们的心灵已有好几千年的历史了。可我们的心理学呢，甚至不是昨天而只是从今天早上才开始的。亚洲的那些居民具有一种神奇的洞察力。为了理解无意识的某些事实，我不得不研究研究东方。我不得不追溯一下东方的象征主义。我打算写一本小书并只讨论一个象征主题，你们会发现那是一本使人毛发竖立的书。我要研究中国和印度，而且还不得不对甚至连专家们也一无所知的梵语文献和中世纪拉丁手稿进行研究，为此必须到大英博物馆查阅有关文献。只有具备了这方面的知识后，你才有可能作出诊断说，这个梦的起因是机体方面的，而那个梦却不是。在人们获得这些知识之前，我在他们眼中只是一个巫师。他们说那是催眠术，巫师的花招。他们在中世纪就这样说过。他们说：“你怎么能看出木星带有卫星？”如果你说你是用望远镜看到的，那么望远镜对中世纪的听众来说是个什么玩艺呢？

我无意对此夸口。当我的同事问及我是如何作出这样的诊断或结论时，我总感到无言以答。我回答说：“如果你允许我解释的话，我先不得不解释为了理解梦你们应该知道些什么东西。在大名鼎鼎的爱因斯坦还在苏黎世做教授的时候，我本人就有过这类经验。在他研究相对论的那段时间，我时常见到他。他常来我家，我经常问到相对论。数学不是我的所长，你们可以想象这可怜的人在向我解释相对论时所遇到的困难。他不知道该怎样向我解释才好。当看到他的困窘时，我恨不得钻入地下，我感到自己太渺小。后来有一天他问我心理学方面的问题，于是我也有了雪耻的机会。”

专门知识是一种最大的不利。它使你在一条路上走得太远，以至你再也不能作解释。你们必须允许我对你们讲那些最基本的东西，但如果你们接受这些东西，你们就会懂得何以我会得出如此这般的结论。遗憾的是，我们没有更多的时间，我不可能把一切都告诉你们。当我论及梦这一问题时，我只好把自己豁出去并冒你们视我为愚人的危险，因为我不可能把所有那些历史证据置于你们面前。我只有一点一点地援引中国和印度的文献，援引中世纪文本以及所有那些你们不知道的东西。你们又怎样去知道那些东西呢？我与其他领域的专家一道工作，他们帮助了我。在这些专家中，有我已故的朋友、汉学家威尔海姆（Wilhelm）教授；我曾与他一道工作过。他翻译过道教的一部著作，要我加以评论，我从心理学的角度对之作了评论。

对于一位汉学家来说，我所说的很新奇，然而他所告诉的东西在我们看来也同样是新奇的。中国哲学家根本不是傻瓜。我们认为古人是傻子，但他们像我们一样聪明。古代人是极富智慧的人民，心理学可以向古代文明尤其是印度和中国学到很多东西。英国人类学学会的一位前主席曾问我：“你能理解何以像中国人这样高智力的民族没有科学吗？”我答道：“他们有科学，但你不理解它。这种科学不是建立在因果性原则之上的。因果性原则并不是惟一的原则；它只是一种相对的东西。”

人们会说，认为因果性只是相对的，这是何等愚蠢！但是请看现代物理学。东方人的思维与他们对事实的评价是建立在另一种原则之上的。对于这种原则，我们甚至还没有相应的称谓。东方人当然有表示它的词，可我们并不懂得这个词。东方的这个词就是“道”。我的朋友麦克道戈（William McDougall）有一名中国留学生，他曾问这个学生：“‘道’这个字的确切意思是什么？”这种提问真是典型的西方思维方式！这位中国学生向他解释了“道”的含义，他回答说：“我还未懂得。”这位学生于是走到阳台并问道：“从这里你看到什么？”“我看到街道和房屋，还看到过路的行人和来往的车辆。”“还有呢？”“还有一座山。”“还有呢？”“还有吹拂的风。”这学生挥动手臂说：“那就是‘道’。”

你终于明白：“道”可以是任何东西。我用另外一个词去指称它，但仍嫌这个词不够味。我把“道”叫做“共时性”(synchronicity)。当东方人察看由很多事实组成的集合体时，他们是将其作为一个整体来接受的，而西方人的思维却将其分解为很多实体与微小的部分。比如看到此刻聚集的人群，你会问:“他们从何处来?他们何以要聚拢来?”东方人的心灵对这些根本不感兴趣。它问的是:“这些人聚到一块意味着什么?”西方人的心灵是不会提这个问题的。西方人感兴趣的是人们来这儿干什么以及人们在此正在做什么。这不是东方人的心灵所要提的问题;它只对人们在一起这个事实感兴趣。

事情就是这样:你站在岸边,海浪把一顶破帽、一个旧箱、一只鞋、一条死鱼冲上了海岸。你会说:“偶然!荒唐!”而中国人的心灵却会问:“这些东西凑到一块意味着什么?”中国人的心灵探究的是在一起和在恰当的时刻一起出现,它有一种西方所不知道的实验方法,这方法在东方哲学中起着重要的作用。这是一种预测可能性的方法,至今还被日本政府用来窥测政治形势;比如在第一次大战期间就运用过这种方法。这种方法最早成形于公元前 1143 年。

主席(莫里斯·B·赖特医生):

女士们,先生们,在今晚荣格教授的讲演中我担任主席,这是我特殊的荣幸。二十一年前,当荣格教授来伦敦作系列讲演时,我就有幸认识了他,然而那时懂得心理学的医生还很少。我还清楚地记得,会后我们常到索和区(Soho)的一家小餐馆去,在那里我们一直谈到精疲力竭。很自然,我们都力图尽可能猛烈地向荣格教授提问。当我向荣格教授告别时,他对我说——并不是很严肃地——“我认为你是那种已变为内向型的外向型的人”。坦率地说,从那以后我就一直在咀嚼这句话。

荣格教授：

女士们，先生们，我应当在昨天就把联想测试讲完，但那样我就不得不超出我的时间。因此，你们必须原谅我再次回到这个问题上来。我这样做，并不是因为我对联想测试有所偏爱。只是在必须这样做的时候，我才使用这些方法，然而这些方法确实是某些概念的基础。

为了完整地理解联想测试法，我必须提及一个完全不同的实验。如果你们能原谅我为了节省时间起见而不详谈我研究的细节，我就用这些图表（图四、五、六、七）来说明我对一些家庭进行调查的结果。这些图表表示的是联想的性质。例如，在图四中用数字Ⅺ标出的稍微突出的顶点就是一种联想的特殊类别或范畴。分类的原则是逻辑学的和语言学的。对此我不打算详论，你们只需接受这个事实，即我已搞出十五个我借以划分联想的范畴就行了。这些测试是在很多家庭中进行的，为了某种理由，受试者都是些没有受过教育的人。我们发现，在某些家庭的成员中，联想和反应的类型都非常接近；比如父亲和母亲、或者兄弟俩、或者母亲和子女的反应类型几乎是一样的。

有一桩不幸的婚姻。父亲是个酒鬼，母亲则属于一种很特殊的类型。十六岁的女儿的反应类型与母亲的很接近。有百分之三十之多的联想都是相同的词。这是分享的突出情形，精神感染的突出情形。如果你对这种情形稍加思索，你就会得出某些结论。母亲现在四十五岁，丈夫是一个酒鬼。她的生活是一种失败。现在，女儿具有和母亲相同的反应类型。假设这样一个姑娘踏入人生并已年满四十五岁，也是嫁给一个酒鬼，完全想象得出她会把一切都弄得多糟！这种分享能够解释，何以一个酒鬼的童年黯淡的女儿也会找一个酗酒的男人并且嫁给他；而如果她碰巧找到的不是这号人，那么，由于她与家庭中某个成员的特殊的一致性，她就会把这个不是酒鬼的丈夫变成一个酒鬼。

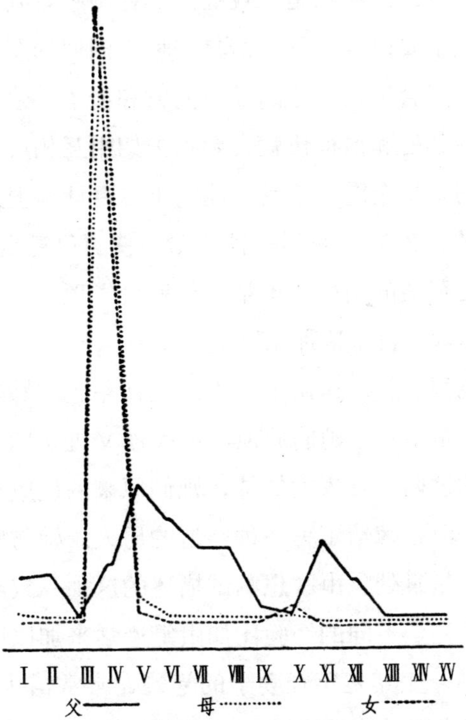

图四　一个家庭的联想测试

图五也是一个显著的例子。父亲是一个鳏夫，两个女儿与父亲完全一致地生活在一起。当然，这种一致也是最不自然的，因为不是需要他像女孩子那样作出反应，就是需要两个女儿像男人那样作出反应，甚至在他们的说话方式上也是如此。由于一种异己因素的掺合，整个精神构成受到毒害，因为一个年轻女儿在事实上绝不是父亲。

图六是一对夫妇的情形。这个图表所给出的是一种乐观的情调，而我的说明则是悲观的。你在图中看到的是完美的和谐，但绝不要以为这种和谐是一种天国似的东西，因为这对夫妇马上就会反目，原因是他们太和谐了。建立在分享之上的家庭内部的和谐很快就会导致夫妇用互相反对的方式来松弛一下的狂暴企图，于是，他们千方百计地捏造激动人心的争论话题，为的是找到一种理由，使自己感到受了曲解。如果你研究普通的婚姻心理学，你就会发现，一个家庭的绝大部分麻烦都来自于这种无事生非。

图七也很有趣。这两个女人是住在一起的姊妹；一个结了婚，一个是单身。她们的顶点在标号 V 处。图六中的妻子是该图中的这两个女人的妹妹，她们原来的反应类型很可能是相同的，但她嫁给了另一种类型的男人。她与她丈夫的顶点在图六中是Ⅲ处。由联想测试描述的这种一致或分享的状况，可以由完全不同的经验比如由笔迹学来加以证实。很多妻子的笔迹，尤其是年轻妻子的笔迹，常常与丈夫的相近。我不知道现今还是不是这样，但我认为人的本性是很相近的。但有时也相反，因为所谓柔弱的女性有时也很有力量。

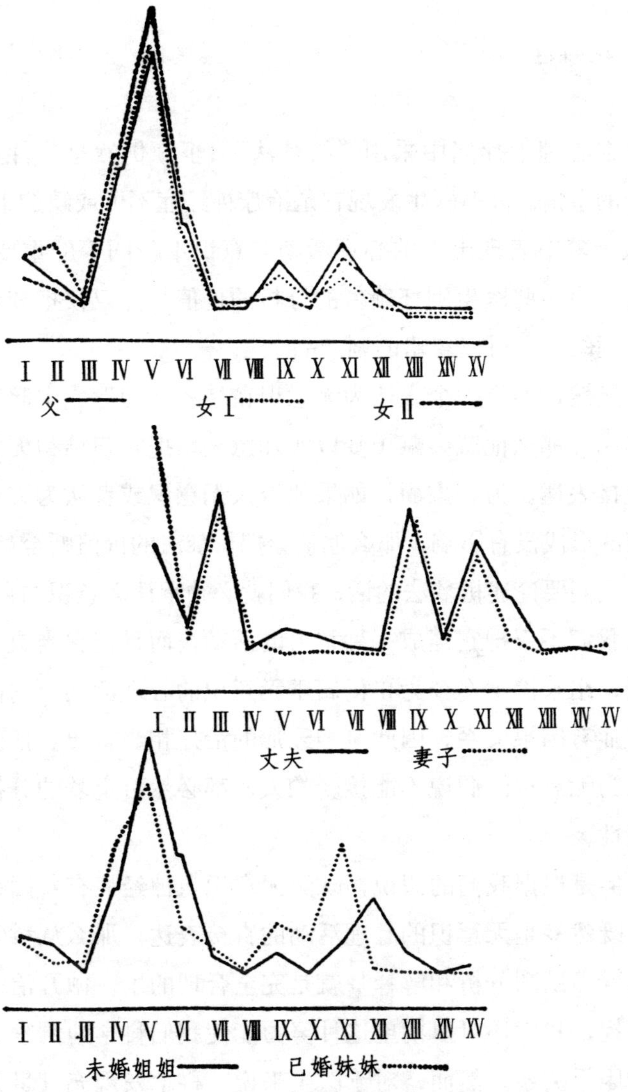

图五一七　家庭的联想测试

（2）析梦法

在心理治疗当中采用“析梦法”，至今仍然是一件众说纷纭的事情。许多医生发现它是治疗神经症不可或缺的手段，并赋予梦中表现出来的心理活动与意识本身同等的重要性。相反，另一些医生则怀疑梦的分析的价值，并仅仅把梦看做是心理的一个可以忽略的副产品。

显然，如果一个人认为无意识在神经症的形成中起着主导作用，那么他就会赋予梦以实际意义，把它归结为无意识的直接表达。另一方面，如果他否认无意识或者认为它对神经症的形成没有影响，那么他就会把析梦法的价值贬至最低。如果我们要论述析梦法的话，我们就必须承认无意识的存在，因为我们不仅把它当成一种智力的活动，而且把它当成一种方法，用来揭示迄今为止仍属于无意识的心理活动，它们与神经症有因果关系，因此对神经症的治疗相当重要。任何一个认为无意识的假说不能接受的人，都必然否定梦的分析的可行性。

但是根据我们的假说，既然无意识与神经症有着因果关系，既然梦是无意识的心理活动的直接表达，那么从科学的角度看，试图分析和解释梦就是完全合理的了。抛开治疗结果不提，我们还可以期望这种努力能使我们科学地洞察心理上的因果关系。然而，对于医生来说，科学发现充其量只是他在治疗领域所做努力的一个令人满意的副产品。他不会只为了揭示心理上的因果关系去对他的病人施行梦的分析。当然，他可能相信这样获得的洞察力对于治疗有一定价值——在这种情况下，他就会把梦的分析看做他的职责之一。众所周知，弗洛伊德学派认为，通过揭示无意识的诱发因素，也就是说通过向病人解释它们，以使他们意识到自己的病源，可以取得重要的治疗效果。

现在，如果我们认定这种期望是从现实中产生的，那么我们就可以把自己限制在以下几个问题上：析梦法是否能使我们发现神经症的无意识诱因；它是否可以单独运用，或者必须与其他方法配合使用。我们认为弗洛伊德的答案是常识性的。我们自己的经验证实了他的观点，因为就我们的发现而言，梦经常准确地揭示出作为神经症的诱发因素的无意识内容。起到这个作用的通常是最初的梦——我们指的是病人刚刚开始接受治疗时所叙述的那些梦。举一个例子也许对我们有所帮助。

有一个很有社会地位的病人，他被焦虑和不安全感所折磨，有时候还会导致恶心呕吐、头部沉重和呼吸困难——这些正是对高山反应症状的描述。他的事业非常成功，由于他的雄心、努力和天才，他从地位卑微的穷苦农民的儿子一步步爬上高位，最终获得了一个重要职务，能给他提供进一步提高社会地位的一切机会。其实他完全可以继续青云直上，可是他突然患上了神经症。他接受咨询时讲述了他在前一晚做的两个梦。

第一个梦是这样的：“我又回到了我出生的那个小村庄。

一些跟我一起上学的农民的儿子正站在大街上。我从他们身边走过，假装不认识他们。一个孩子指着我。我听见他说：‘他不常回我们村来。’”不需要任何的解释技巧就可以看出和理解，这个梦暗指的是做梦者起步时的卑微。这个梦明明白白地指出：“你忘记了自己是从多么低的地位开始发迹的。”

第二个梦是这样的：“我急急忙忙的，因为我正要外出旅行。我到处找我的行李，可是找不到。时间飞逝，火车马上就要开了。终于我把东西都准备齐了。我急匆匆地在大街上走着，突然想起落下了一个装着重要文件的公文包，我上气不接下气地奔回去，终于找到了它。我向火车站跑去，可是却很难前进。我尽了最后的努力冲到月台上，然而我看到火车冒着烟开出了车站。火车很长，而且以一种奇怪的 S 形前行。我想到如果司机不小心，当他到了直道上就全速行驶的话，后面的车厢还在弯道上，就会由于火车的速度太快而倾覆。事实上，就在我开始叫喊的时候，司机打开了节流阀。火车后部的车厢猛烈地晃动起来，被抛出了铁轨。可怕的灾难发生了，我在恐惧中醒来。”

从这里我们也能毫无困难地理解梦中的情景。它描绘出了病人急于进一步提高自己的地位的那种狂热。由于火车前面的司机不顾一切地往前开，他后面的车厢摇晃起来，最终翻车——这也就是神经症的形成。很清楚，在生活这个阶段，病人达到了他事业的顶点——从卑微的出身不断向上攀升的努力已经使他精疲力竭。他应该对自己的成就感到满意了，可是他却受野心的驱使，试图达到他力不可及的顶峰。神经症的出现对他是一个警告。现实情况使我们不能治疗这个病人，我们对他的病情的看法也令他不满。结果，事情像他的梦预示的那样发生了。一些事业上的机会使他的野心进一步膨胀，最终严重脱离了轨道，于是翻车在现实生活中发生了。病人的叙述可以使我们作出这样的推断，他不能够再往上爬了。他的梦证实了这一推断，并把这种无能为力表现为一个事实。

在这里我们遇到了梦的一个特征，当我们讨论梦的分析在治疗神经症当中的可行性时，首先要考虑这一特征。梦给我们提供了一幅主观状态的真实图画，而意识否认这一状态的存在，或只是很不情愿地承认它。病人意识的自我看不到他不能再稳步前进的原因；他继续挣扎着往上爬，拒绝承认后来的事态所表明的事实——他已经走到山穷水尽的地步了。在这种情况下，如果我们服从意识的支配，我们就会犹疑不决。我们也可以从病人的叙述中得到相反的结论。说到底，列兵的背包里也可能装着元帅的权杖，很多穷苦农民的儿子取得了最高的成就。病人为什么就不会这样呢？既然我们的判断也会出错，为什么我们的猜测就一定比他的更可靠呢？在这时候，梦作为不受意识控制的无意识心理过程的表达而出现了。它把主观状态真实地表现出来。至于事情应该是什么样，它既不尊重我们的猜测，也不尊重病人的观点，而只是说出真实情况。

因此我们定了一条规则，就是把梦和生理事实放在同等的位置上。如果糖出现在尿中，那么尿就含有糖，而不是蛋白质、尿胆素或者我们预期的其他东西。这也就是说，我们把梦当作对诊断非常有价值的事实。

梦给我们的答案往往超出了我们的问题，上面举的例子就是如此。它们不仅能使我们洞悉神经症的原因，而且还提供了预告。不仅如此，它们还向我们表明治疗应该在什么时候开始。必须阻止那位病人全力向前冲，这正是他在梦里告诉自己的事情。

现在，让我们暂且满足于这一提示，回到梦能否让我们解释神经症的原因这个问题上来。我们已经举出了两个能做到这一点的梦，但同样我们也能举出很多不能做到这一点的初梦，尽管它们也非常清晰。现在我们不想考虑那些需要分析和解释的梦。

关键是，有一些神经症的实际原因我们只有在分析的最后才能发现，还有一些病例，即使发现了神经症的病因也对它们毫无益处。当然，我们不否认很多神经症有创伤性的根源；我们只是怀疑所有的神经症都有这种性质，都毫无例外地起源于童年时期的痛苦经历。对这个问题的这种看法导致了从因果关系入手的方法。医生必须把全部注意力集中于病人的过去；他不停地问："原因何在？"却忽略了同样要害的问题："目的何在？"这经常是对病人有害的，因为病人被迫在记忆中搜寻童年时期某个假定的事件，这个过程有时要持续好几年，相反，具有直接重要性的事情却完全被忽略了。纯粹从因果关系入手的方法太狭隘了，对梦和神经症的真正意义无法作出公正的评价。如果一个人求助于梦只是为了发现神经症的隐秘原因，那么他无疑会失之偏颇，因为他把梦的大部分实际贡献抛在一边。我们所举的梦准确无误地表明了神经症的病源因素；但是很清楚，它们也为将来提供了预告，并且暗示了治疗的进程。我们还应该记住，很多梦并不涉及神经症的原因，而是牵扯到一些毫不相干的事情——其中包括病人对医生的态度。我们想举出同一位病人叙述的三个梦来说明这一点。她先后请教了三个不同的分析医生，在三次治疗的开始她分别做了以下的梦。

这就是第一个梦："我必须越过边界进入下一个国家，但是谁也说不出边界在哪里，我找不到。"这个梦之后的治疗是不成功的，很快就中断了。

第二个梦是这样的："我必须越过边界。这是一个漆黑的夜晚，我找不到海关。经过长时间的寻找，我注意到远处有一点小小的亮光，我想边界一定就在那里。但是要走到那里，我必须穿过一个山谷和一片幽暗的树林。在树林里我迷失了方向。然后我注意到有个人和我在一起，这个人突然像个疯子一样攫住我，我在恐惧中醒来。"那次的治疗也在几周后中止了，因为病人被分析医生采用的无意识的自居疗法搞糊涂了。

我们再看她在此后做的第三个梦："我必须越过边界，或者说我已经越过了边界，到达了瑞士海关。我随身只带了一个手提包，我相信没有什么可申报的。但是海关官员把手伸进包里，让我吃惊的是，他居然拉出了两个尺寸最大的床垫。"在对她的治疗过程中，病人结了婚，当然她对这一步进行了猛烈的抵抗。过了几个月以后，这种类似神经症的抵抗的原因才暴露出来，而在此前的这些梦中却连一点暗示都没有。其实它们毫无例外地预见了她在将给她治疗的分析医生那里遇到的困难。

我们还能举出许多这样的梦来，但这几个可能已经足够了，它们表明梦可以是预见性的，在这种情况下，如果用一种纯粹因果关系的方法对待它，梦就失去了其特定的意义。这三个梦为分析治疗的情况提供了清楚的信息，为了治疗的目的正确地理解它们是至关重要的。第一位医生明白了这种情况，把病人送到第二位医生那里。在这里，她自己从梦中得出了结论，决定离开他。我们对她第三个梦的解释使她大为失望，但是因为她在梦中越过了边界，这个事实明确地鼓励她不顾困难继续治疗。

初梦经常清楚明白到让人吃惊的地步。但是当分析工作向前推进时，梦很快就变得不那么清晰了。如果发生了例外的情况，梦一直都很清楚，我们可以肯定，分析尚未触及人格的重要方面。在治疗开始后不久，梦的清晰度会下降，变得比较模糊，这是一条规律。解释它们的难度越来越大，其中一个更主要的原因是，很快就会达到某一点，说实话，到了这一点，医生就不能全面地理解治疗的形势了。这就是真实的情况，要说梦难以理解的话，这只能反映出医生的主观意见。没有什么东西会模糊到不可理解；只有当我们不能理解的时候，事物才显得难以理解、一片混乱。梦本身是清晰的——也就是说，它们在特定的情况下该是什么样子就是什么样子。如果我们在治疗的后来阶段或几年之后再回过头来看看这些“难以理解”的梦，我们经常会为自己当初的视而不见感到吃惊。事实是，当分析治疗向前推进时，我们会遇到比初梦晦涩得多的梦。但是医生不应该过于肯定这些后来的梦确实是混乱的，或者匆忙地指责病人故意抵制治疗。如果他接受现实，承认这表明他自己越来越不能理解治疗的形势，他就会处理得比较好。与此类似，一个精神病医生如果承认投射作用、承认自己的迷惑，那么他就能做得更好，因为面对病人的奇怪举止，其实是他自己的理解力变得混乱了，而他却倾向于说病人“混乱”。还有，为了治疗的目的，分析医生承认自己常常缺乏理解力是很重要的，因为最令病人难以忍受的莫过于总是被人理解。在任何情况下，病人都过分地依赖医生那神秘的洞察力，并且出于迎合他那职业性的虚荣心而给他布下一个危险的陷阱。病人靠着在医生的自信和“深奥”的理解中寻求庇护，完全失去了现实感，陷入一种顽固的移情作用，从而延缓了治疗的进程。

很清楚，理解是一个主观的过程。如果医生理解而病人不理解，那它可能是非常片面的。在这种情况下，医生有时候感到说服病人是他的职责，而当后者不允许自己被说服，医生就会指责他抵制治疗。相对而言，医生理解与否并不重要，一切都取决于病人的理解。真正需要的是由双方的联合反应而产生的相互一致。如果医生从某种教条的立场出发曲解病人的梦，并做出某种符合理论却得不到病人认可的判断，这就是片面的，因而也是危险的。如果判断在这方面失败了，那么它从实际意义上讲就是不正确的；从它会对病人的实际发展进行预测和阻碍这个意义上讲，它可能是不正确的。如果我们想把一个事实灌输给病人，我们只能作用于他的大脑；而如果我们帮助他在自己的发展过程中自觉认识到这个事实，那么这种作用就会更深刻更有力。

当医生的解释只是以一种片面的理论或者成见作为依据时，他说服病人和取得治疗效果的可能性就主要依赖于暗示了。任何人对于暗示的效果都不应该自欺欺人。暗示本身不应该受到蔑视，但是它有严重的局限性，并对病人性格的独立性有着非常不好的影响。一个分析医生也许应该相信扩展意识的意义和价值——我所说的扩展意识指的是揭示人格中以前无意识的部分、并让它们接受意识的区别和批评的过程。这项工作要求病人面对自己的问题，并且考验他靠意识判断和决断的能力。它不啻对道德伦理意识的挑战，如同一个必须用整个人格来响应的战斗号令。因此，就对个人发展的尊重而言，析梦法比建立在暗示之上的治疗方法更加高明。析梦法是一种在黑暗中变的魔术，它对人格没有道德伦理方面的要求。而建立在暗示基础上的治疗方法却是欺骗性的权宜之计；它们与分析治疗的原则相矛盾，因而应该避免使用。当然，只有当医生知道哪些大门会导向暗示的时候，才能避开它。即使在最好的情况下，也存在着相当多的无意识的暗示。

一个希望排除有意识的暗示的分析医生必然会认为，没有经过病人同意的梦的解释是无效的，他必须不停地搜索，直到他找到一个能得到病人同意的解释方案。我们相信这是一条必须永远坚持的规则，特别是在对付那些模糊不清的梦的时候，因为它们的晦涩恰恰证明医生和病人都缺乏理解。医生应该把每一个梦都看做是新的起点——一种关于未知情况的信息来源，对于这些情况他和病人同样不了解。不言而喻，他不应该持有任何建立在理论基础上的成见，而应该准备在每一个病例中都建立一套全新的梦的理论。在这个领域还有无数机会，等待着人们去进行开拓性的工作。

曾经有一种观点认为梦仅仅是在想象中满足了被压抑的愿望，这种观点早已被放弃了。当然有一些梦确实代表受压抑的愿望和恐惧，但是某些东西有时梦不能代表，那又是什么呢？梦可以表达必然的真理、哲学的判断、幻觉、狂想、记忆、计划、期待、非理性的经验，甚至心灵感应，天知道还有什么别的东西。我们永远不应该忘记一件事：我们生命的几乎一半时间是在或多或少无意识的状态下度过的。梦是无意识的特殊表达方式。我们可以把意识称为人类心理的白日王国，它与被我们看做梦幻的无意识心理活动的黑夜王国形成鲜明对照。可以肯定，意识不仅仅包括愿望和恐惧，还包括比这多得多的东西，无意识的心理活动所包含的内容和生动的形式很可能跟意识一样多，甚至更多，因为意识有集中性、局限性和排斥性等特征。

既然事情是这样，就要求我们不能缩减梦的意义以使它符合某种狭隘的教条理论。我们必须记住，模仿医生的技术术语和理解术语的病人不在少数，他们甚至在梦里也这样做。

任何的语言都可能被误用。我们很难意识到自己在多大程度上受到观念滥用的愚弄；无意识甚至好像有一种办法，用医生自己理论的绳索把他勒死。正因为如此，我们在分析梦的过程中尽量抛开理论。当然，我们不能完全抛弃理论，我们需要它来使事物容易理解。例如，正是由于理论的基础，我们才预料到梦有意义。我们不能在每一个病例中都证实梦有意义，因为存在着医生和病人都不理解的梦。但是我们必须假设它们有意义，才能鼓起对付他们的勇气。我们说，梦对了解意识作出了重要的贡献，如果一个梦起不到这种作用，那只是因为没有恰当地解释它——这也是一个理论性的命题。但是我们必须采纳这个假设，以便让自己清楚为什么要分析梦。另一方面，每一个关于梦的性质、功能和结构的假设，都只不过是根据实际经验得出的规则，必须不断地加以修正。我们不可须臾忘记，在梦的分析当中，我们是走在布满陷阱的地面上，除了不确定性之外没有什么东西是确定的。对释梦者的一个恰当的警告——我们希望它不是那么自相矛盾——是：“你想做什么就做什么，只是不要试图去理解。”

当我们面对一个晦涩的梦时，我们的第一个任务不是理解和解释它，而是非常细心地确立它的前因后果。我们脑子里想的并不是从梦里的每个意象出发，进行无边无际的自由联想，而是有意识地去仔细阐释与某些意向直接有关的联想链。必须首先教会许多病人这样做，因为他们和医生一样急切地想马上就理解和解释。如果他们从阅读或者以前错误的分析那里受到教育——或者不如说受到错误的教育——的话，情况就更是如此了。他们按照某种理论去联想；也就是说，他们试图理解和解释，于是他们几乎总是陷入困境。就像医生一样，他们错误地相信梦只是一面掩盖着真实意义的墙，希望马上就绕到它的后面去。也许我们可以把梦称作一面墙，但是我们必须记住，大多数房子的外墙都不会愚弄或者欺骗我们，相反，它们遵循着整个建筑的设计，让我们能够看出内部的结构。那种“清晰明了的”画中图像就是梦的本身，它包含着“潜在的”意义。如果我们在尿里发现了糖，那它就是糖，而不是一个隐藏着尿蛋白的表象。当弗洛伊德谈到“梦的表象”的时候，他其实说的不是梦的本身，而是它的晦涩性，他这样说正好表明了他自己对于梦的缺乏理解。因为我们看不透梦，才会说它有虚假的表面。比较好的办法是把它看做一篇难懂的课文，它之所以难懂，不是因为它有一个表象，而是因为我们不懂它的文字。我们不必首先绕到这篇课文背后，但必须学会它的文字。

正如前文所说，我们如果能确立梦的前因后果，就最有可能成功地读懂这个梦。靠着自由联想我们很难成功，就如同我们用这种方法破译赫梯人的碑文一样。自由联想能够帮助我们发现自己所有情结，但是我们不必从梦出发也能达到这个目的——我们只需要挑一个报纸上的句子或者找一个“禁止入内”的牌子就可以了。当我们对一个梦进行自由联想时，能够比较正确地揭示我们的情结，但是我们却几乎无法发现梦的意义。要做到后一点，我们必须最大限度地贴近梦的意象本身。当一个人梦见一张松木桌子时，如果他把它与自己那张不是用松木做的书桌联系起来，那就不会有什么收获，因为梦明确地表达了桌子是用松木做的。如果做梦者此时还想不到什么的话，那么他的迟疑不决就表明有一种黑暗笼罩着他的梦中意象，这就非常令人生疑。我们预计病人会对松木桌子产生几十种联想，当他连一种都没有的时候，这本身就肯定有一个意义。在这样的情况下，我们应该一次又一次地回到意象上面去。我们可以这样对病人们说：“假设我不知道‘松木桌子’是什么意思，给我描述一下这个物体，并讲讲它的历史，以便使我清楚地明白它到底是什么东西。”用这种方法，我们成功地确立了梦中意象的大部分前因后果。当我们对梦中所有的意象都这样做了之后，我们就为解释梦的冒险活动做好了准备。

每一个解释都是假设性的，因为它仿佛是读懂一篇课文的尝试。一个晦涩的梦就其本身而言，很难确定地解释，因此我们把解释单个的梦看得并不重要。当有一系列梦的时候，我们就可以对自己的解释更有信心，因为后来的梦可以帮助我们改正分析以前的梦时出的错误。在一系列梦当中，我们也更能认清重要的内容和基本的主题，因此我们督促病人们详细地记录自己的梦和对梦的解释，这样他们就可以带给我们关于梦以及构成其前因后果的书面材料。在分析的后来阶段，我们要让他们自己也进行解释。这样病人就学会了怎样不依靠医生的帮助求教于无意识。

如果梦告诉我们的仅仅是神经症的诱因，那么我们就可以安全地让医生单独去对付它们了。不仅如此，如果我们从梦中期待的只是有助于医生的一系列暗示和洞察的话，那么我们对付它们的方法也就毫无必要了。但是，正如我们用一些例子所表明的那样，既然梦包含的东西很可能不只是对医生的实际帮助，析梦法也就值得特别重视。有的时候，它确实是个生死攸关的问题。

有这样一个真实的故事——亨利与心理分析师乔治是朋友，后者十分推崇析梦法，但亨利经常拿此事与乔治开玩笑。有一天乔治在大街上遇见了亨利，亨利对他叫了起来："你怎么样？还在解释梦吗？我最近做了一个很傻的梦。它也有意义吗？"亨利的梦是这样的："我正沿着积雪覆盖的陡峭山坡爬一座高山，我越爬越高——天气棒极了。我爬得越高，感觉就越好。我想到：'要是我能永远这样爬该多好！'当我到达顶峰的时候，我是那么幸福和激动，我甚至感觉自己能爬上天空。而且我发现我确实能这样做，我就在空气中继续爬呀爬呀。我在真正的狂喜中醒来。"当亨利讲完这个梦的时候，乔治严肃地说："我尊敬的先生，我知道你不能放弃登山，但是我请求你从现在起不要一个人去登山了。当你去的时候，带上两个向导，你必须以你的名誉发誓听从他们的引导。""你简直不可救药！"亨利大笑回答，然后就道了再见。乔治再也没有见过他。两个月后，亨利受到了一次打击：他独自登山时被雪崩埋住，但是在危急时刻被碰巧路过的巡逻兵挖了出来。又过了三个月，他的末日到了。他和一位比较年轻的朋友去登山，但是没有带向导。一位站在他下方的登山运动员亲眼看见，他在蹬下一块岩壁的时候一脚踏入了空中。他的朋友正在下面等他，他刚好摔在了朋友的头上，两个人一起落入下面的深谷，粉身碎骨。这正是彻底意义上的狂喜。

不管有多少怀疑和批评，都不能使我们把梦看做可以忽视的事情。它们在很多时候的解看起来没有意义，但是很明显这是由于我们缺乏智慧与感受，不能读懂黑夜王国中心理的神秘信息。人的生命至少有一半是在这个王国里度过的，意识的根源就在于此，无意识在清醒状态的内外都在起作用，当我们看到这一切的时候，我们就会感到医学心理学必须系统地研究梦，以使自己的洞察力更加敏锐。谁也不怀疑意识经验的重要性；那么我们为什么要怀疑无意识事件的重要性呢？它们也是人类生活的一部分，而且不管是福是祸，它们有时是比白天发生的事情更为真实的一部分。

梦为内心生活的秘密提供了信息，并且向做梦者揭示了他个性中的隐秘的因素。如果这些东西不被发现，它们就会扰乱他清醒时的生活，并以症状的形式暴露出来。这就意味着我们单从意识的一面不能有效地治疗病人，还必须在无意识当中并通过无意识带来一种变化。就目前的知识而言，要做到这一点只有一个办法：必须对无意识内容做一个全面的有意识的吸收。我们所说的“吸收”是指意识内容和无意识内容的相互渗透，而不是像通常理解的那样，由意识对无意识内容进行单方面的评价、解释和变形。关于无意识内容的总的价值和意义，存在着一些非常错误的观点。众所周知，弗洛伊德学派用完全贬斥的态度把无意识呈现出来，正如他们认为原始人比野兽好不了多少一样。他们哄孩子讲的那些关于部落里可怕的老人的故事，以及他们关于“幼儿期的、变态的、犯罪的”无意识的说教，使人们误认为无意识是一头危险的怪物，而实际上无意识只是非常自然的东西。按照他们的说法，好像一切善良、合理的、美好的和值得为之活着的一切都存在于意识当中！难道世界大战的恐怖还没有让我们睁开眼睛吗？难道我们还不明白人的意识比无意识更加邪恶和变态吗？

无意识不仅不是恶魔般的怪物，反而是一种自然的东西，从道德意义、审美趣味和知识判断上讲，它完全是中性的。只有当我们的意识对它采取无可救药的错误态度时，它才成为危险的。而且这种危险会随着我们对它的压抑而增长。但是只要病人开始吸收那些以前无意识的内容，来自无意识方面的危险性就减弱了。随着吸收过程的继续，人格的不和谐状态就会结束，伴随并刺激着心理的两个王国分裂的那种焦虑也会消失。

一个经常犯的根本性的错误是：认为无意识的内容清楚无误，并且带着永不改变的正号或负号。在我们看来，这种观点太幼稚了。心理是一个自我调节的系统，它像身体一样，也维持着自己平衡。任何走得太远的过程都立刻不可避免地招来一种补偿性的活动。没有了这种调节，正常的代谢就无法存在，正常的心理也无法存在。理解了这一点，我们就可以把补偿的观点看做是心理事件发生的规律。这一方面太少就会导致那一方面太多。意识与无意识的关系是补偿性的。这个很容易证明的事实为梦的解释提供了一条规律。当我们着手解释一个梦时，问下面这个问题总是有所帮助：它补偿的是什么样的意识态度呢？

尽管补偿可以采取在想象中满足愿望的形式，但它通常表现为某种真实性。我们越试图压抑它，它就越惊人地真实。我们知道，我们并不能通过压抑渴的感觉而克服它。应该严肃地对待梦的内容，把它们当作真实地发生在我们身上的事情那样：把它们看做是我们形成意识观的一种促成因素。如果我们不这样做，我们就会持有那种片面的意识态度，而正是它激发了无意识的补偿作用。这种方式不能给我们带来希望，让我们正确地判断自己，在生活中找到平衡。

如果一个人想靠无意识的支配来代替自己的意识观——这正是批评荣格的人们认为的令人惊恐的前景——他只能做到压抑前者，而它会作为无意识的补偿重新出现。于是无意识就会改变它的面目，完全颠倒它的位置。它将变得羞怯而合理，与原来的调子形成惊人的对比。一般人们不相信无意识会这样活动，但是这样的颠倒时常发生，构成了无意识的基本功能。正因为如此，每一个梦都是信息的来源和自我调节的手段，在确立人格的任务中，梦是我们最得力的助手。

无意识本身并不包藏着爆炸性的材料，但是由于封闭自足的或者怯懦胆小的意识观的压抑，它可能变成爆炸性的。所以我们更有理由重视这一面！在试图分析梦之前，一定要先问一问：它补偿的是什么样的意识态度？也许可以看出来，我们把梦与意识状态尽可能紧密地联系在一起。如果我们不了解意识状态的话，我们就不可能在任何程度上确定地解释一个梦。因为只有以这种了解作为基础，我们才能判断无意识内容是带有正号还是负号。梦不是完全与我们的日常生活割裂开来的孤立的心理事件。如果它们看起来如此，那只是由于我们缺乏理解而造成的错觉。事实上，意识和梦之间具有严格的因果关系，它们以最微妙的方式相互作用。

我们举个例子来说明发现无意识内容的真正价值有多么重要。一个年轻人讲述了这样的一个梦："我父亲正要开着他的新车出门。他开得笨手笨脚，我为他明显的愚蠢而感到兴奋。他忽而往左忽而往右，忽而向前忽而向后，但总是开进死角。最后他撞上了一面墙，把车撞得一塌糊涂。我勃然大怒，告诉他应该好好检点自己。我父亲只是笑，这时我看出他原来是喝得酩酊大醉。"这个梦没有事实基础。做梦者确信他的父亲永远不会作出那样的举止，即使醉了也不会。做梦者本人习惯驾驶：他开车非常小心，很少喝酒，特别是当他需要开车的时候更是如此。胡乱驾车或者轻微地损坏汽车都会让他非常不快。这位儿子与父亲的关系良好，他敬佩父亲做出了很不平凡的成就。我们不用试图解释就可以看出，他的梦为父亲勾画了一幅很不体面的图画。那么，从儿子这方面考虑，我们怎样理解这个梦的意义呢？难道他与父亲的良好关系只是表面现象吗？难道这种关系其实包含着过度补偿的抗拒情绪吗？如果是这样，我们就可以给梦的内容加上一个负号，我们就应当告诉这位年轻人："这就是你与父亲真实的关系。"但是因为我们从这个儿子与父亲的关系中找不到任何含混不清或者神经质的事实，就没有理由用这种破坏性的结论去扰乱这位年轻人的感情。那样做会对治疗结果不利。

但是如果他与父亲的关系真是完美无缺，为什么梦要编造出一个这么糟糕的故事来贬损他的父亲呢？做梦者的无意识必定有制造这样一个梦的明显倾向。说到底，是不是这个年轻人出于嫉妒或者某种程度的自卑感而对父亲有抗拒心理呢？但是在我们想尽办法去谴责他的良心之前——对于敏感的年轻医生容易轻率地这样做——我们最好先抛开他为什么做这个梦的原因，而问一问我们自己：这个梦的目的何在？在这个病例中，答案是很清楚的，他的无意识试图贬损他的父亲。如果我们把这当作补偿，我们就被迫得到一个结论，即他与父亲的关系不仅良好，而且甚至于太好了。事实上这个儿子可以称得上是法国人所说的“依靠父亲的儿子”。他的父亲仍然太多地做着他生存的保障者，他仍然过着我们称之为过渡性的生活。因为在每一方面都有太多的“父亲”的影子，他存在着不能认识自己的危险。正因为如此，无意识制造出一种诋毁；它是努力在降低父亲从而抬高儿子。我们也许会禁不住说：“这是一件不道德的事。”遇到这种事，每一位缺乏洞察力的父亲都会对儿子生出戒心。可是这种补偿却完全是切中要害的。它迫使儿子与父亲对立起来，那是他认识自己的惟一途径。

我们刚才所列出的解释显然是正确的，因为它一语中的。它获得了那位年轻人自发的同意，也没有剧烈地伤害他对父亲的感情或父亲对他的感情。但只有当我们以意识所掌握的全都事实作为基础去分析了父子关系之后，才可能作出这样的解释。离开了对意识状态的了解，就仍然会对梦的真实意义存疑。

在吸收梦的内容时，头等重要的事情就是不要伤害意识人格的真正价值。如果损害了意识人格，甚至使它残缺不全了，那么就没有人来进行吸收了。当我们承认无意识的重要性时，我们不是像布尔什维克的革命那样，在进行一场把最下层置于上层的实验。这只会把我们正在努力纠正的局面又带回来。我们必须确保意识人格的完好无损，因为在这样的冒险活动中，只有意识人格积极配合，我们才能把无意识的补偿向好的方面转化。吸收某个内容从来都不是“这个或那个”的问题，而是“这个和那个”的问题。

正如解释梦要求对意识的现状完全了解一样，对待梦的象征也需要我们考虑做梦者的哲学、宗教和道德信念。在实践中较为明智的方法是，不把梦的象征看做是某一固定特征的符号或症状，而应当把它们看做是真实的象征——也就是说，看做未被意识认知、尚未形成概念的某些东西的表达。除此之外，还应当把它们与做梦者的直接意识状态联系起来考虑。我们之所以强调这种方法在实践中值得提倡，是因为从理论上讲确实存在着一些相对固定的象征，但它们的意义并不能归结到任何已知内容的事物或者已经形成概念的事物。如果没有相对固定的象征，那就不可能确定无意识的结构，无意识当中也就没有什么东西可以掌握和描述了。

我们把不确定的内容赋予相对固定的象征，这也许有些奇怪。但这些象征的特点，正是这种不确定的内容，而不是单纯的符号或者症状。众所周知，弗洛伊德学派运用死板的性“象征”；但那些正是我们所称为符号的东西，因为它们被当成固定的东西，用来代表性。事实上，弗洛伊德的性概念完全是伸缩性的，而且含义非常模糊，简直是无所不包。这个字眼本身是熟悉的，但是它的内涵却像变量 X 一样难以确定，它的一个极端代表腺体的生理活动，另一个极端则代表精神所能达到的最高境界。有一种错觉，即我们了解某个事物是因为有一个熟悉的字眼代表它；我们不想采取基于这种错觉的武断立场，相反，我们宁愿把象征看做未知的、难以认知的、难以完全确定的事物的表达。以所谓的男性生殖器象征为例，人们一般认为它们只代表阴茎，没有其他含义。从生理学上讲，阴茎就是它本身——正如克莱恩菲尔德最近所指出的那样——是一个象征性的图像，它的更广泛的含义很难确定。在整个古代时期，人们作为一种习俗自由地使用男性生殖器的象征，今天的原始人也依然如此，但是他们似乎从来也没有把作为某种仪式象征的男性生殖器与阴茎混为一谈。他们总是把男性生殖器看做创造性的超自然魔力，当成治病和繁殖的力量，用莱曼的表达方法，也就是“那具有神奇力量的东西”。在神话和梦中与它对应的东西有公牛、驴子、石榴、女性生殖器、公羊、闪电、马蹄、舞蹈、田畦中不可思议的共生物、经血等等，而这只是其中的一小部分。潜伏在所有这些形象——以及性本身——之下的东西是一种最难以捕捉的原型内容，它在原始的超自然力量象征中找到了最好的心理表现形式。在上述的每一个形象中，我们都可以看到一个相对固定的象征——也就是超自然的力量象征——但是我们不能因此就肯定，当它们出现在梦中时没有其他的意义。

实际的需要可能要求一种完全不同的解释。如果我们必须按照科学的原则用一种穷尽一切的方法来解释梦，那我们肯定应该把每一个这样的象征都归于一个原型内容。但是在实践中，这种解释可能是一个严重的错误，因为病人的心理状态可能需要任何东西，而不仅仅是关注梦的理论。因此为了治疗的目的，值得提倡的方法是把象征同意识状态联系起来寻找象征的意义。但是如果医生太按照固定的象征去进行分析，他就有陷入程式化和教条主义的危险，因此达不到病人的要求。

正如我们已经说过的，经常是在治疗的开始，梦在广阔的背景下向医生揭示出无意识运动的总方向。但是，由于实际的原因，在治疗的初期阶段还不宜把梦的深层意义对病人讲清楚。治疗的要求在这方面也约束着我们。如果医生获得了深远的洞察力，那得归功于他在相对固定象征方面的经验。这种洞察力可以对诊断和预告两方面都有极大的价值。前文中提到的心理分析师乔治那里有一个比较典型的案例，一位十七岁的女孩难倒了为她诊治的专家们。一位专家认为她正处于进行性肌肉萎缩的初级阶段，而另一位专家认为她患有歇斯底里症。正是由于这第二种意见，乔治被请了去。临床症状使乔治怀疑她有某种器官上的疾病，但是这个女孩也表现出歇斯底里的某些特点。乔治问她是否做梦，病人马上就回答："是的，我做一些很可怕的梦。就在最近，我梦见自己夜里回家。周围死一般的寂静，起居室的门开着，我看见妈妈吊死在枝形吊灯上，冷风从窗子里吹进来，把她吹得前后摇摆。还有一次，我梦见夜里听到家里有一种可怕的声音。我想去看看出了什么事，我发现一匹受惊的马正在各个房间里左突右奔。最后，它发现了大厅的窗，就从那里跳了出去，从四楼摔到了大街上。我看见它血肉模糊地倒在下面，害怕极了。"

这些梦提到死的方式足以让人踌躇。但是许多人都时常做焦虑的梦。因此，作为心理分析师必须更仔细地研究"母亲"和"马"这两个突出的象征的意义。这两个形象肯定是互相对等的，因为他们干了一样的事：他们都自杀了。母亲象征着原型特征，指原产地、自然、消极地创造的东西，因此也就指实体和物质，指物质的自然、下体（子宫）和植物功能。它还意味着无意识的、自然的和本能的生活、生理领域、我们寓于其中或说把我们包含在其中的肉体，因为"母亲"还是一个容器，一个孕育和滋养的空壳（子宫），因此它代表意识的基础。处于某种东西之中或者被某种东西包含在其中暗示着黑暗、夜晚——一种焦虑的状态。

从表面上看，"母亲"这个熟悉的字眼指众多母亲中我们最了解的特别的那一个——"我的母亲"。但是母亲的象征指向一个更黑暗的含义，它游离于任何概念形式之外，只能被模糊地理解为肉体隐秘的、与自然相联系的生活。可是即使这样的表达也太狭隘，排除了太多相关的旁枝意义。潜伏在这个象征下面的心理现实复杂到难以想像的程度，所以我们只能远远地认识它，而且是若明若暗地看到它。正是这样的心理现实才需要用象征的方式来表达。

如果我们把这些发现应用到上述的梦中，它的意义就是：无意识的生活会自我毁灭。这就是梦对做梦者的意识以及每个愿意用耳朵来听的人所传达的信息。

“马”是一个广泛存在于神话和民间故事中的原型。作为一种动物，它代表着非人类的心理、亚人类的动物的一面，因此它也代表着无意识。正因为如此，在民间故事中，马有时会看到图景、听到声音，并能说话。作为一种承担重负的动物，它与母亲的原型有着密切的联系；传说中瓦基里斯们把死去的英雄驮到瓦哈拉去，特洛伊的木马将希腊人隐藏在肚里。作为一种比人类低级的动物，它代表着下体以及发源于此的动物性的欲望。马是动力和能带动其他东西的手段；它像本能的涌动那样能使人失控。就像所有依靠本能、缺乏更高级的意识的动物一样，它容易受惊。它还与巫术和魔咒有关——特别是夜里的黑马，它是死亡的通报者。

如此看来，除了意义上的一点微小差别之外，很明显“马”和“母亲”是对等的。母亲代表生命的本原，马只代表肉体的动物性生命。如果我们把这个意义应用于梦，那么它就是说：动物性生命会自我毁灭。

这两个梦几乎作出了相同的断言。但是正如通常的情况那样，第二个梦更加具体。两个例子都展示出梦特有的微妙性来；它没有提及做梦者本人的死亡。众所周知，人们经常会梦见自己的死亡，但那不是什么了起的事情。当真正涉及死亡的问题时，梦就会换一种语言来说话了。那么，这两个梦都指向严重的、甚至致命的器官上的疾病。这个预言很快就被事实验证了。

至于相对固定的象征，这个例子对它们的总体性质作了较好的说明。有很多这样的象征，在不同的病例中它们的意义会有一些微妙的差别。只有通过对神话、民间故事、宗教和语言的比较研究，我们才能用一种科学的方式确定这些象征。在梦中比之在意识当中，人类心理所经历的进化阶段可以看得更为清楚。梦用意像说话，并通过本能表达，而本能来自于自然最原始的层次。意识很容易背离自然规律；但是通过吸收无意识内容，它可以重新与自然规律和谐一致。通过促进这种吸收，我们可以引导病人重新发现他个人生存中的规律。

在这样短的篇幅里，我们只能涉及这个主题的基本原理，不能在你们眼前一块石头一块石头地垒起一座大厦。这座大厦是通过对无意识材料的每一次分析建立起来的，整个人格恢复之日，就是它的完成之时。连续的吸收方法远不止于医生特别关心的治疗结果。最终它将导致那个遥远的目标（它也许是生活的第一需要）——人性的完全实现，也就是个性化。我们医生无疑最先科学地观察到这些模糊的自然进程。一般说来，我们只看到这一发展的病理阶段，而病人一经治愈，我们就见不到他们了。但是只有在达到了治愈的效果之后，我们才能开始研究正常的发展过程，而这本身又要经历几年甚至几十年。如果我们对于无意识的心理发展的方向有一些了解，如果我们的心理洞察力不单纯是从病理阶段获得的，我们应该对于梦揭示的过程和象征指向的东西有更为清楚的认识。在我们看来，每一个医生都应该了解，心理治疗作为一个总体过程被有意识地、不断地分割成一些发展阶段，时而在这里、时而在那里分离出特殊的阶段，而它们看起来似乎遵循着完全相反的道路；心理分析更是如此。既然每一次分析只能表明深层次发展过程中的某一部分或者某一方面，那么诡辩式的比较只能带来无可救药的混乱，除此不会有别的什么。由于这个原因，我们宁愿把自己限制在这个主题的基础以及实际考虑上面。只有实际地接触真实发生的事实，我们才能达到令人满意的一致。

（3）移情法

关于“移情法”，荣格在那次伦敦的“分析心理学的理论和实践”系列讲座上，也有专门论述，以下就是他和与会的代表们的对话：

H. C. 米勒医生：

今天将是最后一次讲座，但还有一个我们感兴趣的问题没有提到，这就是“移情”（transference）。不知荣格教授可否在今天把他对“移情”及其正确处理方式的看法讲给我们听听？当然，您不一定要提到别的流派。

荣格教授：

要讨论“移情”，有必要先给这个概念下个定义，这样才能真正理解我们讨论的是什么。你们知道，由弗洛伊德最先造出的这个词——移情，已经变成一种口头用语了；甚至一般大众也在运用这个词了。一般说来，我们用这个词指一种别扭的固执态度，一种胶着关系。

移情一词是德文单词 Ubertragung 的翻译。这个德文词字面意义是：把某物从一处搬到另一处。这个词也有比喻用法，表示从一种形式过渡到另一种。因此在德文中，这个词与另一个意为翻译的词 Ubersetzung 近义。

移情所包含的心理过程是更为一般的投射（projection）过程的一种特定形式。很重要的一点是，要把这两个概念统一起来，并认识到移情是一种特殊的投射。当然，每个人有权以自己的方式来使用这个术语。

投射是一种普遍的心理机制，它把主观内容搬运到客观之中。比如，当我们说，“这房间的颜色是黄的”，这就是投射作用，因为客体本身并无黄色可言；黄的感觉在我们自身。你们都知道，颜色是我们的主观体验。同样，我们听到声音，这也是投射，因为声音本射并不存在，是我们头脑中的声音，是我们投射的一种心理现象。

移情通常发生在两个人之间，而不是人类主体与物质客体之间；虽然也有例外。而更为普遍的投射作用却延及物的客体。通过投射，主体的心理内容被转移到客体，而且显得好像一直属于客体。这种投射作用决非出于自愿的行为，作为投射的特殊形式的转移，也不例外。你不能有意识地、故意地投射，因为那样一来你一直明白你在投身主观内容，所以你不能在客体中找到它，你明知它实际属于你。在投射时，你在客体中见到的明显事实其实是幻觉；但你断定你在客体中观察到的不是主体的内容，而是客观的存在。因而，一旦你发现表面客观的事实实则是你主观的东西，投射也就不复存在。

有时，我们表面上完全意识到自己的投射，只是不知道投射的全部范围。我们不知道的那个部分就是无意识，但这部分仍好像是属于客体。这种情况常发生于实际的分析中。比如你说，“你瞧，你只是在把你父亲的形象投射到那个男子身上，或投射到我身上。”你断定这个解释极其完美，足以取消投射。也许这个解释对医生本人是满意的，但对病人则不然。这是因为，假如在这投射当中还有什么东西，病人还会继续投射。这不受他意志的支配，而是一种自我产生的现象。投射是一种自动、自发的事实。它就在那儿，你不知道它是怎样发生的，你只发现它在那儿。这条适用于投射的一般原理也同样适用于移情。移情就是存在着的某种事实。如果它的确存在，那它早就存在了。投射总是一种**无意识**作用，所以，意识或认识会摧毁它。

正如我已说过的，严格来说，移情是发生于两个人之间的投射，而且通常具有情绪的、强制的性质。情绪本身总在一定程度上使主体不能自制，因为情绪是不由自主的状态，凌驾于自我的意图之上。不仅如此，情绪还紧附在主体之上，主体摆脱不掉它。然而主体的这种不由自主状态同时又被投射到客体上，这样就建立起一种牢不可破的纽带关系，它对主体施以强制性影响。

情绪不像思想或观念那样可以从主体分离出去，因为它实际上是一种生理状态，因而是深深扎根于机体之中的。所以，投射的内容的情绪总是在主体和客体之间形成一种关联，一种能动关系，而这就是移情。自然，这种情绪联系（或曰桥梁）可以是积极的，也可以是消极的。

关于移情，我们当然有很多看法，但我们的看法都多少带有弗洛伊德的定义所加于我们的偏见。人们倾向于认为，移情总是性欲的转移。但我自己的经验还没有证实这种理论，即以为被投射的内容只会是性欲或婴儿的什么东西。据我的经验，任何东西都能被投射，性欲的转移只不过是许多可能的“移情”形式中的一种。人的意识中还有别的许多内容也带有强烈的感情色彩，它们也像性欲一样能被投射出去。无意识中被激发的内容都可能出现在投射之中。甚至有这样一条规律：聚集起来的无意识内容首先便通过投射而显现出来。任何被激发的原型都能出现在投射中，不是投射到外物上，就是投射到他人身上，或投射到某种场景中——一句话，投射到一切对象之中。

不久前我碰上一个有趣的病例，病人是一个很聪明的人。我向他解释他所作过的一种投射，他把自己对女人的无意识的意象投射到一个真实的女人身上，他所作的梦很清楚地显示出那个真实女人在哪些方面完全有别于他所期望于她的。他认识到事实真相后，便清醒了，还说：“要是我早两年明白这个道理，就不会花掉四万法郎了！”我问，“那是怎么一回事？”“是这样的：有人给我看了一尊古埃及雕塑，我立刻就迷恋上了它。那是一只埃及猫的雕塑，美极了。”他当即就花四万法郎买下了这件古董。他把它安放在客厅的壁炉台上。但很快他发现自己失去了心灵的平静。他的办公室在楼下，他几乎每隔一小时就起身离开工作间上楼去欣赏一下那玩意。满足了欲望以后他又下楼开始工作，但隔不了多久又忍不住要再上去看一看。这种心神不宁使他烦恼，他干脆把雕塑放到办公桌上，面对着自己，结果发现自己根本无法工作了。然后他只得把它锁在顶楼里，以免自己老是再想着它，就这样他还是得尽最大努力克制上去看的欲望。当他懂得了这是女性意象的一般性投射（因为猫当然象征女性）后，这雕塑的全部魅力便一下消失了。

“移情”关系的强弱，总是取决于“移情”的内容对主体的重要性。如果移情的强度特大，我们敢断定，一旦投射的内容经过精选并进入意识，它们对病人将和移情一样的重要。当移情失败时，它并不烟消云散；它的强度，或者一种相应的能量，将在另一处显现出来，比如在另一种关系中、或在另外的重要的心态中显现出来。因为，移情的强度是一种强烈的情绪，这种情绪确实是病人占有的东西。如果移情未能完成，全部被投射的能量又返回主体，这样，过去的转移中只是被浪费掉的能量，又成为主体的宝贵占有物。

现在我们必须说说关于“移情”的原因了。移情可以是完全自发、不招自来的反应，一种“一见钟情”。当然，绝不要把移情误当成爱；它与爱毫无关系。移情只是对爱的误用。移情有可能显得像是爱，缺少经验的分析家就把它错当作爱。病人也犯同样的错误，说自己爱上了分析医生。但病人实际上并没有爱。

关于移情的治疗。这个论题既困难又复杂，分析家必须瓦解病人的移情，正如他必须取消病人的其他投射一样。这实际上的意思就是：你必须使病人认识到他的移情所包含的个人和非个人内容的主体价值（subjective value）。因为，他投射出的不仅是个人的东西。正像荣格已告诉我们的，这种投射内容也完全可能是非个人的，即带有原型性质的内容。救星情结肯定不是个人的，它是一种普遍的期望，世界上任何地方、任何时期都可以看到这种观念。它正是一种魔法人格（magic personality）的原型概念。

治疗移情的第一步，当然要使病人认识到，靠投射并期待见到自己个人经历中有过的所有肯定和否定的权威图像，还只是在以孩童和小学生的眼光看待世界；这一认识还只涉及到客观的一面。要获得真正成熟的态度，他还必须从所有这些似乎给他造成麻烦的意象里见出**主观价值**。这些意象必须被他融进自己的心理之中；他必须弄清楚它们是怎样成为他自身的一部分的；比如，他是怎样将某个客体赋予一种积极的意义的，尽管实际上正是他才能够、也才应该促进这种意义的产生的。同样，当他对客体投射否定的性质从而憎恨和讨厌这个对象时，他须明白，事实上是他把自己的卑劣的一面投射出去，因为他更欣赏一种乐观、片面的自我图像。大家知道，弗洛伊德只讨论客观的那一面。但如果医生缺少责任心而放纵病人，或对折磨病人的病状听之任之，他就不能真正帮助病人调治神经症。病人患神经症，意味着他应该有整体人格，而这就包括承认他的整个存在，他的好、坏两个方面，他的高级和低级两种功能，并对所有这些承担责任。

我们现在假定，分析医生研究了病人的个人图像投射并已进行了充分处理，但还有一个无法瓦解的移情。这就是对移情进行治疗的第二步。我们指的是要**区分两种移情**：**个人的和非个人的**。如前所述，个人的投射必须被瓦解；让病人的意识认识到它，它就瓦解了。但非个人的投射是难以瓦解的，因为它属于精神的构造因素。它不是过去时代无用的遗迹，而是目的性的、补偿性的功能，作用尤为重大。在人处于不知所措的情形下时，它有重要的保护作用，使人保持清醒。在危险的时候，无论危险来自外部或自身，原型都会加以干预，使人本能地自我调节，以增强对外界诸因素的适应能力，好像他对这种情势并不陌生：他作出反应的方式也就是人类一直表现出的反应方式。因此，这种机制至关重要。

在 1900 年，谁会想到三十年后可能发生在德国发生的事件（指德国法西斯发动第二次世界大战）？难道你们那时会相信，一个极其聪慧而又有教养的民族会像中魔一样受制于一种原型的威力？荣格目睹它的到来，也能理解它，因为他理解集体无意识的力量。它是不可抗拒的。它渗入到你的骨髓之中，而不是你的思维里，你的大脑完全不起作用。你的同情机制被控制了。它是一种从心灵最深处来威慑你的力，是被激活的集体无意识，是所有这些生存着的人共有的原型。由于它是原型，它就具有历史性一面，我们不懂历史就不能理解那些事件。这些德国的历史在今天的重现，正如法西斯正演着意大利的历史一样。我们既然有成熟的、理性的认识，就不能像小孩一样，说什么“不应该是这样”。那样说太幼稚可笑了。这就是真实的历史，这就是人类实际发生并总是发生的事。也有一些受过高等教育的德国人，非常有理性，但是当那股狂潮向他们涌来时，一下便卷走了他们的理智。你如果与他们交谈一下，你就会承认，他们面对那种情形也毫无办法。一种不可理解的命运攫住了他们，你不好说这究竟是正确还是错误，它与理性判断毫无关系，它只是历史。当你的病人发生了原型性质的移情时，你就踩在一个随时可能爆炸的地雷上，如我们在德国所看到的集体性的爆炸那样。这些非个人的意象包含着巨大的能量。萧伯纳在《人与超人》中说：“人这种生物，在为私事时是不折不扣的懦夫，但为了一种观念却可变成英雄。”当然，我们不能把法西斯或希特勒主义当作观念，它们是原型，所以我们说：把一个原型给予一个民族，这个民族的全体成员就会一致行动，任何力量都不能抗拒它。

由于原型意象具有如此巨大的能量，你不能用推理分析使之消失。因此，在对移情进行治疗的**第三个阶段**，惟一要作的是**区别病人对医生的个人关系和非个人因素之间的不同**。在医生精心治疗病人以后，病人喜欢医生，这是完全可以理解的；而因为你为一个病人作了一件好事，你也就会喜欢这个病人，无论这个人是男是女，这是不言而喻的。要是病人对医生为他所作的事一点也看不到，那才是真的不自然、真的有神经症了。对医生的个人亲切反应是正常而合情合理的，因而，任其存在吧！它有权存在，它不是移情。但只有在未被识别出的非个人价值还没有玷污病人与医生的关系时，病人才可能对医生表现出这种亲切又正当的态度。这意思就是，在另一方面，医生必须充分认识到原型意象的重要性。而许多原型意象带有宗教色彩。

认识到非个人价值的重要性，其结果必然是病人开始上教堂或加入其他宗教活动。如果他不能把自己关于集体无意识的体验容纳人一种特定的宗教形式，麻烦将从此而生。非个人因素没有受体，于是病人陷入移情，而原型意象则损毁他与医生的正当人际关系。于是，分析医生成为他心目中的救星，他在医生不能做到这点时就责怪他。医生当然做不到，医生只是凡人，他不可能是救星或其他什么原型意象，而在病人的无意识里被激活的正是那种意象。

荣格对移情的治疗的**第四阶段**，被称之为**非个人意象的对象化**。它是个性化过程的一个主要部分，其目的是将意识从客体上分隔出来，这样，个人就不再把他的幸福或生命的保障寄托在自身之外的因素（人物、思想或情景）上，而是认识到，一切都有赖于他是否握有那“宝物”。如果他实现了对那金子的占有，那么，重心便**落在**他自己身上，而不再是他非仰赖不可的客体。达到这样一种分离状态，这便是东方民族实践行为的目的，也是一切宗教的教导的目的。在各种宗教中，这种宝物的属性总是被投射到神圣的形象上，但对受到启蒙的现代心灵来说，则不再可能。许多人不再能在历史象征中表现他们的非个人的价值观念。

因此，他们有必要寻找到一种个人的方式，通过这种方式来体现非个人的意象。这是因为，他们非取得形式不可，他们必须实现各自的生活，否则个人与精神的基本功能就会脱节，就会变成神经病患者，迷失方向，陷入自我冲突。但是，如果他能把自己的非个人意象加以对象化，他就保持了与那种至关重大的心理功能的接触，而自有意识以来，正是宗教关照了这种功能。

我们在这儿不可能对这个问题作详细讨论，因为靠科学的概念不可能恰当表现活生生的精神体验。对于这种分离状态，我们只能理性地把它界定为一种个人精神的中心，但这种中心不处于自我之内。它是一种非自我的中心。要充分说明非自我中心是什么意思，恐怕我还得就比较宗教学写一篇专论。所以，我们只能简单地指出这一问题的存在。许多病人正是带着这个问题来找分析医生，所以，分析治疗医生有必要寻找一个能帮助他们解决这个问题的办法。

如果我们采取这种办法，我们就举起了 17 世纪的分析医生们丢弃的火炬；当时，我们的那些同行们为了成为化学家而放下了手中的火炬。当我们这些心理学家从精神的化学和物质的概念中超脱出来时，我们就是在重新举起这火炬，在把12世纪开始于西方的这一进程继续下去。

（4）精神宣泄法

荣格认为任何分析治疗的开始都可以从它的原型即忏悔中找到。然而，由于这两种实践并没有直接的因果关系，而是产生于共同的心理根源，外行人很难马上看到精神分析的基础和忏悔的宗教习俗之间的关系。

人能够形成原罪的观念后，马上就求助于对心理的隐藏——或者，用分析的语言说，压抑就开始出现了。任何被隐藏的东西都是一个秘密。保持秘密就像心理上的一副毒剂，它使秘密的保有者与集体疏远。这种毒剂在小剂量的时候可以是一副无价的良药，甚至是人格分化的必要准备。情况确实如此，以致于在原始阶段人就感到一种不可抗拒的制造秘密的需要；保有秘密使他免于完全融入集体生活的无意识当中，并因此免于致命的心理伤害。众所周知，许多古代的神秘宗教以及它们的秘密仪式就满足了这种分化的本能。在教会的早期，甚至基督教的圣礼——比如洗礼仪式等——也被看做是秘密仪式，要在密室里举行，在提及时也要用比喻的说法。

不管几个人分享一个秘密多么有好处，一个纯粹的私人的秘密却有破坏性的作用。它就像一个犯罪感的重担，割断了不幸的秘密保有者与他的同胞们的联系。但是如果我们意识到我们隐藏的是什么，比起我们不知道压抑的是什么——或者甚至不知道我们有所压抑——造成的损害就会小得多。在后一种情况下，我们不仅仅有意识地使某一内容私人化，而且我们甚至把它对自己也隐藏起来。于是它从意识分离出来，变成一个独立的情结，独自存在于无意识当中，在那里它不会被意识纠正或者干涉。这个情结就成了心理当中的一个自主部分，经验表明，它可以产生一种自身特有的幻想生活。我们称之为幻想的东西只不过是自发的心理活动；每当意识的压抑行动放松或者停止的时候，它就冒了出来，比如在睡眠中。在睡眠中，这种活动以梦的形式表现自己。而且在意识的阈限之下，我们还在清醒时继续做梦，特别是当这种活动被一种受到压抑的或者无意识的情结所制约时。应该顺带说一下，无意识内容并非一度都是有意识的，只是后来受到压抑后才变成无意识的情结；绝非如此，无意识有它自己独特的内容，它们从深处慢慢上升，最终进入意识。因此，我们绝不应该把无意识描绘成只能接受被意识抛弃的内容的一个容器。

所有的心理内容，不管它是从下面上升到接近意识的阈限，或者是从上面下降到它的下面一点，它们都对我们的意识活动有一些影响。既然这些内容本身是无意识的，这些影响也必然是间接的。我们大多数的口误、笔误、记忆错误等等，都可以追溯到这种干扰，所有的神经症症状也是一样。它们几乎总是由于心理的原因产生的，只有炮弹爆炸和其他原因造成的惊吓除外。最轻微的神经症就是刚才已经提到的那些“失误”——失言、突然忘记姓名和日期、意料不到的笨拙导致受伤或事故、误解个人动机或者我们听到看到的东西，以及所谓的记忆幻觉，它们会导致我们错误地认为我们说过或做过这样那样的事。在所有这些情况下，一个彻底的调查都可以表明存在着某种内容，它用一种间接的、无意识的方式扭曲了意识的行为。

因此总的说来，一个无意识的秘密比一个有意识的秘密更为有害。我们看到许多病人在生活中处于艰难的境地，天性脆弱一点的人可能会被这种境况逼得自杀了。这些病人有时也有自杀的倾向，但是由于内在的理智，他们不允许自杀的强烈要求进入意识，然而它在无意识中保持着活跃的状态，由此造成各种各样的危险的事故——比如面对飞驰而来的汽车突然晕眩或者犹豫不决。如果有可能使自杀的倾向变为有意识的，那么常识就可以有效地干预它，病人就能识别并且避免那些诱使他们自我毁灭的情况。

正如我们所看到的那样，每一个个人的秘密都有一种原罪的或者犯罪的作用——不管从普遍的道德立场来看它是不是一个错误的秘密。隐藏的另一种形式是“克制”行为——通常它是对感情的克制。就如同对待秘密一样，在这里我们也必须有所保留：自我克制是健康有益的；它甚至是一种美德。正因为如此，我们认为自律是人类最早的道德成就之一。它在原始人的入会仪式中占有重要地位，主要采取苦行禁欲和忍受痛苦与恐惧的形式。然而，这里的自我克制是在秘密的社团中与他人一起实行的。但当自我克制只是私人的事情、而且也许没有宗教方面的意义时，那么它就可能与个人的秘密同样有害。从这种自我克制中，产生了我们所熟知的过于讲求道德的人所常有的恶劣情绪和暴躁易怒。被克制的感情也是我们隐藏的东西——我们甚至可以对自己隐瞒这种东西——男人尤其精通这种艺术，而女人除了个别人之外，天生就反对这样伤害她们的感情。当感情受到克制时，它容易像无意识的秘密那样孤立和扰乱我们，让我们背上沉重的负罪感。如果我们拥有一个没有被人类掌握的秘密，自然似乎就会恶意地对待我们，与此相同，如果我们对同胞们克制了自己的感情，她也会怨恨我们。自然绝对痛恨这方面的真空，从长远来看，没有什么比克制感情所带来的人际关系的不冷不热的和谐更令人无法忍受了。我们愿意保密的往往是受到压抑的感情。但是在大多数情况下，没有什么东西真正称得上是秘密；只有完全可以表达出来的感情，它们因为在某些关键时刻受到压抑而变成了无意识的。

有一种形式的神经症很可能就是由于秘密占了支配地位而造成的，而另一种则是由于被克制的感情占了支配地位而造成的。无论如何，随意表达感情的精神分裂症患者多数都是秘密的保有者，而顽固的精神衰弱症患者则往往由于不能容忍自己的感情而痛苦。

隐藏秘密和克制感情都是不良的心理行为，最终，自然会带着疾病来拜访我们——这是说当我们私下干这些事情的时候。但是当我们与他人一起这样做的时候，就满足了自然的要求，这些事情甚至被看做是有用的美德。克制只有在自己做、并且为了自己做的时候才是不健康的。就好像人天生具有不可剥夺的权利，要从他的同胞身上看到所有那些阴暗的、残缺的、愚蠢的和罪恶的东西——因为我们为了保护自己当然把这些东西作为隐私。可是在自然看来，隐藏我们的不足是一种原罪——就如同完全活在卑劣的一面一样。人类似乎有一种良心，一个人必须在某个时候以某种方式停止保卫和维护自己，承认自己是会犯错误的和人性的，不管他的自尊心付出多大的代价。如果他不这样做，良心就会严厉地惩罚他。除非他这样做了，否则就会有一面无法穿透的墙把他隔在外面，使他不能体会到作为人群中的一员的生活经历。从这里我们发现了一个关键，它揭示了真实的而非俗套的忏悔的重大意义——所有古代的入会礼和神秘宗教全都了解这种意义，就像希腊神话中的一句谚语说的那样："放弃你所有，然后你就会获得。"

我们也许应该把这句话当作心理治疗初级阶段的座右铭。事实上，精神分析的开始与在本质上科学地重新发现一个古代的真理没有什么两样；甚至给最早治疗方法起的名字——宣泄（或叫清洁）——都来源于希腊的入会仪式。早期的宣泄疗法不管用不用催眠术作为辅助，都包括让病人接触到他心灵的深处——也就是说，进入东方的瑜伽所描述的那种冥想或沉思状态。但是与瑜伽中的冥想不同的是，精神分析的目标是观察那些阴影中的表象——无论它们采取意象还是感情的形式——它们在无意识心理当中自发地演化着，不用内省或者命令就会出现。用这种方法，我们可以再次发现我们压抑或者忘记的东西。尽管这可能是痛苦的，它本身却是一种收获——因为那些卑劣的甚至毫无价值的东西也作为我们的影子属于我们自己，并给我们以实体和质量。如果我们不能投下影子，我们怎么能是实体呢？如果我们想完整，我们也必须有阴暗的一面；而且只要我们意识到自己的影子，我们也就记起自己跟每个别人一样，也是一个人。无论如何，我们发现了使自己完整的东西，如果我们牢记它，这个发现就会使我们恢复到患神经症或者情结分裂之前的状态。可是在把它当作一件私人的事情时，我们只是得到了部分的治愈——因为我们仍然继续处于孤立的状态。只有借助于倾诉，我们才能投入人性的怀抱，最终从道德放逐者的沉重负担下解脱出来。通过宣泄而治疗的目标是完全的倾诉——不仅仅在理智上承认事情，而且用心灵肯定事实，真正释放受压抑的感情。

很容易就能想象出，这种倾诉对于单纯的人有极大的影响，而且它的治疗效果常常是惊人的。然而，我们不希望把它治愈了一些病人的事实当作这个阶段心理治疗的主要成就；我们想要引起人们注意的是对倾诉重要性的系统性的强调。正是这一点切中我们的要害。因为我们都以这样或那样的方式被我们的秘密所分裂；我们不是寻求完全的倾诉以便在将人与人隔开的鸿沟上架起一座桥梁，而是选择了一条导向欺骗性观点和幻想的捷径。但是，在这样说的同时决不是希望宣布一条总的原理。要严厉地谴责那种常见的互相倾诉原罪的做法品味太差，实在是过于苛刻了。心理学所确立的事实仅仅如此：我们现在处理的是一件十分微妙的事情。我们不能间接地或者就事论事地对付它，因为它给我们提出的问题长着不同寻常的“尖角”。考虑一下下一个阶段——解释——就会使这一点更清楚。

（5）解释法

如果事实证明宣泄疗法是万灵药的话，新的心理学就将保持在倾诉阶段上，这一点应该是很明显的。但最主要的是，并不可能总把所有的病人都带到靠近意识的地方，以使他们看见阴影。确实，有许多病人，大部分是复杂的、具有很强的意识的人，他们牢牢地驻足于意识之中，没有什么东西能让他们放松。当医生试图把意识推到一边时，他们往往产生最激烈的抵抗；他们希望跟医生谈那些他们完全意识到的事情——也就是使他们的困难变得容易理解，并且讨论它们。他们说自己要倾诉的东西已经够多了；不必为了这个目的再求助于无意识了。对于这样的病人，需要一套使他们转向无意识的完备的技术。

这个事实一开始就严重地限制了我们采取宣泄治疗的方法。另一个限制将在后面说明，要讨论它马上就会把我们引向第二个阶段——解释阶段——的问题。让我们设想在某一个病例中宣泄疗法所要求的倾诉已经进行了——神经症消失了，或者至少是症状不复存在了。单就医生而言，病人可以说是治愈了，可以让他离开了。但是他——或者特别是她——

却离不开。由于倾诉的行为，病人似乎牢牢地与医生拴在一起了。如果这种看似无意义的依恋被猛力斩断，就会出现严重的旧病复发。

在有些病例中没有形成这种依恋，这很奇怪，也很有意义。从表面上看，病人走的时候已经治愈——可是他对自己的心灵深处着了迷，以至于他继续对自己实行宣泄治疗，而付出的代价就是无法适应生活。他是与无意识——与自己——而不是与医生拴在一起了。显然他也有和泰修斯一样的经历，泰修斯和自己的战友皮里修斯下到地狱里把阴间的女神带回来，路上他们累了，就坐下来休息一会，却发现自己长在了岩石上，无法起身。

对于出现这些奇怪而且出乎意料的事情，应该对病人进行解释，而我们最先提到的那些不能应用宣泄治疗的病例，也应该用解释的方法处理。尽管这两类病人的明显不同是一个事实，但是他们在同一点上需要解释——那就是像弗洛伊德所认识到的，当固置现象出现时。固置现象在进行过宣泄治疗的病人身上很明显，特别是在那些依恋医生的病人身上，就表现得更为清楚。在催眠治疗中也观察到了类似的不良后果，但是这种依恋的内在机制我们并不理解。现在看来，这种令人困惑的联系与父子关系特别相似。病人陷入一种孩童般的依赖，甚至理智和洞察力都不能保护他们避免这种状态。但是既然移情的过程是无意识的，病人就无法提供关于它的信息。显然，我们在对付一个新的症状——一种由治疗直接引发的神经症。因此就出现了以下的问题：怎么解决这个新的困难呢？这种状况的准确无误的外在标志是，病人对于父亲的记忆意象连同对感情的强调都转移到了医生身上。不管后者愿意不愿意，只要他以父亲的角色出现，病人就会陷入一种孩童般的关系。当然，他并不是因为这种关系而变得孩子气了；他身上一直就有某些孩子气的东西，只不过以前被压抑了。现在它浮到了表面——因为重新找到了久已失去的父亲——于是它试图复制儿童时期的家庭环境。弗洛伊德恰如其分地把这种症状命名为“移情”。当然，对于帮助过你的医生有一定程度的依恋是完全正常的、可以理解的。不正常的和出乎意料的只是移情的异常顽固性和它不能为意识所纠正的特性。

弗洛伊德最突出的成就之一是解释了这种依恋的本质——至少从人的个人历史来看是如此——并因此为心理学知识的一个重大进展扫清了道路。今天，人们已经毫不怀疑地确信，它是由于无意识的幻想造成的。这些幻想主要有一种我们称做“乱伦”的特质；这似乎足以解释一个事实，即这些幻想总是处于无意识状态，即使在最彻底的倾诉当中也不能指望它们暴露出来。尽管弗洛伊德总把乱伦幻想说成是被压抑的，进一步的经验却向我们表明，在许多病例中它们从来都不是有意识的，或者仅仅以最含混不清的方式被感知——因为这个原因，它们不可能被故意地压抑。最近更多的研究似乎表明，乱伦幻想通常是无意识的并保持着无意识的状态，直到分析治疗把它们揭示出来。我们说这些，并不意味着把它们从无意识中拉出来是对自然的于预，干预自然是我们应该避免的；我们只是希望指出，这个过程几乎与外科手术一样剧烈。但是它完全是不可避免的，因为分析的过程诱发了不正常的移情作用，只能通过触及乱伦幻想才能解决这个问题。

宣泄的方法把可以进入意识并正常地包括在意识当中的那些内容归还给自我，而清除移情的过程则揭示了那些由于其性质几乎无法进入意识的内容。这是倾诉阶段与解释阶段最主要的区别。

我们在前面已经讨论了两类病例：一类是不能应用宣泄疗法的病人，另一类是采用宣泄疗法可以产生效果的病人。我们刚才还讨论了以移情的方式出现固置现象的病人。除了这些人以外，我们还提到了那种人，他们不是对医生而是对自己的无意识产生依恋，他们在无意识当中被缠人了一张网。在这样的病例中，家长的意象没有转移到人类对象上面。它被看做是一种幻想，但是它却有着与移情同样的吸引力，并造成同样的依恋。

用弗洛伊德的研究就可以理解那些不肯毫无保留地接受宣泄治疗的病人。我们可以看出，即使在看医生之前，他们已经以自己的父母自居，并从这种自居中获得了权威性、独立性以及极大的力量，这使他们足以成功地抵抗治疗。他们主要是一些有教养、有个性的人。当其他人不可救药地成为无意识的父母意象的牺牲品时，他们却能通过无意识地以父母自居而从它那里吸取力量。

在移情的问题上，我们借助于倾诉，什么效果也不能达到。正是这一点促使弗洛伊德对布罗伊尔原有的宣泄技术作了根本性的革新，把它变为他所谓的“解释方法”。向前迈出这一步是必然的，因为移情作用所产生的那种关系格外需要解释。外行很难理解这一点的重要性；但是如果一位医生突然发现自己被缠进了一张由无法理解的狂热信念织成的网中,那么他就会看得很清楚。他必须向病人解释移情作用——也就是说，向他解释他投射在医生身上的东西。既然病人自己不知道它是什么东西，医生就被迫把他能够从病人那里找到的幻想碎片加以分析解释。提供这一重要资料的首先是我们的梦。弗洛伊德在调查那些因为与我们的意识立场不相容而受到压抑的愿望时，为了发现这些愿望而研究了梦，在这个过程中他发现了乱伦内容。当然，它们并非这项调查所显示的惟一资料；他还发现了人性所能包含的一切污垢——要给它们粗粗地列一个目录也得花上一辈子的时间，这一点已经是臭名昭著的了。

弗洛伊德的解释方法的最终产品是对人的阴影一面的详细阐释，这是以前人们从没有做过的。它像一剂能想得出的最好的解药，打破了对人性的所有理想主义的幻觉；因此无怪乎弗洛伊德以及他的学派受到了来自各个方面的激烈反对。对那些原则上相信幻觉的人们，我们也不能指望有别的反应；但是我们坚持认为在反对者当中，有不少是反对解释的方法，他们对人的阴影一面不抱幻想，但却反对单从阴影一面给人类画一幅有失偏颇的肖像。无论如何，最根本的东西不是阴影，而是投下阴影的身体。

弗洛伊德的解释方法的基础是“还原”解释，它不可避免地要把人忽而引向前，忽而引向后，如果夸张地片面地运用它，就会有一种破坏作用。尽管如此，心理学还是从弗洛伊德的开拓性工作那里受益匪浅；它了解了人性也有阴暗的一面，而且不单单人有这一面，人的作品、习俗、信念亦是如此。甚至我们最纯洁、最神圣的信念都可以追溯到最原始的根源。用这种方法看待事物甚至有一定的合理性，因为所有生命的开端都是简单而低下的；我们是在地基上面盖房子的。一个善于思考的人不会否认，所罗门·瑞因那奇用原始的图腾观念对《最后的晚餐》所作的解释是非常有意义的；他也不会反对在希腊诸神的神话中指出乱伦的主题。不可否认，从阴影的一面来解释闪光的东西，并用某种手段把它们降低到其肮脏的本源，这是很痛苦的。但是在我们看来，如果说从阴影方面解释具有破坏作用的话，这只是美好事物上的微小瑕疵，是人的弱点。我们对弗洛伊德的解释抱有恐惧，完全是因为我们自身野蛮的或孩童的幼稚性，它使我们相信并非所有的高度都有相应的深度，并使我们对“终极”真理视而不见，那就是对立的东西走到极端后便会殊途同归。我们的错误在于，我们以为闪光的东西一经从阴影方面解释就不复存在了。这是一个令人遗憾的错误，连弗洛伊德本人也坠入了其中。然而，影属于光，正如同恶属于善，反之亦然。因此我们虽然对暴露了我们西方的错觉和狭隘感到震惊，却并不遗憾，正像历史所经常表明的那样，钟摆的运动能使事物回到正常位置，而这种暴露就是一次这样的钟摆运动。它迫使我们接受目前的哲学相对论，如同爱因斯坦所阐述的数理相对论一样，哲学相对论从根本上是遥远的东方的一条真理，它对我们的最终影响还不可预知。

现在让我们回到固置现象的问题上，谈一谈解释过程的作用。当病人的移情被追溯到它的阴暗本原时，病人就会意识到他与医生的关系是不健康的；他不可避免地看到自己的要求是多么不合适和孩子气。如果他以前因为权威感而心高气傲的话，他就会把那种过高的位置换成较为谦逊的位置，并且接受自己的不安全感，事实将证明这是很健康的。如果他还没有放弃对医生的孩子式的要求，现在他就会认识到一个不可逃避的真理，即对别人提出要求是一种孩子式的自我放纵，必须用更强的责任感来代替它。具有洞察力的人可以自己得出道德上的结论。认识到自己的不足后，他可以把这种了解作为一种保护措施；他将投入生存斗争，并把那种渴望的力量消耗在进步性的工作和经验当中，正是那种力量使得他顽固地执着于童年的乐园，或者至少是频频回头观望。一种对自身缺点的正常适应和耐心将成为他的指导性道德原则，他将试图把自己从多愁善感和虚假幻象中解脱出来。必然的结果是，他将背离无意识，就像背离虚弱和诱惑的源泉——那正是道德失败和社会挫折之所在。

（6）教育法

至此，我们的病人所面临的问题是要学会做一个社会性的人，这就进入了“四阶段心理治疗法”的第三个阶段。

道德敏感的人们有足够的动力推动自己前进，对他们来说，只要认清自己就可以了；然而，对那些缺乏对道德价值的想象力的人来说，这就不够了。甚至在他们对分析医生的解释深信不疑时，如果缺少了外在的必要性，自我了解对他们都没有足够的作用——更不用说那些只是有所触动却最终将信将疑的人了。这最后一种人是精神上训练有素的人，他们掌握了“还原性”解释的真理，却不能接受它，因为它只能使他们的希望和理想化为泡影。在这些病例中，仅有洞察力也是不够的。

解释方法的弱点之一就是它只能在那些敏感的人们身上取得成功，因为他们可以通过认识自我独立地得出道德结论。确实，用解释的方法，我们可以比不加解释地单独采用倾诉走得更远，因为它至少训练了头脑，因此就可能唤醒沉睡的力量，向着好的方向加以干预。但是仍然有一个事实，就是在许多病例中，即使最彻底的解释也只能使病人成为一个充分理解却仍然无能为力的孩子。麻烦在于弗洛伊德用快乐及其满足来进行的解释是片面的，因此是不够的，把它应用于那些发展到后期的病人身上，就更是如此了。这种观点并不能解释每一个人的情况；因为即便每个人都具有这一面，它也并非总是最重要的。一个饥饿的艺术家宁要一块面包也不要一幅美丽的油画，一个堕入情网的男人宁要一个女人而不要自己的事业；但是油画对于艺术家可能是最重要的，正像事业之于那个男人。有些人很容易获得社会适应性和社会地位，而另一些人适应性较差，他们在社会方面的缺点使得他们渴望权力和重要性，一般说来，快乐原则解释前一种人比解释后一种人更加得心应手。踩着父亲的脚印获得了支配地位的长兄，可能会被自己的欲望所折磨；弟弟则感到被父兄压抑，生活在他们的阴影里，他也许会被野心或者获得尊敬的渴望所驱策。他甚至会完全屈服于这种激情，其他任何事情对他都不再重要。

在这一点上我们就能认识到弗洛伊德对事情的解释是不足的，也恰恰是在这里，他以前的学生阿德勒站出来弥补了空缺。阿德勒令人信服地表明，用权力欲比用快乐原则来解释许多神经症病人，结果更加令人满意。因此，他的解释法努力向病人表明，是病人在“安排”自己的症状，并利用他的神经症来获取一种虚幻的重要性；甚至他的移情和其他固置现象也都是为他的权力欲服务的，因此代表着他对幻想中的臣服状态的“男性的抗议”。显然，阿德勒着眼于那些受到压抑、在社会上没有取得成功的人们，他们惟一的热情在于自我表现。这些人之所以患上神经症是因为他们总是想像自己受到了压抑，并像堂吉诃德那样用长矛与自己想象中的风车搏斗，所以离自己最渴望的目标越来越远。

从根本上说，阿德勒的方法始于第二阶段；他用以上指出的观点解释症状，并在这个程度上求助于病人的理解力。但是阿德勒的特点是他不期望太多的理解，但是他又向前迈了一步，就是清楚地认识到社会教育的必要性。弗洛伊德是一个调查家和解释家，阿德勒却首先是一个教育家。他拒绝把病人保持在孩童的状态，虽然有了宝贵的理解却仍然无能为力，他努力地尝试用各种教育手段使病人成为能适应社会的正常的人，为此阿德勒修改了弗洛伊德的治疗过程。很明显，他做这一切是因为他确信社会适应性和正常性是不可或缺的——他们甚至是一个人最渴望的结果和最适当的成就。阿德勒学派的广泛社会影响正是这种观念的结果——同时它还忽视无意识，因为它有的时候似乎达到了完全否定无意识的程度。这也许又是一次钟摆的摆动——是对弗洛伊德强调无意识的必然反动，我们在那些努力挣扎以获得适应性和健康的病人身上注意到，有一种对无意识的自然的反感。因为，如果无意识仅仅被看做是一个容器，装载着人性当中所有邪恶阴暗的东西，甚至包括原始的粘质存积物，那么我们确实看不出为什么还要在这个我们曾经跌入的泥潭边缘流连。那位调查家一定在这个泥潭中看到了一个充满奇迹的世界，但是对于普通人来说，我们宁愿转身离开这个泥潭。早期的佛教不承认神，因为它必须从它所继承的接近二百万个神那里解放出来，与此相同，心理学要想进一步发展，它就必须对弗洛伊德的无意识理论采取根本否定的态度。

阿德勒学派怀着教育的目的从弗洛伊德放弃的地方开始起步，并帮助已经学会认识自己的病人发现通向正常生活的道路。显然，只知道自己是怎样和为什么致病是不够的，因为理解罪恶的原因离治愈它还差得太远。我们永远不应忘记，神经症那畸形的发展道路会造成很多顽固的习惯，不管有了多少理解，如果没有新的习惯来代替它们，它们就不会消失。

但是习惯只能通过训练形成，适当的教育是达到这一目的的惟一手段。因此，必须督促病人走另外一条路，而这总是需要一种教育的意志。由此我们可以看出，为什么阿德勒的方法主要得到了教士和教师的赞赏，而弗洛伊德学派的支持者主要是医生和知识分子，这些人全是糟糕透顶的护士和教育者。

我们心理发展的每一个阶段都有一种特殊的终极性的东西。**当我们经历了充分倾诉的宣泄疗法时，我们就感到已经达到了最终的目的；一切都说了出来，一切都明了了，每一种焦虑都经历过了，每一滴眼泪都流出来了；现在事情终将按照它们应该的那样发展了。在解释工作之后，我们也同样确信自己现在知道神经症是怎么产生的了。最早的记忆被揭示出来，最深的根源被挖掘出来；移情行为不是别的，只是一种实现愿望的幻想，幻想着回到童年的乐园，或者恢复往日的家庭状况；通向正常的、觉醒的生活的道路已经开通。但是然后又出来了一个教育阶段，它使我们意识到任何的倾诉和解释都不能使弯曲的树变直，树只有经过园丁的支撑才能获得正常的适应。**

这种伴随着每一个阶段的奇怪的终极感解释了一个事实：有许多今天采用宣泄疗法的人显然从来没有听说过梦的解释；弗洛伊德学派的人士对阿德勒的理论一个字也不理解，而阿德勒学派的人士则根本不想听到任何人提起无意识。每一个人都受了他所在的发展阶段那种特殊的终极感的蒙蔽，这造成了各种意见和观点的混乱，这种混乱使我们很难找到自己的方位。

这种终极感在各个方向都激起偏执和顽固，那么究竟是什么造成了终极感呢？我们只能对自己这样解释，每一个发展阶段都可以归结为一个基本的真理，而且经常有病例重复出现，用一种惊人的方式验证这个真理。我们生活的这个世界充满了太多的谬误，以至于真理是无价的，谁也不想只因为有几个例外与它不符就让真理溜掉。怀疑这个真理的人被理所当然地视为缺乏信仰的堕落者，同时一种狂热和不宽容的调子也悄悄地出现在各个方面的讨论之中。

但是我们每一个人只能在一段路上高举知识的火炬，直到另一个人从他手里接过火炬。如果我们能用一种客观的态度来接受这一点——如果我们能掌握一个事实，即我们不是我们手中真理的创造者，而只是它们的表述者，我们仅仅把我们时代的心理需要说清楚了——那么大部分的怨毒与尖刻就都可以避免了，我们不能够看到人类头脑那种深刻的超乎个人的连续性。

我们一般很少考虑一个事实，即采用宣泄疗法的医生不仅仅体现着一个抽象的观点，这个观点能自动地带来宣泄而不是其他什么。我们还应当看到，他也是一个人。可以肯定，他的思想也许会局限在他的特殊领域，但是他的行为的确能够施加一个完整的人的影响力。尽管他没有清楚地意识到这一点或者给它起一个名字，但是他在不知不觉中做着很多解释和教育的工作；而其他的分析医生则在没有把它上升为原则的情况下做着很多宣泄的工作。

到此为止我们已经讨论了分析心理学的三个阶段，就它们的关系的性质而言，第三个决不能代替第一个或者第二个。三个阶段非常恰当地共存着，是同一个问题的突出的几个方面；就像忏悔和赦罪一样，它们并不会使对方失效。第四个阶段——个性化阶段——也是如此；它决不能自称为最终获得的惟一有效的真理。它的作用是弥补前几个阶段的不足；它的出现是为了满足一个尚未满足的额外需要。

(7) 个性化方法

为了弄清第四阶段的着眼范围并揭示“个性化”作为一种方法的含义，我们必须首先考虑那些在其他阶段没有占据任何地位的人类心理需求。换言之，我们必须确认还有什么东西比做一个正常地适应社会的人更令人向往或使人更进步。没有什么比做一个正常的人更有用或者更合适；但是“正常的人”这个观念本身就暗示着局限于普通人之中——适应的观念也是如此。

事实表明，一个人只有已经感觉到与日常世界难以相容时，他才会把这种局限看做一种令人向往的进步，也就是说，他是由于神经症而不能适应正常生活的人。对于那些不成功的人来说，对于那些尚未适应社会的人来说，“正常”是一个辉煌的理想。但是对于那些能力远远超出一般的人来说，对于那些从来不难获得成功和完成世界赋予他们的一份任务的人来说，局限于正常就意味着普罗克拉斯提之床，是那样不可忍受的无聊，以及地狱般的贫乏与无望。结果是，因为太正常而患上神经症的人和因为无法达到正常而患上神经症的人一样多。对于前者来说，想把他们教育成正常人这个想法本身就是个噩梦；他们最深刻的需求其实是能够过上“非正常”的生活。

一个人只能从他尚未拥有的东西当中希求满足和实现；他不能从自己已经拥有太多的东西当中找到快乐。如果适应社会对一个人来说仅仅是孩子的游戏，那么它就对他没有任何的吸引力。对于那些知道怎么把每件事都做对的人来说，总是这样做真是太无聊了，而那些总把事情弄糟的人心里却怀着一个秘密的渴望，那就是在遥远的将来能够做对一次。

个人的需求是不同的。可以使一个人解放的东西，却是另一个人的牢狱——就比如正常和适应。尽管生物学上断言人是群体动物，他只有作为一个社会的人存在时才是健康的，但是我们观察的第一个病例就会推翻这一论断，并且证明人只有在过着非正常的、非社会性的生活时才是健康的。实践中的心理学不能提供普遍有效的处方和规范，这真是一个巨大的不幸。有的只是一些个人的病例，这些病人的需求截然不同——太不同了，以至于我们确实不能预见一个特定病人会遵循一条什么样的道路。因此医生明智的做法是抛弃一切过早得出的结论。这并不是说他应该抛弃所有的结论，而是说他应该把任何特定病例中的结论看做是假设性的。

然而，指导或者说服病人并不是医生的全部任务；他还必须向他表明医生怎样对病人的特殊病例作出反应。因为尽管我们可能迂回曲折，但是在非个人化的、职业化的治疗的框架之内，医生和病人之间的关系仍然是个人化的。治疗是相互影响的结果，在这个过程中，病人和医生这两个完整的人都起着一定的作用，我们无论如何也无法改变这一点。在治疗当中两个主要的因素走到了一起——也就是说，这两个人谁也不具有固定的决定性的重要意义。他们的意识领域也许都清楚地界定了，但是他们带来了无限延伸的无意识领域。由于这个原因，比起医生怎么说、怎么想，医生和病人的人格往往对治疗的结果影响更大一些——当然我们也不应该低估前一个因素对于刺激和治疗病人的价值。两个人格的相遇就如同两种化学物质的接触；如果能够发生反应的话，两者都会被改变。在每一次有效的心理治疗当中，我们都期待医生对病人能有所影响；但是只有当他也受到病人的影响时，他的影响才能发挥作用。如果你自己不能受到影响，那么你就不能施加影响。如果医生把自己包裹在父亲般的职业性权威的烟幕之中，完全抵挡了病人的影响，那他的努力就会是徒劳的。他这样做只能禁止自己使用一种非常重要的信息机制，而且即便如此，病人也还会无意识地影响他。许多心理治疗医生都熟知病人给医生带来的无意识的改变；它们是这个职业特有的干扰甚至伤害，它用一种惊人的方式表明了病人那几乎是“化学性的”影响。其中最广为人知的是移情所引起的反移情。但是它的作用经常更为微妙，它的性质可以借用病魔这个古老的观念很好地表达出来。按照这一观点，一个病人把他的病转移到一个有力量降服病魔的健康人身上——但这种转移却不能不给治疗者的健康带来一定的负面影响。

在许多病例中，我们看到事实证明病人比医生更顽强，他抵制所有理论和医生的意图；当出现这种情况时，通常对医生不利，虽然并不总是这样。相互影响这个事实以及伴随着它的一切，是“个性化”阶段的基础。经过了四分之一个世纪还多的广泛的实践经验，我们才清楚地认识到这些表现。弗洛伊德本人也承认了它们的重要性，因此他也赞成我们的要求：对分析家本人进行分析。

但是这一要求的更广泛的意义是什么呢？它意味着医生与病人同等程度地“处于分析之中”。他和病人一样是治疗的心理过程中的一部分，也同样会受到“个性化”作用的影响。其实，如果医生能或多或少地不受这种影响，那么他对病人的影响力也会相应地被剥夺；而如果他只是无意识地受到影响，他就会暴露出一种无意识的缺陷，这会使他无法正确地看待病人。在这两种情况下，治疗的结果都会打折扣。

于是这就要求医生也要面对他希望病人面对的任务，如果那是一个适应社会的问题，那么他自己也必须适应社会——或者，如果病例相反的话，他也要恰如其分地不适应。当然，在治疗中根据特定病例的情况，这个要求可以有成千上万个不同的方面。一位医生可能相信应该克服幼儿心理——因此他必须克服自己的幼儿心理。另一位医生可能相信应该发泄所有的感情——那么他也必须把自己的所有感情都发泄出来。第三位医生可能相信完全的意识状态——所以他自己也必须达到很高程度的意识状态。无论如何，如果医生希望自己对病人施加适当的影响，他自己就必须不断地努力达到他的治疗要求。在治疗当中，医生遇到的所有指导原则以及其中包含的重要的道德责任都可以归结为一条规则：你希望怎样影响别人，你就要做一个怎样的人。仅仅谈话永远是肤浅的，不管一个人计策多么聪明，人们都不能用它来长期逃避这个简单的规则。被说服这个事实——而非说服这个话题本身——永远都是最重要的。

如此说来，分析心理学的第四个阶段不仅要求病人适应医生，还要求医生对于他在任何一个特定病例中应用的体系进行反应用。在对付自己的过程中，医生也许会显出与病人同等程度的不屈不挠、前后一贯和顽固不化。用同样的专注对自己所做工作可确实不是一个小小不然的成就；因为为了向病人指明他们的错误道路、虚假结论和幼稚托辞，他必须集中所有的注意力和批判性的判断力。谁也不会因为医生为内省所做的努力而付给他报酬；不仅如此，我们通常对自己也没有那么感兴趣。而且，我们一般总是低估人类心理深层的那些方面的价值，因此我们几乎把自我检查或者专注于自我看做是病态的。我们显然怀疑自己隐藏着非常不健康的东西，就像一间病房那样。医生必须克服这种对自己的抵制，因为如果一个人自己没有受过教育，他又怎么能够去教育别人呢？如果一个人自己处于黑暗之中，他又怎么能够照亮他的同胞们呢？如果一个人自己不洁，他又怎么能够去净化别人呢？

在个性化阶段，要求医生迈出从教育他人到教育自己这一步。这是医生要求病人适应自己，以便完成治疗初期几个阶段的必然结果。为了在病人身上带来变化而对医生提出的这种挑战，没能受到普遍的欢迎，这里有三个原因。首先，它看起来不现实；其次，人们对于专注于自我有一种偏见；第三，有的时候，强迫我们自己做到我们期望病人所做的一切是很痛苦的。最后一条理由是最有力的，因此让医生进行自我检查的要求很不受欢迎；因为如果他认真负责地“治疗”自己的话，很快就会从自己的本性中发现一些与正常化完全相反的东西，或者尽管经过了最充分的解释和最彻底的发泄，这些东西仍然用最令人不安的方式纠缠着他。他怎么对待这些东西呢？他总是知道病人应该怎样对待它们——这正是他的职责。可是当它们牵扯到他自己或者也许是那些与他最亲近的人时，他怎样诚实地对待它们呢？如果他检查自己，他将发现自己也有卑劣的一面，它使他危险地接近了他的病人，也许甚至损伤了他的权威。他怎么对付这种折磨人的发现呢？不管他把自己看得多么正常，这个带有某种“神经症”性质的问题都会触及他最敏感的内心。他还会发现，压迫着他和他的病人们的最终问题，是多少“治疗”都不能解决的。他将使他们看到，期望从别人那里得到解决方案是停留在孩童时期的一种方式；他也会让自己看到，如果找不到任何解决方案，这些问题就必须再一次地被压抑。

我们不打算进一步讨论自我检查的事情以及它所带来的许多问题，因为仍然笼罩着我们心理研究的巨大模糊性不允许我们对它有过多的兴趣。我们宁愿强调一下已经说过的东西：分析心理学的发展使我们面临着人类个性中无法衡量的因素；我们学会了把医生自己的个性置于治愈因素或者有害因素的首位；我们开始要求医生自我角色的转换——即教育家要自我教育。现在发生在病人身上的每一件事情都必须发生在医生身上，他必须经历精神宣泄、解释和教育这几个阶段，以便使他的个性不至于对病人作出不利的反应。医生再也不能够通过治疗别人的困难来逃避自己的困难了。他将会记住，如果一个人长着流脓的疮，那么他是不适合给别人做手术的。

正如对无意识的阴影一面的发现曾经使弗洛伊德学派被迫与宗教问题打交道一样，分析学最新的进展使医生的道德态度成为一个不可避免的问题。对医生自我批评和自我检查的要求彻底地改变了我们对人类心理的看法。这个问题不能用自然科学的观点去把握；它不仅关系到患者还关系到医生；不仅牵扯到客体还牵扯到主体；它不仅是大脑的一个功能，还是意识本身的必要条件。

以前的医疗方法现在成了自我教育的方法，因此大大地扩展了我们现代心理学的视野。关键的东西不再是医学文凭，取而代之的是人的素质。这是非常有意义的一步。

所有在临床实践中所产生、提炼和系统化的心理治疗方法，现在都听凭我们使用，可以用来进行自我教育和自我完善。分析心理学不再仅仅与医生的诊疗室联系在一起；这条锁链已经被打断了。我们也许可以说，它现在已经超越了它自己，正在朝着填补空缺的方向前进，迄今为止，这个空缺一直标志着西方文化与东方文化相比之下心理上的缺陷。西方人也曾学会了让心理驯化臣服，但那时人们不了解它有条不紊的发展过程和它的各种功能。我们的文明还很年轻，因此我们需要驯兽师的所有手段来使我们内心那个反叛的野蛮人变得驯服一些。但当我们达到一个更高的文化层次时，我们必须放弃压制手段而转向自我发展。为了做到这一点，我们必须了解一种途径或者一种方法——而迄今为止我们还一点也不知道。在我们看来，分析心理学的发现和经验至少可以为此提供一个基础；因为一旦心理治疗要求医生自我完善，它马上就从临床的本原那里解脱出来，不再仅仅是一种治疗病人的方法。

荣格主要著作年表

1906年	《精神分裂心理学》
1909年	《梦的分析》
1912年	《心理学的新路》
1917年	《无意识心理学》
1919年	《本能与无意识》
1921年	《心理类型》
1926年	《精神与生命》
1927年	《心理的结构》
1928年	《自我与无意识的关系》
	《心理能量》
1929年	《现代人的精神问题》
1930年	《人生诸阶段》
	《心理学与文学》
1933年	《个性化过程之研究》
1934年	《集体无意识的原型》
	《死亡与灵魂》
	《人格的发展》
1936年	《集体无意识的概念》
1938年	《心理学与宗教》
1939年	《意识、无意识、个性化》

1943 年　《心理治疗与一种人生哲学》

1944 年　《自性之路》

1946 年　《心理的性质》

1950 年　《关于曼荼罗象征》

1957 年　《未发现的自性：现在与未来》